K. Harbarth / T. Riedrich / W. Schirotzek

# Differentialrechnung für Funktionen mit mehreren Variablen

# Differentialrechnung für Funktionen mit mehreren Variablen

Von Doz. Dr. Klaus Harbarth
Prof. Dr. Thomas Riedrich
Prof. Dr. Winfried Schirotzek

8., neubearbeitete Auflage

B.G. Teubner Verlagsgesellschaft
Stuttgart · Leipzig 1993

Das Lehrwerk wurde 1972 begründet und wird herausgegeben von:
Prof. Dr. Otfried Beyer, Prof. Dr. Horst Erfurth,
Prof. Dr. Christian Großmann, Prof. Dr. Horst Kadner,
Prof. Dr. Karl Manteuffel, Prof. Dr. Manfred Schneider,
Prof. Dr. Günter Zeidler

Verantwortlicher Herausgeber dieses Bandes:
Prof. Dr. Karl Manteuffel

Autoren:
Doz. Dr. Klaus Harbarth†
Prof. Dr. Thomas Riedrich
Prof. Dr. Winfried Schirotzek

Die Deutsche Bibliothek — CIP-Einheitsaufnahme

**Harbarth, Klaus:**
Differentialrechnung für Funktionen mit mehreren Variablen /
von Klaus Harbath ; Thomas Riedrich ; Winfried Schirotzek.
[Verantw. Hrsg.: Karl Manteuffel]. —
8., neubearb. Aufl. — Stuttgart ; Leipzig : Teubner, 1993
  (Mathematik für Ingenieure und Naturwissenschaftler)
  ISBN 978-3-8154-2041-6      ISBN 978-3-322-93434-5 (eBook)
  DOI 10.1007/978-3-322-93434-5
NE: Riedrich, Thomas; Schirotzek, Winfried:



Gesamtherstellung: Druckerei zu Altenburg GmbH, Altenburg
Umschlaggestaltung: E. Kretschmer, Leipzig

# Vorwort

Das vorliegende Buch, als Lehrbuch neben einem Mathematik-Grundkurs für Ingenieurstudenten gedacht und angelegt, nimmt in der Reihe „Mathematik für Ingenieure und Naturwissenschaftler" eine zentrale Stellung ein. Einerseits wird beim Leser die Kenntnis der Differentialrechnung für Funktionen von einer reellen Variablen vorausgesetzt, und andererseits werden wichtige, im Studienablauf an späterer Stelle liegende Gebiete wie die gewöhnlichen und die partiellen Differentialgleichungen, die Integralrechnung für Funktionen mehrerer Variabler, die Tensoranalysis und alle Gebiete der Optimierung unmittelbar vorbereitet.

Durch seinen Charakter als Grundlagenwerk ist es auch für Studenten des Lehramts an Realschulen und Gymnasien besonders geeignet.

Der vorliegende Text ist aus den früheren Auflagen durch eine wesentliche Neubearbeitung hervorgegangen. Dabei wurde die Vertiefung der mathematischen Allgemeinbildung als wichtiges Anliegen beibehalten, zugleich aber noch stärker auf ingenieurwissenschaftliche Anwendungen orientiert. Unter anderem wird eingegangen auf singuläre Punkte von Niveaulinien, das Newton-Verfahren zur numerischen Lösung nichtlinearer Gleichungssysteme sowie auf orthogonale krummlinige Koordinaten und ihre Anwendung auf strömungsmechanische Probleme.

Die Verfasser danken Frau M. Gaede herzlich für die mit großer Sorgfalt vorgenommene Übertragung des Manuskripts in eine reproduktionsreife Druckvorlage. Dem Verlag sei für die gute Zusammenarbeit aufrichtig gedankt.

Dresden, im Juli 1993

T. Riedrich<br>W. Schirotzek

# Inhalt

# 1  Elemente der Theorie der Punktmengen

## 1.1  Der Euklidische Raum $\mathbb{R}^n$

In [PFS] wurden Funktionen von einer unabhängigen reellen Variablen untersucht. Im vorliegenden Band wollen wir Funktionen von mehreren unabhängigen reellen Variablen studieren.

**Beispiel 1.1**  Für das Volumen $V$ eines zylindrischen Behälters mit dem Grundkreisradius $r$ und der Höhe $h$ gilt $V = \pi r^2 h$. Das Volumen $V$ hängt also sowohl von $h$ als auch von $r$ ab und zwar in unterschiedlicher Weise: Man erhält z. B. für $h = 5$ und $r = 2$ ein anderes Volumen als für $h = 2$ und $r = 5$. Diesen Unterschied kann man dadurch erfassen, daß für die Variablen eine Reihenfolge festgelegt wird. Man bezeichnet z. B. $h$ als erste und $r$ als zweite Variable; man faßt also $h$ und $r$ zu einem *geordneten Paar* zusammen, das man in der Form $\begin{bmatrix} h \\ r \end{bmatrix}$ oder $(h, r)$ schreibt. Jedem geordneten Paar $\begin{bmatrix} h \\ r \end{bmatrix}$, wobei $h$ und $r$ positive Zahlen sind, ist dann der Funktionswert $V = \pi r^2 h$ eindeutig zugeordnet.

Das Beispiel zeigt, daß die Argumente einer Funktion von zwei unabhängigen reellen Variablen geordnete Paare von reellen Zahlen sind. Mit geordneten Paaren und allgemeiner mit geordneten $n$-Tupeln von reellen Zahlen wollen wir uns in diesem einleitenden Kapitel befassen.

Wie üblich bezeichne $\mathbb{R}$ oder $\mathbb{R}^1$ die Menge aller reellen Zahlen. Ein aus den reellen Zahlen $x_1$ und $x_2$ gebildetes geordnetes Paar schreiben wir in der Form

$$\begin{bmatrix} x_1 \\ x_2 \end{bmatrix} \qquad \text{oder} \qquad [x_1, x_2],$$

also als (2,1)-Matrix (zweidimensionaler Spaltenvektor) oder als (1,2)-Matrix (zweidimensionaler Zeilenvektor); vgl. [MSV]. Die Menge aller (2,1)-Matrizen $\begin{bmatrix} x_1 \\ x_2 \end{bmatrix}$, wobei $x_1 \in \mathbb{R}^1$ und $x_2 \in \mathbb{R}^1$ ist, bezeichnen wir mit $\mathbb{R}^2$. Für beliebige Elemente von $\mathbb{R}^2$ verwenden wir halbfette lateinische Buchstaben: $\mathbf{a}, \mathbf{b}, \mathbf{x}, \mathbf{y}$ usw. Somit bedeutet $\mathbf{x} \in \mathbb{R}^2$, daß $\mathbf{x} = \begin{bmatrix} x_1 \\ x_2 \end{bmatrix}$ ist, wobei $x_1$ und $x_2$ reelle Zahlen sind. In strikter Matrixschreibweise können wir

$$\text{statt} \quad \mathbf{x} = \begin{bmatrix} x_1 \\ x_2 \end{bmatrix} \quad \text{auch} \quad \mathbf{x}^T = [x_1, x_2]$$

setzen; dabei steht $T$ für das Transponieren einer Matrix. Aus typographischen

Gründen werden wir allerdings

$$\text{statt} \quad \mathbf{x} = \begin{bmatrix} x_1 \\ x_2 \end{bmatrix} \quad \text{auch} \quad \mathbf{x} = (x_1, x_2)$$

schreiben.

Der Umstand, daß es bei einem geordneten Paar auf die Reihenfolge der Elemente ankommt, spiegelt sich in der Definition der Gleichheit wider: Es sei $\mathbf{x} = (x_1, x_2)$ und $\mathbf{y} = (y_1, y_2)$. Man setzt

$$\mathbf{x} = \mathbf{y} \quad \text{genau dann, wenn} \quad x_1 = y_1 \text{ und } x_2 = y_2. \tag{1.1}$$

Das ist die Gleichheitsdefinition für Matrizen. Somit gilt z. B. $(5, 2) \neq (2, 5)$ (vgl. Beispiel 1.1), aber auch $(5, 2) \neq (5, 1)$.

**Bemerkung 1.1**  Man kann die Elemente von $\mathbb{R}^2$ geometrisch interpretieren. Dazu sei in einer Ebene $E$ ein kartesisches Koordinatensystem $(O, \mathbf{i}, \mathbf{j})$ gegeben. Hierbei ist $O$ ein Punkt (Ursprung, Nullpunkt), und $\mathbf{i}$ und $\mathbf{j}$ sind aufeinander senkrecht stehende (geometrische) Vektoren in $E$ mit der Länge Eins. Jedem $\mathbf{x} = (x_1, x_2) \in \mathbb{R}^2$ ist dann der (geometrische) Vektor $\mathbf{r} = x_1\mathbf{i} + x_2\mathbf{j}$ und der Punkt $P(x_1, x_2)$ in $E$ zugeordnet (s. Bild 1.1).

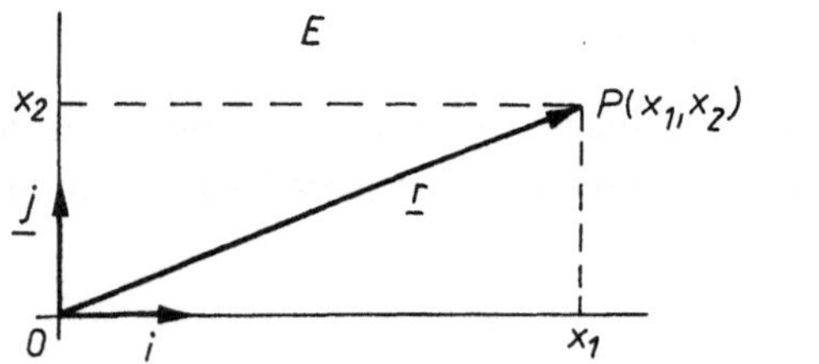


Bild 1.1

Umgekehrt gibt es zu jedem Vektor $\mathbf{r}$ bzw. jedem Punkt $P$ in $E$ genau ein $\mathbf{x} = (x_1, x_2) \in \mathbb{R}^2$, so daß $x_1$ und $x_2$ die Koordinaten von $\mathbf{r}$ bzw. $P$ bezüglich des gegebenen Koordinatensystems sind. Zwischen den Elementen von $\mathbb{R}^2$ und den Vektoren bzw. Punkten einer Ebene $E$ kann man also eine umkehrbar eindeutige Zuordnung herstellen, sobald in $E$ ein Koordinatensystem vorgegeben ist. In diesem Sinne nennt man die Elemente von $\mathbb{R}^2$ auch Punkte und veranschaulicht sie als geometrische Punkte einer Ebene, wobei häufig das zugrunde liegende Koordinatensystem nicht bezeichnet wird (vgl. Bild 1.2). Der Leser sollte sich aber stets darüber im klaren sein, daß die Beschriftung eines Punktes einer Ebene etwa mit $\mathbf{x}$, wobei $\mathbf{x} \in \mathbb{R}^2$ gilt, nur eine Kurzbezeichnung für den oben erläuterten Zusammenhang ist.

Als spezielle Elemente führen wir in $\mathbb{R}^2$ den *Nullvektor* $\mathbf{o}$ und die *Grundvektoren* $\mathbf{e}_1, \mathbf{e}_2$ ein durch

$$\mathbf{o} = (0,0), \quad \mathbf{e}_1 = (1,0), \quad \mathbf{e}_2 = (0,1).$$

Man definiert in $\mathbb{R}^2$ eine Addition und eine Multiplikation mit reellen Zahlen: Für $\mathbf{x} = (x_1, x_2) \in \mathbb{R}^2$, $\mathbf{y} = (y_1, y_2) \in \mathbb{R}^2$ und $\alpha \in \mathbb{R}^1$ setzt man

$$\mathbf{x} + \mathbf{y} = (x_1 + y_1, x_2 + y_2), \quad \alpha\mathbf{x} = (\alpha x_1, \alpha x_2). \tag{1.2}$$

Diese Operationen genügen den für reelle Zahlen bekannten Rechenregeln, z. B. $\mathbf{x} + \mathbf{y} = \mathbf{y} + \mathbf{x}$ und $\alpha(\mathbf{x} + \mathbf{y}) = \alpha\mathbf{x} + \alpha\mathbf{y}$. Somit ist $\mathbb{R}^2$ ein *linearer Raum* (mit $\mathbf{o}$ als Nullelement); s. [SSZ]. Gemäß (1.2) ist jedes $\mathbf{x} = (x_1, x_2) \in \mathbb{R}^2$ darstellbar in der Form

$$\mathbf{x} = (x_1, x_2) = x_1(1,0) + x_2(0,1) = x_1\mathbf{e}_1 + x_2\mathbf{e}_2.$$

Die Zahlen $x_1$ und $x_2$ heißen daher auch *erste* bzw. *zweite Koordinate* von $\mathbf{x}$ (bezüglich der Grundvektoren $\mathbf{e}_1, \mathbf{e}_2$).

Weiter definiert man in $\mathbb{R}^2$ ein *Skalarprodukt* durch

$$\mathbf{x} \cdot \mathbf{y} = x_1 y_1 + x_2 y_2 = \mathbf{x}^T \mathbf{y}. \tag{1.3}$$

In (1.3) wurde sogleich davon Gebrauch gemacht, daß das Skalarprodukt $\mathbf{x} \cdot \mathbf{y}$ auch als Matrizenprodukt $\mathbf{x}^T\mathbf{y}$ („Zeilenvektor mal Spaltenvektor") darstellbar ist. Man beachte, daß das Matrizenprodukt ohne Operationszeichen geschrieben wird. Gilt $\mathbf{x} \cdot \mathbf{y} = 0$, so sagt man, $\mathbf{x}$ und $\mathbf{y}$ sind *zueinander orthogonal* oder *stehen aufeinander senkrecht*.

**Beispiel 1.2**   Es sei $\mathbf{x} = (4, -2)$ und $\mathbf{y} = (3, 6)$. Wir können schreiben $\mathbf{x} = 4\mathbf{e}_1 - 2\mathbf{e}_2$ oder $\mathbf{x} = 2(2, -1)$. Es gilt $\mathbf{x} + \mathbf{y} = (4 + 3, -2 + 6) = (7, 4)$. Weiter ist $\mathbf{x} \cdot \mathbf{y} = 4 \cdot 3 + (-2) \cdot 6 = 0$, $\mathbf{x}$ und $\mathbf{y}$ sind also zueinander orthogonal.

Dem Leser sei empfohlen, die eingeführten Begriffe entsprechend Bemerkung 1.1 anhand von Vektoren einer Ebene zu veranschaulichen; s. auch Band [MSV]. Über die Veranschaulichung der Elemente von $\mathbb{R}^2$ als Punkte einer Ebene gelangt man zu der folgenden Definition (s. Bild 1.2): Ist $\mathbf{x} = (x_1, x_2) \in \mathbb{R}^2$ und $\mathbf{y} = (y_1, y_2) \in \mathbb{R}^2$, so heißt

$$d(\mathbf{x}, \mathbf{y}) = \sqrt{(x_1 - y_1)^2 + (x_2 - y_2)^2}$$

*(Euklidischer) Abstand* von $\mathbf{x}$ und $\mathbf{y}$. Für beliebige $\mathbf{x}, \mathbf{y}, \mathbf{z} \in \mathbb{R}^2$ gilt die *Dreiecksungleichung* (s. Bild 1.3)

$$d(\mathbf{x}, \mathbf{z}) \leq d(\mathbf{x}, \mathbf{y}) + d(\mathbf{y}, \mathbf{z}). \tag{1.4}$$

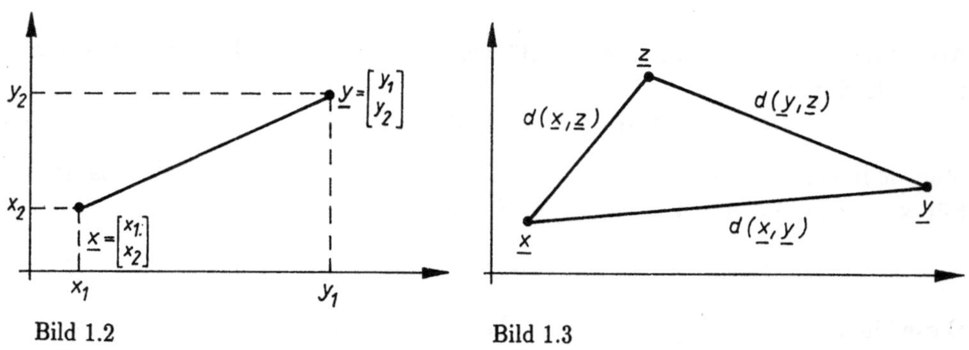

Bild 1.2                              Bild 1.3

Man kann den Abstand auch mit Hilfe des Skalarproduktes darstellen:

$$d(\mathbf{x}, \mathbf{y}) = \sqrt{(\mathbf{x} - \mathbf{y}) \cdot (\mathbf{x} - \mathbf{y})}.$$

Schließlich definieren wir durch

$$|\mathbf{x}| = d(\mathbf{x}, \mathbf{o}) = \sqrt{x_1^2 + x_2^2}$$

den *Betrag* von **x**. Hierfür gilt die *Dreiecksungleichung* in der Form

$$|\mathbf{x} + \mathbf{y}| \leq |\mathbf{x}| + |\mathbf{y}|. \tag{1.5}$$

Eine weitere wichtige Relation ist die *Cauchy-Schwarzsche Ungleichung*

$$|\mathbf{x} \cdot \mathbf{y}| \leq |\mathbf{x}| \cdot |\mathbf{y}|, \tag{1.6}$$

ausführlich geschrieben

$$|x_1 y_1 + x_2 y_2| \leq \sqrt{x_1^2 + x_2^2} \cdot \sqrt{y_1^2 + y_2^2}.$$

**Beispiel 1.3**    Für die Punkte $\mathbf{x} = (4, -2)$ und $\mathbf{y} = (3, 6)$ hat man $d(\mathbf{x}, \mathbf{y}) = \sqrt{(4-3)^2 + (-2-6)^2} = \sqrt{65}$, $|\mathbf{x}| = \sqrt{4^2 + (-2)^2} = \sqrt{20}$ und $|\mathbf{y}| = \sqrt{45}$.

Alles bisher über geordnete Paare von reellen Zahlen Gesagte kann unmittelbar auf geordnete Tripel, geordnete Quadrupel und allgemein auf geordnete $n$-Tupel $(n = 1, 2, \ldots)$ übertragen werden. Ein geordnetes $n$-Tupel kann als $(n, 1)$-Matrix oder als $(1, n)$-Matrix geschrieben werden. Die Menge aller $(n, 1)$-Matrizen

$$\mathbf{x} = \begin{bmatrix} x_1 \\ x_2 \\ \vdots \\ x_n \end{bmatrix} = [x_1, x_2, \ldots, x_n]^T \quad \text{bzw.} \quad \mathbf{x} = (x_1, x_2, \ldots, x_n)$$

wobei $x_i \in \mathbb{R}^1$ $(i = 1, 2, \ldots, n)$ ist, wird mit $\mathbb{R}^n$ bezeichnet. Für $\mathbf{x} = (x_1, \ldots, x_n)$ $\in \mathbb{R}^n$, $\mathbf{y} = (y_1, \ldots, y_n) \in \mathbb{R}^n$ und $\alpha \in \mathbb{R}^1$ definieren wir wie im Spezialfall $n = 2$ nun für beliebiges $n$ $(n = 1, 2, 3, \ldots)$:

$$\mathbf{x} = \mathbf{y} \iff x_i = y_i \quad (i = 1, \ldots, n),$$
$$\mathbf{x} + \mathbf{y} = (x_1 + y_1, \ldots, x_n + y_n),$$
$$\alpha\mathbf{x} = (\alpha x_1, \ldots, \alpha x_n),$$
$$\mathbf{x} \cdot \mathbf{y} = \sum_{i=1}^{n} x_i y_i = \mathbf{x}^T \mathbf{y},$$
$$d(\mathbf{x}, \mathbf{y}) = \sqrt{\sum_{i=1}^{n}(x_i - y_i)^2},$$
$$|\mathbf{x}| = d(\mathbf{x}, \mathbf{o}) = \sqrt{\sum_{i=1}^{n} x_i^2}.$$

Der Nullvektor $\mathbf{o} \in \mathbb{R}^n$ und die Grundvektoren $\mathbf{e}_i \in \mathbb{R}^n$ $(i = 1, \ldots, n)$ sind definiert durch

$$\mathbf{o} = (0, \ldots, 0), \quad \mathbf{e}_i = (0, \ldots, 0, 1, 0, \ldots, 0);$$

dabei steht die 1 an der $i$-ten Stelle. Jedes $\mathbf{x} = (x_1, \ldots, x_n) \in \mathbb{R}^n$ ist darstellbar in der Form

$$\mathbf{x} = \sum_{i=1}^{n} x_i \mathbf{e}_i. \tag{1.7}$$

Schließlich gelten die Dreiecksungleichungen (1.4) und (1.5) sowie die Cauchy-Schwarzsche Ungleichung (1.6) auch in diesem allgemeinen Fall.

Die Menge $\mathbb{R}^n$, versehen mit den oben definierten Operationen, heißt *n-dimensionaler Euklidischer Raum*.

Für beliebige Elemente von $\mathbb{R}^2$ und $\mathbb{R}^3$ werden wir statt $(x_1, x_2)$ bzw. $(x_1, x_2, x_3)$ häufig $(x, y)$ bzw. $(x, y, z)$ schreiben. Analog Bemerkung 1.1 kann man die Elemente von $\mathbb{R}^3$ als Vektoren bzw. Punkte eines Raumes interpretieren, wenn letzterer mit einem kartesischen Koordinatensystem versehen ist.

**Aufgabe 1.1**  Es sei $\mathbf{o} = (0, 0)$ und $\mathbf{a} = (-1, 1)$. Man beschreibe geometrisch die Menge aller Punkte $\mathbf{x} \in \mathbb{R}^2$, für die $d(\mathbf{x}, \mathbf{o}) = d(\mathbf{x}, \mathbf{a})$ gilt.

## 1.2  Mengen in $\mathbb{R}^n$

Wir führen die folgenden Überlegungen allgemein im Raum $\mathbb{R}^n$ durch. Dabei ist $n$ irgendeine natürliche Zahl, $n \geq 1$. Der Leser sollte sich alle Sachverhalte stets am Fall $n = 2$ auf Grund von Bemerkung 1.1 veranschaulichen, sofern das nicht ohnehin im Text erfolgt.

Für $\mathbf{x} \in \mathbb{R}^n$ oder $\mathbf{y} \in \mathbb{R}^n$ werden wir künftig stillschweigend die Darstellung $\mathbf{x} = (x_1, \ldots, x_n)$ bzw. $\mathbf{y} = (y_1, \ldots, y_n)$ verwenden; analog für andere Buchstaben. Gelegentlich benutzen wir obere Indizes; z. B. schreiben wir $\mathbf{x}^{(o)} = \left( x_1^{(o)}, \ldots, x_n^{(o)} \right)$.

Wir wollen nun Teilmengen von $\mathbb{R}^n$ untersuchen. Da man die Elemente von $\mathbb{R}^n$ auch als Punkte bezeichnet, spricht man auch von *Punktmengen*.

Es sei $\mathbf{x}^{(o)} \in \mathbb{R}^n$ und $\varepsilon$ eine positive reelle Zahl. Die Menge aller $\mathbf{x} \in \mathbb{R}^n$, deren Euklidischer Abstand von $\mathbf{x}^{(o)}$ kleiner als $\varepsilon$ ist, heißt *$\varepsilon$-Umgebung* von $\mathbf{x}^{(o)}$ und wird mit $U(\mathbf{x}^{(o)}, \varepsilon)$ bezeichnet; man setzt also

$$
\begin{aligned}
U(\mathbf{x}^{(o)}, \varepsilon) &= \{\mathbf{x} \in \mathbb{R}^n | \mathrm{d}(\mathbf{x}, \mathbf{x}^{(o)}) < \varepsilon\} \\
&= \{\mathbf{x} \in \mathbb{R}^n | \sum_{i=1}^{n} (x_i - x_i^{(o)})^2 < \varepsilon^2\}.
\end{aligned}
$$

Für $n = 1$ ist $\mathrm{d}(x, x,^{(o)}) = \sqrt{(x - x^{(o)})^2} = |x - x^{(o)}|$ und daher

$$
\begin{aligned}
U(x^{(o)}, \varepsilon) &= \{x \in \mathbb{R}^1 | |x - x^{(o)}| < \varepsilon\} \\
&= \{x \in \mathbb{R}^1 | x^{(o)} - \varepsilon < x < x^{(o)} + \varepsilon\} = (x^{(0)} - \varepsilon, x^{(0)} + \varepsilon)
\end{aligned}
$$

(lezteres im Sinne der Intervallschreibweise im $\mathbb{R}^1$).

Die $\varepsilon$-Umgebung von $x^{(o)}$ in $\mathbb{R}^1$ ist also das offene Intervall mit Mittelpunkt $x^{(o)}$ und Länge $2\varepsilon$. Analog kann $U(\mathbf{x}^{(o)}, \varepsilon)$ in $\mathbb{R}^2$ als Kreisscheibe ohne Rand mit Mittelpunkt $\mathbf{x}^{(o)}$ und Radius $\varepsilon$ (s. Bild 1.4) und in $\mathbb{R}^3$ als Kugel ohne Oberfläche mit Mittelpunkt $\mathbf{x}^{(o)}$ und Radius $\varepsilon$ veranschaulicht werden. Im Hinblick auf den letztgenannten Fall nennt man $U(\mathbf{x}^{(o)}, \varepsilon)$ auch in $\mathbb{R}^n$ *Kugelumgebung* von $\mathbf{x}^{(o)}$.

Jede Teilmenge $M$ von $\mathbb{R}^n$, die eine $\varepsilon$-Umgebung $U(\mathbf{x}^{(o)}, \varepsilon)$ von $\mathbf{x}^{(o)}$ enthält, heißt *Umgebung* von $\mathbf{x}^{(o)}$ (s. Bild 1.5 für $n = 2$). Das System aller Umgebungen von $\mathbf{x}^{(o)}$ besteht also aus den $\varepsilon$-Umgebungen von $\mathbf{x}^{(o)}$, wobei $\varepsilon$ alle positiven reellen Zahlen durchläuft, und deren Obermengen.

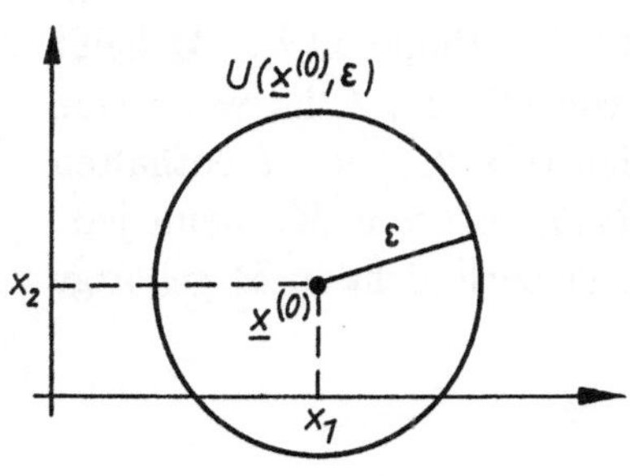

Bild 1.4

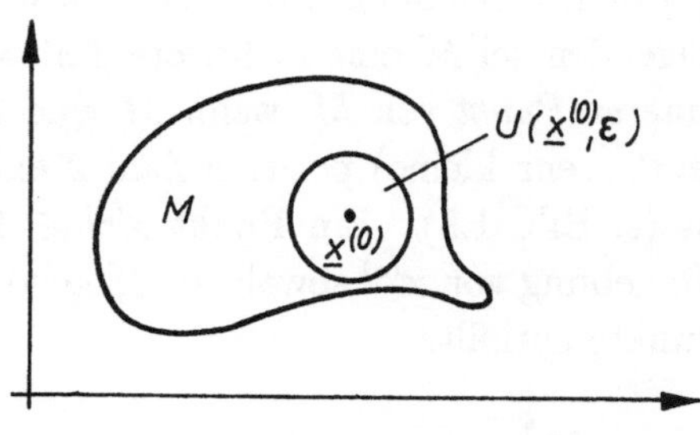

Bild 1.5

Gelegentlich betrachtet man neben den Kugelumgebungen auch *Quaderumgebungen* von $\mathbf{x}^{(o)}$. Das sind Mengen der Form

$$V(\mathbf{x}^{(o)}, \mathbf{a}) = \{\mathbf{x} \in \mathbb{R}^n \mid x_i^{(o)} - a_i < x_i < x_i^{(o)} + a_i \quad \text{für } i = 1, \dots, n\},$$

wobei $\mathbf{a} \in \mathbb{R}^n$ mit $a_i > 0$ $(i = 1, \dots, n)$ gegeben ist. Für $n = 2$ ist $V(\mathbf{x}^{(o)}, \mathbf{a})$ im Bild 1.6 als achsenparalleles Rechteck ohne Rand veranschaulicht. Man kann das System aller Umgebungen von $\mathbf{x}^{(o)}$ auch dadurch erhalten, daß man alle Quaderumgebungen von $\mathbf{x}^{(o)}$ und deren Obermengen bildet. Das ergibt sich daraus, daß jede Quaderumgebung von $\mathbf{x}^{(o)}$ eine Kugelumgebung von $\mathbf{x}^{(o)}$ enthält und umgekehrt (s. Bild 1.7 für $n = 2$).

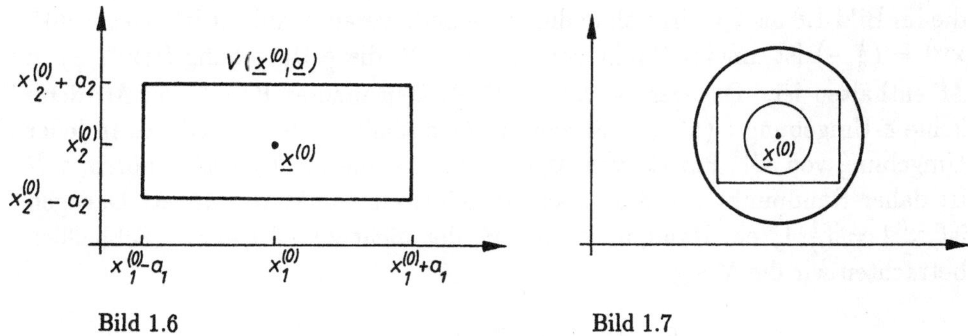

Bild 1.6                    Bild 1.7

Eine Teilmenge von $\mathbb{R}^n$, die aus einer Umgebung von $\mathbf{x}^{(o)}$ besteht, jedoch ohne $\mathbf{x}^{(o)}$ selbst, heißt *punktierte Umgebung* von $\mathbf{x}^{(o)}$. Eine punktierte $\varepsilon$-Umgebung von $\mathbf{x}^{(o)}$ ist somit in der Form

$$U^*(\mathbf{x}^{(o)}, \varepsilon) = \{\mathbf{x} \in \mathbb{R}^n \mid 0 < \mathrm{d}(\mathbf{x}, \mathbf{x}^{(0)}) < \varepsilon\}$$

darstellbar. Die Ungleichung $0 < \mathrm{d}(\mathbf{x}, \mathbf{x}^{(o)})$ bedeutet gerade, daß $\mathbf{x} \neq \mathbf{x}^{(o)}$, also $\mathbf{x}^{(o)}$ nicht Element von $U^*(\mathbf{x}^{(o)}, \varepsilon)$ ist.

Mit dem Umgebungsbegriff können wir weitere wichtige Begriffe definieren. Im folgenden sei $M$ eine nichtleere Teilmenge von $\mathbb{R}^n$. Ein Punkt $\mathbf{x}^{(o)} \in M$ heißt *innerer Punkt* von $M$, wenn $M$ eine Umgebung von $\mathbf{x}^{(o)}$ ist, d. h., wenn eine (evtl. sehr kleine) positive Zahl $\varepsilon$ existiert, so daß $U(\mathbf{x}^{(o)}, \varepsilon)$ in $M$ enthalten ist (s. Bild 1.5). Ein Punkt $\mathbf{x}^{(o)} \in \mathbb{R}^n$ heißt *Randpunkt* von $M$, wenn jede Umgebung von $\mathbf{x}^{(o)}$ sowohl zu $M$ gehörige Punkte als auch nicht zu $M$ gehörige Punkte enthält.

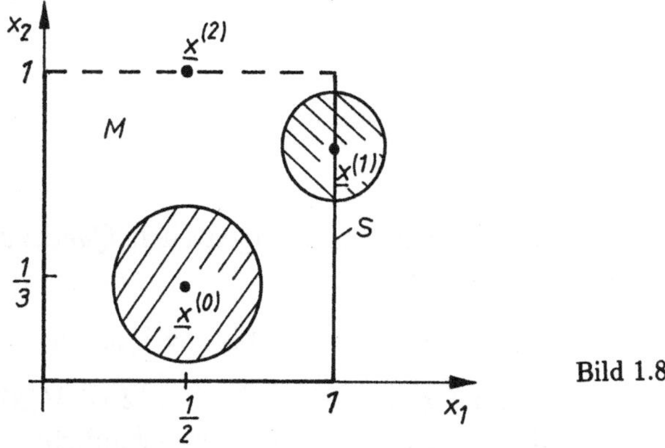


Bild 1.8

**Beispiel 1.4**   Wir betrachten die Menge

$$M = \{(x_1, x_2) \in \mathbb{R}^2 \mid 0 \leq x_1 \leq 1,\ 0 \leq x_2 < 1\},$$

die im Bild 1.8 als Quadrat ohne die obere Seite veranschaulicht ist. Der Punkt $\mathbf{x}^{(o)} = \left(\frac{1}{2}, \frac{1}{3}\right)$ ist innerer Punkt von $M$, da z. B. die $\frac{1}{4}$-Umgebung $U(\mathbf{x}^{(o)}, \frac{1}{4})$ in $M$ enthalten ist. Dagegen ist $\mathbf{x}^{(o)} = \left(1, \frac{3}{4}\right)$ kein innerer Punkt von $M$, denn keine $\varepsilon$-Umgebung $U(\mathbf{x}^{(1)}, \varepsilon)$ ist ganz in $M$ enthalten. Jedoch gibt es in jeder Umgebung von $\mathbf{x}^{(1)}$ Punkte von $M$ und Punkte, die nicht zu $M$ gehören; $\mathbf{x}^{(1)}$ ist daher Randpunkt von $M$, wobei $\mathbf{x}^{(1)}$ selbst ein Punkt von $M$ ist. Dagegen ist $\mathbf{x}^{(2)} = \left(\frac{1}{2}, 1\right)$ ein Randpunkt von $M$, der nicht zu $M$ gehört. Schließlich betrachten wir die Menge

$$S = \{(1, x_2) \in \mathbb{R}^2 \mid 0 \leq x_2 < 1\},$$

die im Bild 1.8 durch die rechte Seite des Quadrats dargestellt wird. Die oben für $\mathbf{x}^{(1)}$ angestellte Überlegung zeigt, daß $S$ keine inneren Punkte besitzt; jeder Punkt von $S$ ist ein Randpunkt.

Wir führen weitere Begriffe im Zusammenhang mit einer beliebigen nichtleeren Menge $M \subset \mathbb{R}^n$ ein. Die Menge aller inneren Punkte von $M$ bzw. aller Randpunkte von $M$ heißt *Inneres* von $M$ bzw. *Rand* von $M$. Die aus $M$ und dem

Rand von $M$ bestehende Menge heißt *Abschließung* (oder *abgeschlossene Hülle*) von $M$ und wird mit $\overline{M}$ bezeichnet. $M$ heißt *offene Menge* bzw. *abgeschlossene Menge*, wenn $M$ mit dem Inneren von $M$ bzw. mit der Abschließung $\overline{M}$ übereinstimmt. Somit ist $M$ genau dann offen, wenn jeder Punkt von $M$ innerer Punkt ist. $M$ ist genau dann abgeschlossen, wenn $M$ alle Randpunkte von $M$ enthält. Das Innere von $M$ ist leer oder eine offene Menge, die Abschließung $\overline{M}$ ist stets eine abgeschlossene Menge. Der ganze Raum $\mathbb{R}^n$ ist sowohl offen als auch abgeschlossen.

Für die Menge $M$ von Beispiel 1.4 gelten - in geometrischer Sprechweise - die folgenden Aussagen: Das Innere von $M$ ist das Quadrat ohne die Seiten, den Rand bilden die Seiten, und die Abschließung ist das Quadrat einschließlich der Seiten. Da einige, jedoch nicht alle Randpunkte von $M$ zu $M$ gehören, ist $M$ weder offen noch abgeschlossen. Für die Menge $S$ von Beispiel 1.4 ist das Innere (bezüglich $\mathbb{R}^2$) die leere Menge, und die Abschließung ist gleich

$$\overline{S} = \{(1, x_2) \in \mathbb{R}^2 \,|\, 0 \leq x_2 \leq 1\}.$$

Auch $S$ ist also weder offen noch abgeschlossen.

Eine Menge $M$ heißt *beschränkt*, wenn $M$ in einer $\rho$-Umgebung des Nullpunktes $\mathbf{o}$ enthalten ist, wenn also ein $\rho > 0$ existiert, so daß $|x| < \rho$ für jedes $x \in M$ gilt.

Für die Elemente $\mathbf{x}$ der Menge $M$ vom Beispiel 1.4 ist

$$|\mathbf{x}| = \sqrt{x_1^2 + x_2^2} \leq \sqrt{1^2 + 1^2} = \sqrt{2}.$$

Somit ist $M$ zum Beispiel in $U(\mathbf{o}, 2)$ enthalten und daher beschränkt. Jede $\varepsilon$-Umgebung eines beliebigen Punktes $\mathbf{x}^{(o)} \in \mathbb{R}^n$ ist in einer Kugel um $\mathbf{o} \in \mathbb{R}^n$ enthalten, wenn nur der Kugelradius $\rho$ hinreichend groß gewählt wird. Also ist jede Menge der Form $U(\mathbf{x}^{(o)}, \varepsilon)$ beschränkt. Ein Beispiel einer nicht beschränkten Menge in $\mathbb{R}^2$ ist der erste Quadrant

$$M = \{(x_1, x_2) \in \mathbb{R}^2 \,|\, x_1 \geq 0 \quad \text{und} \quad x_2 \geq 0\}.$$

Sind $\mathbf{x}^{(1)}$ und $\mathbf{x}^{(2)}$ zwei Punkte in $\mathbb{R}^n$, so heißt die Menge

$$\langle \mathbf{x}^{(1)}, \mathbf{x}^{(2)} \rangle = \{\lambda \mathbf{x}^{(1)} + (1 - \lambda)\mathbf{x}^{(2)} \,|\, 0 \leq \lambda \leq 1\}$$

*Segment.* Geometrisch wird damit die Verbindungsstrecke der Punkte $\mathbf{x}^{(1)}$ und $\mathbf{x}^{(2)}$ beschrieben (s. Bild 1.9). Die Menge $M$ heißt *konvex*, wenn aus $\mathbf{x}^{(1)}, \mathbf{x}^{(2)} \in M$ stets $\langle \mathbf{x}^{(1)}, \mathbf{x}^{(2)} \rangle \in M$ folgt, wenn also mit je zwei Punkten auch deren Verbindungsstrecke zu $M$ gehört. Eine offene Menge $M$ heißt *zusammenhängend,* wenn zu je zwei Punkten $\mathbf{x}^{(1)}, \mathbf{x}^{(2)} \in M$ höchstens endlich viele weitere Punkte $\mathbf{y}^{(1)}, \mathbf{y}^{(2)}, \ldots, \mathbf{y}^{(m)} \in M$ existieren, so daß der aus den Segmenten $\langle \mathbf{x}^{(1)}, \mathbf{y}^{(1)} \rangle, \langle \mathbf{y}^{(1)}, \mathbf{y}^{(2)} \rangle, \ldots, \langle \mathbf{y}^{(m-1)}, \mathbf{y}^{(m)} \rangle, \langle \mathbf{y}^{(m)}, \mathbf{x}^{(2)} \rangle$ bestehende „Streckenzug" in $M$ enthalten ist (s. Bild 1.9).

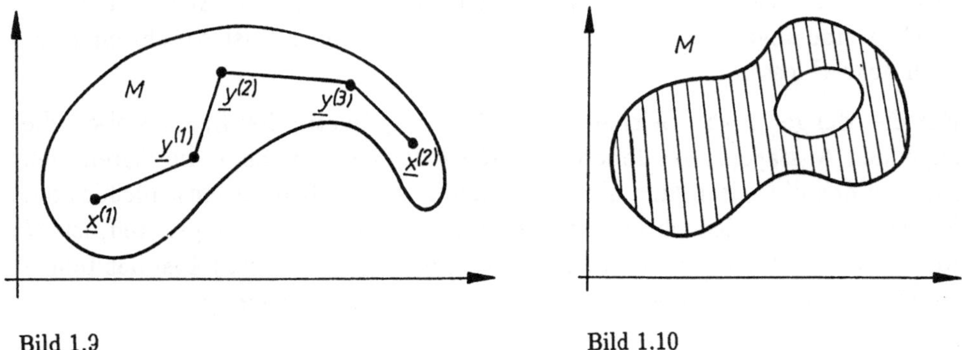


Bild 1.9                              Bild 1.10

Eine offene und zusammenhängende Menge heißt *Gebiet.* Die Abschließung eines Gebietes nennen wir *Bereich.* Ein Bereich ist also stets abgeschlossen.

Eine offene und konvexe Menge ist natürlich zusammenhängend und somit ein Gebiet. Speziell ist jede $\varepsilon$-Umgebung eines Punktes offen und konvex, also ein Gebiet. Die Abschließung einer solchen Menge hat die Form

$$\overline{U(\mathbf{x}^{(o)}, \varepsilon)} = \{\mathbf{x} \in \mathbb{R}^n | d(\mathbf{x}, \mathbf{x}^{(o)}) \leq \varepsilon\}$$

(„Kugel einschließlich Oberfläche") und ist ein Bereich. Die in den Bildern 1.9 und 1.10 skizzierten Teilmengen von $\mathbb{R}^2$ (ohne Rand) sind Gebiete, aber keine konvexen Mengen. Nimmt man jeweils die Ränder hinzu, so erhält man Bereiche. Die beiden Bilder verdeutlichen zugleich, daß es Gebiete „ohne Löcher" und solche „mit Löchern" gibt. Dieser Unterschied wird mit den Begriffen *einfach zusammenhängend* bzw. *mehrfach zusammenhängend* mathematisch beschrieben. Diese Begriffe werden erst in [KPF] benötigt und daher dort definiert.

In den Anwendungen werden Gebiete und Bereiche häufig durch Ungleichungen beschrieben. Wir betrachten einige Beispiele.

**Beispiel 1.5**    Es sei $G = \{(x,y) \in \mathbb{R}^2 | y < 3x + 1\}$. Im Bild 1.11 ist $G$ als die unterhalb der Geraden $y = 3x + 1$ gelegene Halbebene veranschaulicht. $G$ ist offen und konvex, also ein Gebiet. Die Abschließung von $G$ ist der Bereich $\overline{G} = \{(x,y) \in \mathbb{R}^2 | y \leq 3x + 1\}$. Die Mengen $G$ und $\overline{G}$ sind nicht beschränkt.

**Beispiel 1.6**   Es sei

$$M = \{(x,y) \in \mathbb{R}^2 | (16 - x^2)(9 - y^2) \geq 0\}.$$

$M$ ist die Menge aller Punkte $(x,y)$, für deren Koordinaten entweder gilt

$$16 - x^2 \geq 0 \quad \text{und zugleich} \quad 9 - y^2 \geq 0 \tag{1.8}$$

oder

$$16 - x^2 \leq 0 \quad \text{und zugleich} \quad 9 - y^2 \leq 0. \tag{1.9}$$

(1.8) bedeutet $|x| \leq 4$ und zugleich $|y| \leq 3$. Analog ist (1.9) äquivalent zu $|x| \geq 4$ und zugleich $|y| \geq 3$. Im Bild 1.12 ist $M$ veranschaulicht. $M$ ist abgeschlossen, nicht beschränkt und nicht konvex. Das Innere von $M$ (die schraffierte Menge ohne Ränder im Bild 1.12) ist nicht zusammenhängend, also kein Gebiet. Daher ist $M$ kein Bereich.

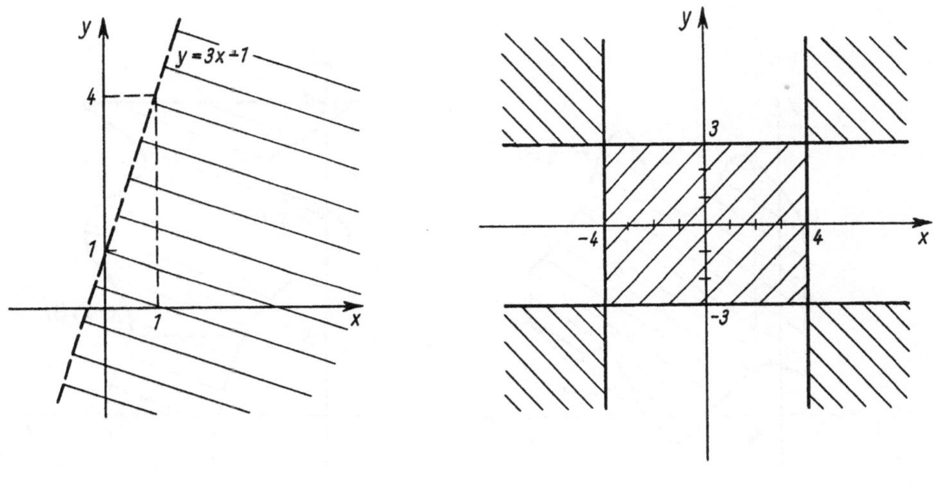


Bild 1.11                              Bild 1.12

**Beispiel 1.7**   Es sei $[a,b]$ ein beschränktes abgeschlossenes Intervall auf der $x$-Achse, $\phi_1$ und $\phi_2$ seien auf $[a,b]$ definierte reelle stetige Funktionen (der unabhängigen Variablen $x$), und es gelte $\phi_1(x) < \phi_2(x)$ für alle $x \in [a,b]$. Für jede Zahl $x_0$ mit $a \leq x_0 \leq b$ ist die Menge aller $(x_0,y)$ mit $\phi_1(x_0) \leq y \leq \phi_2(x_0)$ als Verbindungsstrecke der Punkte $(x_0, \phi_1(x_0))$ und $(x_0, \phi_2(x_0))$ darstellbar. Durchläuft $x_0$ alle Zahlen des Intervalls $[a,b]$, so erhält man die im Bild 1.13

skizzierte Menge

$$\overline{G} = \{(x,y) \in \mathbb{R}^2 | a \leq x \leq b \quad \text{und} \quad \phi_1(x) \leq y \leq \phi_2(x)\}.$$

$\overline{G}$ ist die Abschließung der Menge

$$G = \{(x,y) \in \mathbb{R}^2 | a < x < b \quad \text{und} \quad \phi_1(x) < y < \phi_2(x)\},$$

die ein Gebiet ist. Daher ist $\overline{G}$ ein Bereich; man nennt $\overline{G}$ *Normalbereich* (oder *Fundamentalbereich*) *bezüglich der x-Achse*. Analog heißt eine Menge der Form

$$\overline{H} = \{(x,y) \in \mathbb{R}^2 | c \leq y \leq d \quad \text{und} \quad \psi_1(y) \leq x \leq \psi_2(y)\}$$

*Normalbereich* (oder *Fundamentalbereich*) *bezüglich der y-Achse;* dabei sind $\psi_1$ und $\psi_2$ auf dem Intervall $[c,d]$ der $y$-Achse definierte reelle stetige Funktionen mit $\psi_1(y) < \psi_2(y)$ für alle $y \in [c,d]$ (s. Bild 1.14). Normalbereiche sind abgeschlossen und beschränkt, aber i. allg. nicht konvex. Sie spielen in der Integralrechnung für Funktionen von zwei unabhängigen Variablen eine wichtige Rolle (s. [KPF]). Man kann Normalbereiche auch in $\mathbb{R}^n$ für $n \geq 3$ definieren.

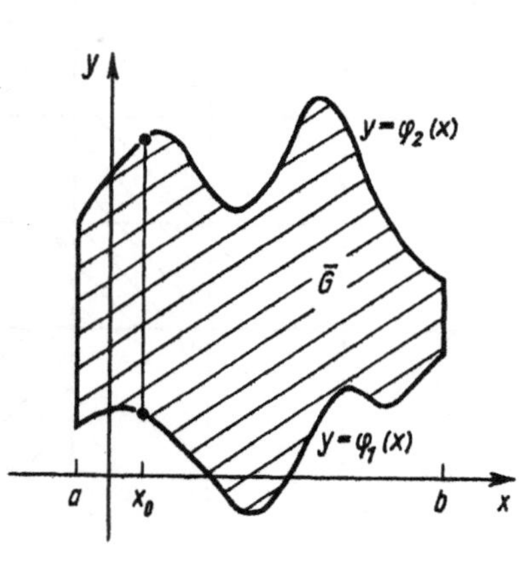


Bild 1.13                               Bild 1.14

**Aufgabe 1.2**  Man skizziere in der $x,y$-Ebene die folgenden Normalbereiche:

a) $B_1 = \{(x,y) \in \mathbb{R}^2 | 0 \leq x \leq 2 \text{ und } -\sqrt{1-(x-1)^2} \leq y \leq 0\}$,

b) $B_2 = \{(x,y) \in \mathbb{R}^2 | 0 \leq x \leq 4 \text{ und } \sqrt{4x-x^2} \leq y \leq \sqrt{4x}\}$,

c) $B_3 = \{(x,y) \in \mathbb{R}^2 | 1 \leq y \leq 2 \text{ und } 0 \leq x \leq \sqrt{1-(y-1)^2}\}$.

## 1.3 Konvergenz in $\mathbb{R}^n$

Reelle Zahlenfolgen, also Folgen in $\mathbb{R}^1$, wurden in [SSZ] untersucht. Jetzt behandeln wir Punktfolgen in $\mathbb{R}^n$. Wir beginnen mit einem Beispiel einer Folge in $\mathbb{R}^2$.

**Beispiel 1.8**  Für $k = 1, 2, \ldots$ sei $x_1^{(k)} = \frac{1}{k}$ und $x_2^{(k)} = 1 - \frac{1}{k^2}$. Wir betrachten die Folge mit den Gliedern [1] $\mathbf{x}^{(k)} = (x_1^{(k)}, x_2^{(k)}) \in \mathbb{R}^2$. Die ersten drei Glieder der Folge $(\mathbf{x}^{(k)})$ sind

$$\mathbf{x}^{(1)} = (1, 0), \quad \mathbf{x}^{(2)} = \left(\frac{1}{2}, \frac{3}{4}\right), \quad \mathbf{x}^{(3)} = \left(\frac{1}{3}, \frac{8}{9}\right).$$

Im Bild 1.15 ist $(\mathbf{x}^{(k)})$ als Punktfolge in der $x_1, x_2$-Ebene veranschaulicht. Alle Punkte liegen auf der Parabel $x_2 = 1 - x_1^2$. Für den Abstand zwischen $\mathbf{x}^{(k)}$ und $\mathbf{x}^{(0)} = (0, 1)$ gilt

$$d(\mathbf{x}^{(k)}, \mathbf{x}^{(0)}) = \sqrt{(\frac{1}{k} - 0)^2 + (1 - \frac{1}{k^2} - 1)^2} = \sqrt{\frac{1}{k^2} + \frac{1}{k^4}}$$

und somit $\lim\limits_{k \to \infty} d(\mathbf{x}^{(k)}, \mathbf{x}^{(0)}) = 0$. Man sagt dafür, die Folge $(\mathbf{x}^{(k)})$ *konvergiert* gegen $\mathbf{x}^{(0)}$.

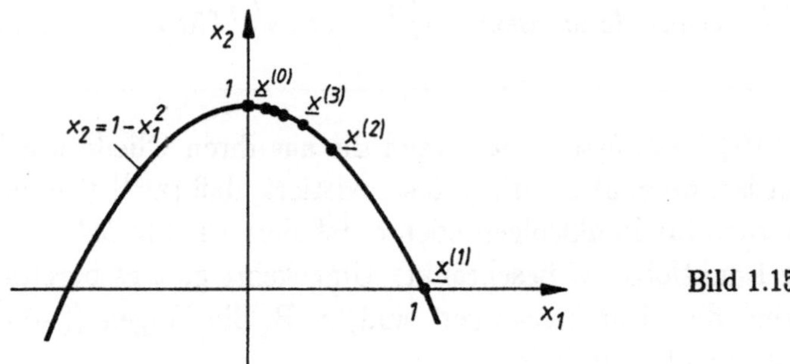


Bild 1.15

Es ist naheliegend, ganz allgemein die Konvergenz einer Punktfolge $(\mathbf{x}^{(k)})$ in $\mathbb{R}^n$ gegen ein $\mathbf{x}^{(0)} \in \mathbb{R}^n$ durch die Konvergenz der Zahlenfolge $(d(\mathbf{x}^{(k)}, \mathbf{x}^{(0)}))$ gegen Null zu beschreiben. Die spezielle Art der „Annäherung" von $\mathbf{x}^{(k)}$ an $\mathbf{x}^{(0)}$ (im Beispiel 1.8 längs einer Parabel) ist dabei unwesentlich. So gelangt man zu der

---

[1] Wir numerieren die Folgenglieder mit oberen Indizes. Untere Indizes bezeichnen, wie bisher, die Koordinaten eines Punktes. Allerdings werden wir die Glieder einer Punktfolge in der $x, y$-Ebene statt mit $(x^{(k)}, y^{(k)})$ auch mit $(x_k, y_k)$ bezeichnen.

---

**Definition 1.1**   *Die Punktfolge* $(\mathbf{x}^{(k)})$ *in* $\mathbb{R}^n$ *heißt* $k\,o\,n\,v\,e\,r\,g\,e\,n\,t$ *gegen den Punkt* $\mathbf{x}^{(0)} \in \mathbb{R}^n$, *wenn* $\lim\limits_{k\to\infty} d(\mathbf{x}^{(k)}, \mathbf{x}^{(0)}) = 0$ *gilt. In diesem Falle schreibt man* $\mathbf{x}^{(0)} = \lim\limits_{k\to\infty} \mathbf{x}^{(k)}$ *und nennt* $\mathbf{x}^{(0)}$ *den* $G\,r\,e\,n\,z\,w\,e\,r\,t$ *oder* $L\,i\,m\,e\,s$ *der Folge* $(\mathbf{x}^{(k)})$.

---

Gemäß Beispiel 1.8 gilt also $(0,1) = \lim\limits_{k\to\infty} \left(\frac{1}{k}, 1 - \frac{1}{k^2}\right)$. Wir bemerken, daß eine Punktfolge höchstens einen Grenzwert hat. Die Konvergenz von $(\mathbf{x}^{(k)})$ gegen $\mathbf{x}^{(0)}$ in $\mathbb{R}^n$ läßt sich mittels der Konvergenz der aus den Koordinaten von $\mathbf{x}^{(k)}$ gebildeten Zahlenfolgen charakterisieren:

$$
\begin{aligned}
\mathbf{x}^{(1)} &= (x_1^{(1)},\ x_2^{(1)},\ \ldots,\ x_n^{(1)}) \\
\mathbf{x}^{(2)} &= (x_1^{(2)},\ x_2^{(2)},\ \ldots,\ x_n^{(2)}) \\
\vdots & \qquad \vdots \quad\ \vdots \qquad\ \ \vdots \\
\mathbf{x}^{(k)} &= (x_1^{(k)},\ x_2^{(k)},\ \ldots,\ x_n^{(k)}) \\
\downarrow & \quad\ \ \downarrow \quad\ \downarrow \qquad\ \ \downarrow \\
\mathbf{x}^{(0)} &= (x_1^{(0)},\ x_2^{(0)},\ \ldots,\ x_n^{(0)})
\end{aligned}
$$

$$(1.10)$$

$$(1.11)$$

Wir formulieren den hiermit schematisch angedeuteten Sachverhalt als

---

**Satz 1.1**   *Mit* $\mathbf{x}^{(k)}$ $(k = 1, 2, \ldots)$ *und* $\mathbf{x}^{(0)}$ *gemäß* (1.10) *bzw.* (1.11) *gilt*

$$\mathbf{x}^{(0)} = \lim\limits_{k\to\infty} \mathbf{x}^{(k)} \quad \text{genau dann, wenn} \quad x_i^{(0)} = \lim\limits_{k\to\infty} x_i^{(k)} \text{ für } i = 1, 2, \ldots, n.$$

---

Die Punktfolge $(\mathbf{x}^{(k)})$ heißt *beschränkt*, wenn die aus ihren Gliedern gebildete Menge beschränkt ist, wenn also ein $\rho > 0$ so existiert, daß $|\mathbf{x}^{(k)}| \leq \rho$ für alle $k$ gilt. *Teilfolgen* werden für Punktfolgen ebenso definiert wie für Zahlenfolgen. Jede konvergente Punktfolge ist beschränkt. Umgekehrt gibt es bereits in $\mathbb{R}^1$ beschränkte Folgen, die nicht konvergent sind, z. B. die Folgen $((-1)^k)_{k\in\mathbf{N}}$. Jedoch gilt der folgende bedeutende

---

**Satz 1.2**   *(Satz von Bolzano-Weierstraß): Jede beschränkte Punktfolge in* $\mathbb{R}^n$ *enthält eine konvergente Teilfolge.*

---

Eine nichtleere Teilmenge $M$ von $\mathbb{R}^n$ heißt *kompakt*, wenn jede Folge in $M$ eine konvergente Teilfolge enthält, deren Grenzwert zu $M$ gehört. Mittels Satz 1.2 kann man die folgende wichtige Charakterisierung der kompakten Teilmengen von $\mathbb{R}^n$ verifizieren.

> **Satz 1.3**  *Eine nichtleere Teilmenge von $\mathbb{R}^n$ ist genau dann kompakt, wenn sie beschränkt und abgeschlossen ist.*

Nach diesem Satz sind z. B. die Abschließungen von $\varepsilon$-Umgebungen eines Punktes, also Mengen der Form $\overline{U}(\mathbf{x},\varepsilon)$, kompakt; ebenso sind Normalbereiche (s. Beispiel 1.7) kompakte Mengen. Dagegen sind Gebiete nicht kompakt, da sie - mit Ausnahme von ganz $\mathbb{R}^n$ - nicht abgeschlossen sind. Der Raum $\mathbb{R}^n$ selbst ist aber nicht beschränkt und somit nicht kompakt.

Ein Punkt $\mathbf{x}^{(0)} \in \mathbb{R}^n$ heißt *Häufungspunkt* einer Teilmenge $M$ von $\mathbb{R}^n$, wenn es eine Punktfolge $(\mathbf{x}^k)$ mit den folgenden Eigenschaften (E1) und (E2) gibt:

(E1) Für jedes $k \in N$ ist $\mathbf{x}^{(k)} \in M$ und $\mathbf{x}^{(k)} \neq \mathbf{x}^{(0)}$,

(E2) $\lim\limits_{k\to\infty} \mathbf{x}^{(k)} = \mathbf{x}^{(0)}$.

**Beispiel 1.9**  Wir betrachten die Menge (s. Bild 1.16)

$$M = \{(x_1,x_2) \in \mathbb{R}^2 \,|\, 0 \le x_1 \le 1, \quad 0 \le x_2 < 1\} \cup \{(2,2)\}.$$

Man überlegt sich leicht, daß genau die Punkte $\mathbf{x}^{(0)} = (x_1,x_2)$ mit $0 \le x_1 \le 1$ und $0 \le x_2 \le 1$ Häufungspunkte von $M$ sind. Insbesondere ist also der nicht zu $M$ gehörige Punkt $(\tfrac{1}{2},1)$ ein Häufungspunkt von $M$, der zu $M$ gehörige Punkt $(2,2)$ dagegen nicht (vgl. auch Beispiel 1.4).

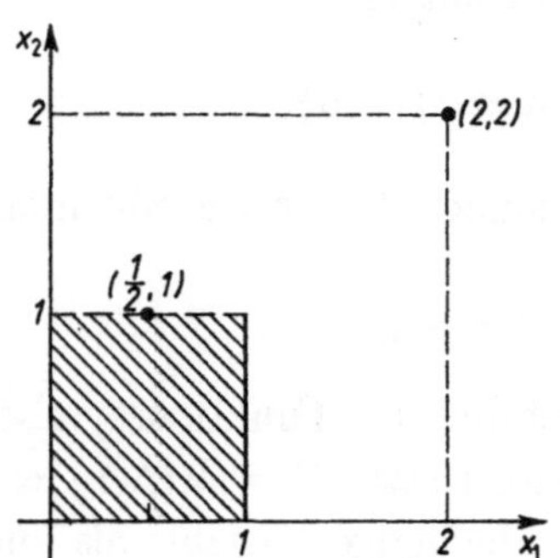


Bild 1.16

**Aufgabe 1.3**  Ist die Folge der Punkte

$$(x_k, y_k, z_k) = \left(3 + \frac{5}{k^2}, \; -1, \; (1+\tfrac{1}{k})^k\right) \quad \text{in } \mathbb{R}^3 \quad \text{konvergent?}$$

**Aufgabe 1.4**  Man untersuche die Folge der Punkte

$$(x_k, y_k) = \left(\frac{1}{k}, \; (-1)^k\right) \quad \text{in } \mathbb{R}^2 \quad \text{auf Konvergenz.}$$

# 2 Funktionen mehrerer unabhängiger Variabler

## 2.1 Der Begriff der reellen Funktion mehrerer unabhängiger Variabler

Funktionen von mehreren unabhängigen Variablen findet man in der Praxis in vielfältiger Form. Im Beispiel 1.1 hatten wir das Volumen $V = \pi r^2 h$ eines zylindrischen Behälters als Funktion der Variablen $h$ (Höhe) und $r$ (Grundkreisradius) betrachtet. Auch Funktionen von mehr als zwei unabhängigen Variablen kommen in natürlicher Weise vor. So ist der Oberflächeninhalt $S$ eines Quaders eine Funktion der Kantenlängen $x, y, z : S = 2(xy + xz + yz)$.

Im Beispiel 1.1 hatten wir ebenfalls schon erörtert, daß die Argumente einer Funktion von zwei unabhängigen reellen Variablen geordnete Paare reeller Zahlen sind. Der Definitionsbereich einer Funktion von zwei unabhängigen reellen Variablen ist also eine Teilmenge $M$ von $\mathbb{R}^2$. Eine auf $M$ definierte *reelle Funktion $f$* ist dadurch gegeben, daß jedem Punkt $\mathbf{x} = (x_1, x_2) \in M$ durch eine Vorschrift eindeutig eine reelle Zahl zugeordnet ist, die man mit $f(\mathbf{x})$ oder $f(x_1, x_2)$ bezeichnet. Ist $f$ eine auf $M$ definierte reelle Funktion, so schreibt man

$$f : M \to \mathbb{R}^1 \quad (f \text{ bildet } M \text{ in } \mathbb{R}^1 \text{ ab}).$$

Im Beispiel des Volumens eines zylindrischen Behälters ist

$$M = \{(h, r) \in \mathbb{R}^2 | h > 0 \quad \text{und} \quad r > 0\},$$

und $f : M \to \mathbb{R}^1$ ist durch $f(h, r) = \pi r^2 h$ definiert. Dafür schreibt man auch kürzer

$$f(h, r) = \pi r^2 h; \quad h > 0, r > 0.$$

Statt $f$ können natürlich auch andere Buchstaben als Funktionssymbol verwendet werden. So setzt man in diesem Beispiel etwa $V = V(h, r) = \pi r^2 h; \quad h > 0, r > 0$. Dabei bezeichnet $V$ sowohl die abhängige Variable als auch die Funktion selbst.

Alles Gesagte gilt analog, wenn $M$ eine Teilmenge von $\mathbb{R}^n$ ist. Dann ist $f : M \to \mathbb{R}^1$ eine *reelle Funktion von $n$ unabhängigen reellen Variablen*. Der Wert von $f$ an einer Stelle $\mathbf{x} = (x_1, \ldots, x_n) \in M$ wird mit $f(\mathbf{x})$ oder $f(x_1, \ldots, x_n)$ bezeichnet.

In der Praxis ergeben sich Funktionen von mehreren unabhängigen Variablen häufig in zunächst anderer Form. So ist etwa die Temperatur $T$ eines (konkreten) Raumes eine Funktion des Ortes, also gilt im Punkt $P$ des Raumes:

$T = T(P)$. Um auch solche Funktionen einer Untersuchung mittels der (noch darzustellenden) Differentialrechnung zugänglich zu machen, beschreibt man $P$ nach Einführung eines kartesischen Koordinatensystems durch ein geordnetes Tripel $(x, y, z) \in \mathbb{R}^3$ (vgl. Bemerkung 1.1). Hiermit ist dann $T$ eine auf (einer Teilmenge von) $\mathbb{R}^3$ definierte Funktion: $T = f(x, y, z)$. Berücksichtigt man überdies, daß $T$ auch von der Zeit $t$ abhängt, so erweist sich $T$ als Funktion von vier unabhängigen Variablen: $T = g(x, y, z, t)$.

Funktionen von zwei unabhängigen Veränderlichen kann man geometrisch veranschaulichen. Die Funktion $f$ sei gegeben durch $z = f(x, y)$, $(x, y) \in M$, wobei $M$ eine Teilmenge von $\mathbb{R}^2$ ist. Bezüglich eines räumlichen kartesischen $x, y, z$-Koordinatensystems wird $M$ als Punktmenge der $x, y$-Ebene veranschaulicht. Über jedem Punkt $(x, y) \in M$ denkt man sich den Wert $f(x, y)$ in Richtung der positiven oder negativen $z$-Achse aufgetragen (je nachdem, ob $f(x, y)$ positiv oder negativ ist). So gelangt man zu dem Punkt mit den Koordinaten $x, y, f(x, y)$. Die Menge dieser Punkte, also die Menge

$$\{(x, y, f(x, y)) \in \mathbb{R}^3 \mid (x, y) \in M\},$$

ist dann häufig als *Fläche* im $x, y, z$-Raum interpretierbar. Diese Fläche wird als das *Bild der Funktion* $f : M \to \mathbb{R}^1$ angesehen.

**Beispiel 2.1**    Durch $f(x, y) = x^2 + y^2$, $(x, y) \in \mathbb{R}^2$, ist eine Funktion $f : \mathbb{R}^2 \to \mathbb{R}^1$ definiert. Es ist $f(0, 0) = 0$ und $f(x, y) > 0$ für $(x, y) \neq (0, 0)$. Für alle Punkte $(x, y)$ auf dem Kreis $x^2 + y^2 = r^2$ hat $f$ den konstanten Wert $f(x, y) = r^2$. Als Schnittkurve des Bildes von $f$ mit der $x, z$-Ebene ergibt sich für $y = 0$ die Parabel $z = f(x, 0) = x^2$ (s. Bild 2.1 a) und als Schnittkurve mit der $y, z$-Ebene für $x = 0$ die Parabel $z = f(0, y) = y^2$ (s. Bild 2.1 b). Man kann sich überlegen, daß die Schnittkurve des Bildes von $f$ mit jeder Ebene, die auf der $x, y$-Ebene senkrecht steht und den Nullpunkt enthält, eine Parabel ist. Daher heißt diese Fläche *Paraboloid* (s. Bild 2.1 c).

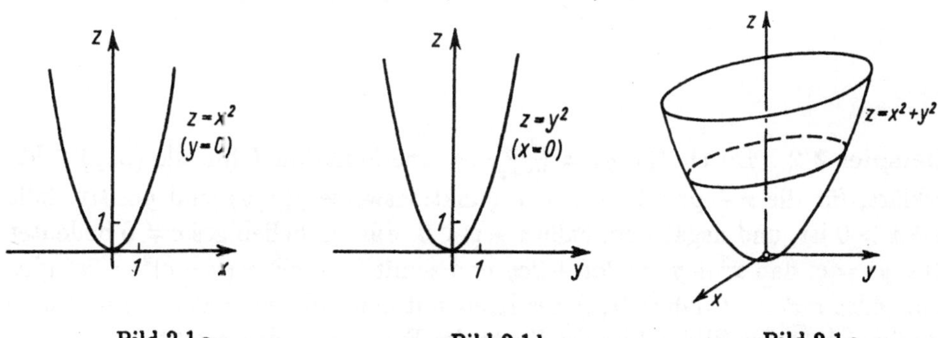


Bild 2.1 a        Bild 2.1 b        Bild 2.1 c

Das Beispiel zeigt, daß man eine Vorstellung von dem Bild einer Funktion von zwei unabhängigen Variablen unter Umständen dadurch gewinnen kann, daß man die Schnittkurven mit geeigneten Ebenen ermittelt. Dieser Gedanke liegt auch der folgenden Veranschaulichung zugrunde.

Für eine Zahl $c$ aus dem Wertebereich der Funktion $f : M \rightarrow \mathbb{R}^1$ ermittelt man die Menge der Urbilder, also die Menge

$$H(c) = \{(x,y) \in M \,|\, f(x,y) = c\}.$$

Die Menge $H(c)$ kann häufig als Kurve in der $x,y$-Ebene veranschaulicht werden. Diese Kurve heißt *Höhenlinie* oder *Niveaulinie* von $f$. Verfährt man so für verschiedene Werte $c$, dann erhält man eine Kurvenschar, die man als *Karte der Fläche* von $f$ oder auch als *Karte der Funktion $f$* bezeichnet. Die zu $f$ gehörige Fläche ergibt sich daraus durch „Anheben" oder „Absenken" jeder Niveaulinie $H(c)$ auf die (zur $x,y$-Ebene parallele) Ebene $z = c$.

Für die im Beispiel 2.1 betrachtete Funktion $f$ besteht der Wertebereich aus den nichtnegativen reellen Zahlen, und für jedes $c \geq 0$ ist $H(c) = \{(x,y) \in \mathbb{R}^2 \,|\, x^2 + y^2 = c\}$. Für $c = 0$ ergibt sich nur der Nullpunkt, für jedes $c > 0$ ist $H(c)$ der Kreis um den Nullpunkt mit dem Radius $\sqrt{c}$. Die Karte von $f$ ist im Bild 2.2 skizziert, man vergleiche Bild 2.1 c.

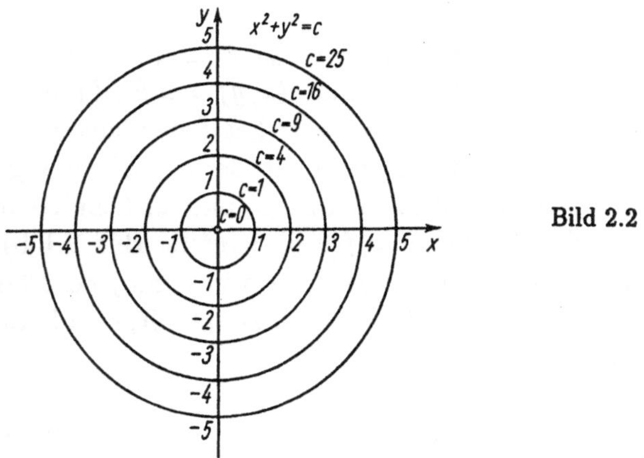


Bild 2.2

**Beispiel 2.2**   Durch $f(x,y) = \frac{x^2+y^2}{2(x+y)}$ ist eine Funktion $f$ für alle $(x,y) \in \mathbb{R}^2$ erklärt, für die $x + y \neq 0$ gilt. Die Funktionswerte $f(x,y)$ sind positiv, falls $x + y > 0$ ist, und negativ im Falle $x + y < 0$. Für ein beliebiges $c \neq 0$ bedeutet $f(x,y) = c$, daß $x^2 + y^2 = 2cx + 2cy$ und somit $(x-c)^2 + (y-c)^2 = 2c^2$ gilt. Für jedes $c \neq 0$ ist daher $H(c)$ der Kreis mit dem Mittelpunkt $(c,c)$ und dem Radius $|c|\sqrt{2}$. Im Bild 2.3 ist die Karte der Funktion $f$ dargestellt.

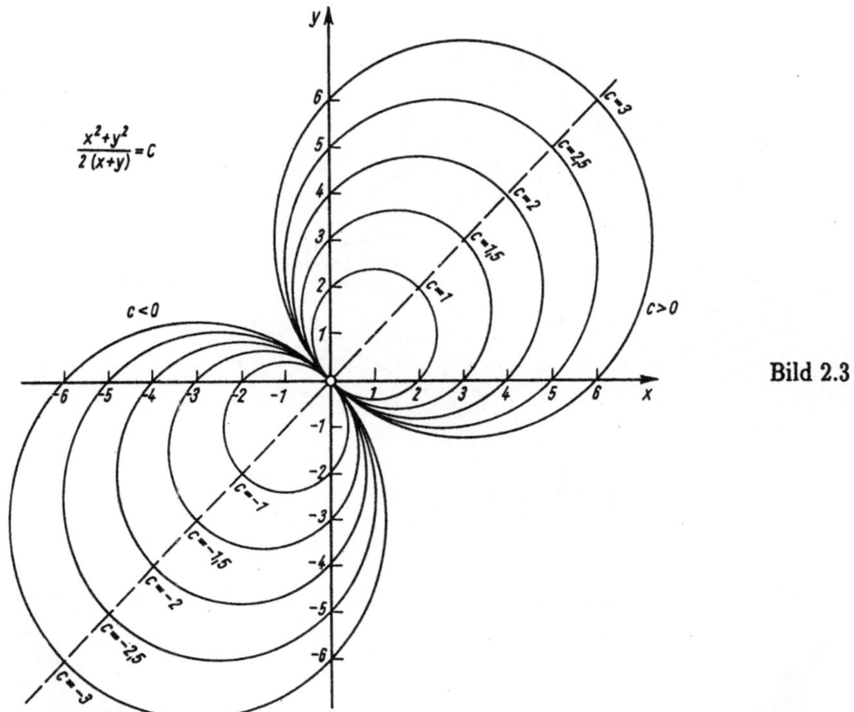



Bild 2.3

Sehr plastisch kann man Funktionen von zwei unabhängigen Variablen mit Computergraphiken veranschaulichen.

**Beispiel 2.3**    Wir betrachten die Funktion $f(x,y) = xy, (x,y) \in \mathbb{R}^2$. Wir ermitteln zuerst die Karte von $f$. Die Höhenlinie $xy = c$ besteht für $c = 0$ aus den beiden Koordinatenachsen und für $c \neq 0$ aus den beiden Ästen der Hyperbel $y = \frac{c}{x}$ (s. Bild 2.4 a, nächste Seite). Im Bild 2.4 b ist die zu $f$ gehörige Fläche mittels einer Computergraphik dargestellt. In einer Umgebung des Nullpunktes ähnelt die Fläche einem Sattel. Der Leser sollte sich bemühen, dieses Bild allein aus der Karte der Fläche vor seinem „geistigen Auge" zu erzeugen.

**Aufgabe 2.1**    Man bestimme alle Punkte $(x,y) \in \mathbb{R}^2$, für die durch die folgenden Vorschriften Funktionen erklärt werden können:

a) $f(x,y) = \ln(1 - \exp(x + y))$,            b) $f(x,y) = \arcsin(y/x)$.

**Aufgabe 2.2**    Man zeichne die Niveaulinien der folgenden Funktionen für $c = 1, 2, 3, 4, 5$ und gebe an, durch welche Flächen die Funktionen veranschaulicht werden können:

a) $f(x,y) = \sqrt{x^2 + y^2}$,    $(x,y) \in \mathbb{R}^2$,            b) $f(x,y) = \sqrt{(x-1)^2 + 4y^2}$,    $(x,y) \in \mathbb{R}^2$.

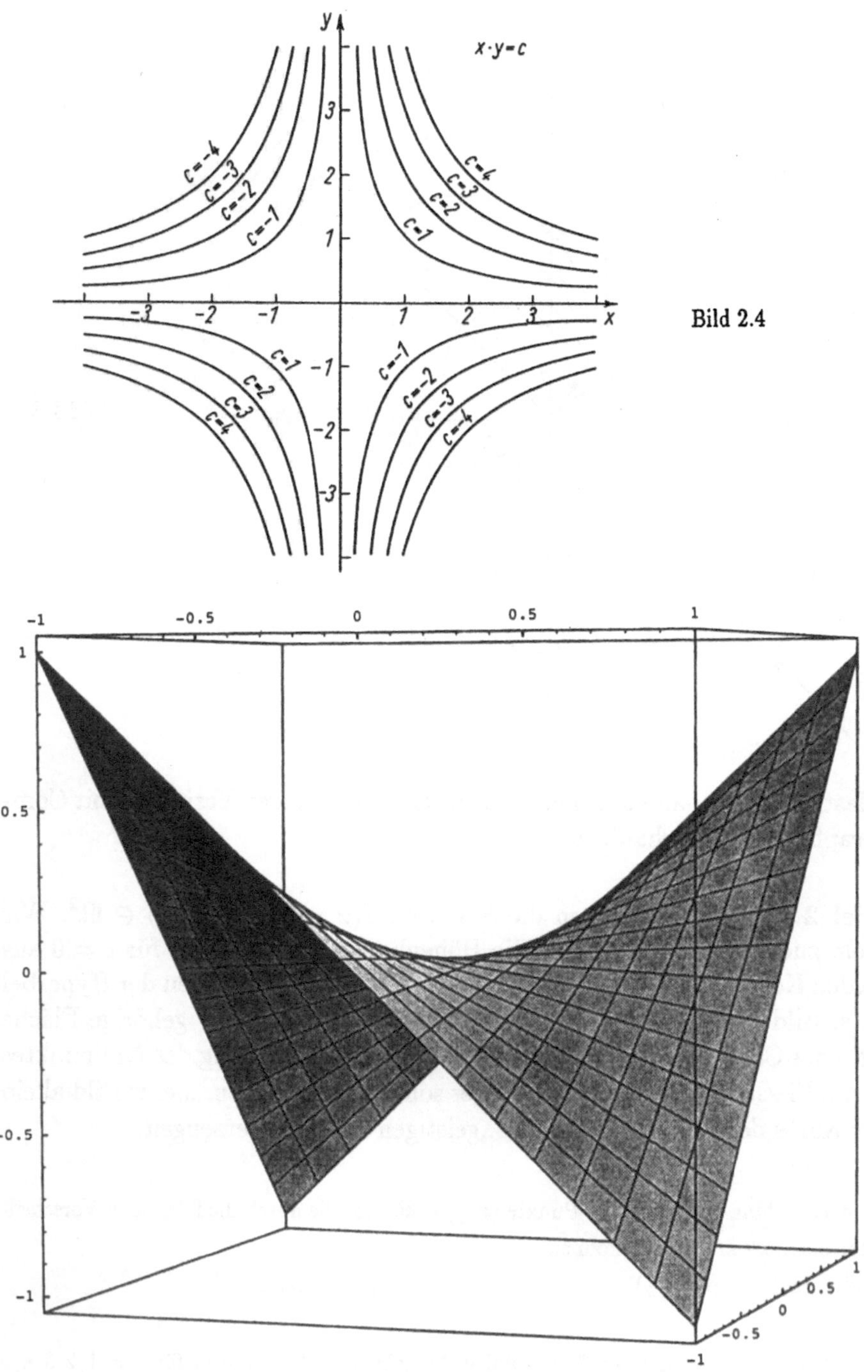


Bild 2.4

Bild 2.4 b

## 2.2 Der Begriff der Vektorfunktion mehrerer unabhängiger Variabler

Neben den bisher behandelten reellen Funktionen, also Funktionen mit Werten in $\mathbb{R}^1$, spielt in der Praxis noch eine andere Klasse von Funktionen eine wichtige Rolle.

Als Beispiel betrachten wir die stationäre Strömung einer Flüssigkeit. Die Geschwindigkeit eines Flüssigkeitsteilchens ist im allgemeinen vom Ort abhängig, d. h., der Geschwindigkeitsvektor $\mathbf{v}$ ist eine Funktion der Punkte $P$ des durchströmten Raumes: $\mathbf{v} = \mathbf{v}(P)$. Führt man in den Raum wieder ein kartesisches Koordinatensystem ein, so kann man sowohl den Punkt $P$ als auch den Vektor $\mathbf{v}$ durch Koordinaten, also durch geordnete Tripel $(x_1, x_2, x_3) \in M$ bzw. $(v_1, v_2, v_3) \in \mathbb{R}^3$, darstellen. Dabei ist $M$ eine den durchströmten Raum beschreibende Teilmenge von $\mathbb{R}^3$. Jede Geschwindigkeitskoordinate $v_i$ $(i = 1, 2, 3)$ ist eine reelle Funktion von $(x_1, x_2, x_3) \in M : v_i = f_i(x_1, x_2, x_3)$. Die reellen Funktionen $f_i : M \to \mathbb{R}^1$ kann man zusammenfassen zu einer *Vektorfunktion* $\mathbf{f} : M \to \mathbb{R}^3$ gemäß

$$\mathbf{f}(\mathbf{x}) = \begin{bmatrix} f_1(x_1, x_2, x_3) \\ f_2(x_1, x_2, x_3) \\ f_3(x_1, x_2, x_3) \end{bmatrix}, \quad \mathbf{x} = (x_1, x_2, x_3) \in M.$$

Die Funktion $\mathbf{f}$ beschreibt nun die Ortsabhängigkeit des Geschwindigkeitsvektors $\mathbf{v}$ in dem gegebenen Koordinatensystem. Ist die Strömung instationär, so hängt $\mathbf{f}$ außer vom Ort $\mathbf{x}$ auch von der Zeit $t$ ab und bildet somit eine Teilmenge von $\mathbb{R}^4$ in den Raum $\mathbb{R}^3$ ab.

Allgemein ist eine Vektorfunktion $\mathbf{f}$ auf einer Teilmenge $M$ von $\mathbb{R}^n$ definiert und nimmt Werte im Raum $\mathbb{R}^m$ an; man schreibt dafür $f : M \to \mathbb{R}^m$. Dabei sind $m$ und $n$ natürliche Zahlen, $m > 1$, $n \geq 1$ (für $m = 1$ ist $\mathbf{f}$ eine reelle Funktion). Mittels reeller Funktionen $f_i : M \to \mathbb{R}^1$ ist $\mathbf{f} : M \to \mathbb{R}^m$ darstellbar in der Form

$$\mathbf{f}(\mathbf{x}) = \begin{bmatrix} f_1(x_1, x_2, \ldots, x_n) \\ f_2(x_1, x_2, \ldots, x_n) \\ \vdots \\ f_m(x_1, x_2, \ldots, x_n) \end{bmatrix}, \quad \mathbf{x} = (x_1, x_2, \ldots, x_n) \in M.$$

Man beachte, daß die reellen Funktionen $f_i$ hierbei alle denselben Definitionsbereich $M$ haben.

Ist der Definitionsbereich $M$ von $\mathbf{f}$ ein Gebiet, so nennt man $\mathbf{f}$ auch *Vektorfeld*. Im Unterschied dazu heißt eine auf dem Gebiet $M$ definierte reelle Funktion auch *Skalarfeld*.

**Beispiel 2.4**   Die Menge $M = \{(x_1, x_2) \in \mathbb{R}^2 | x_1 > 0\}$ ist ein Gebiet in $\mathbb{R}^2$, und auf $M$ ist durch

$$\begin{bmatrix} y_1 \\ y_2 \\ y_3 \end{bmatrix} = \mathbf{f}(x_1, x_2) = \begin{bmatrix} \sqrt{x_1} - 1 \\ x_1 + x_2 - 1 \\ x_2^2 \end{bmatrix}, \quad (x_1, x_2) \in M,$$

ein Vektorfeld $f : M \to \mathbb{R}^3$ erklärt. Geometrisch beschreibt $\mathbf{f}$ eine Abbildung der rechten Halbebene der $x_1, x_2$-Ebene in den $y_1, y_2, y_3$-Raum (s. Bild 2.5). Zum Beispiel bildet $\mathbf{f}$ die Gerade $C_1$ mit der Parameterdarstellung $x_1 = 1$, $x_2 = t$ auf die (in der $y_2, y_3$-Ebene gelegene) Parabel $C_2 : y_1 = \sqrt{1} - 1 = 0$, $\quad y_2 = t$, $y_3 = t^2$ ab. Dieser Abbildung liegt eine *zusammengesetzte* (oder *mittelbare*) *Funktion* zugrunde: Durch die Vektorfunktion

$$\begin{bmatrix} x_1 \\ x_2 \end{bmatrix} = \begin{bmatrix} g_1(t) \\ g_2(t) \end{bmatrix} = \begin{bmatrix} 1 \\ t \end{bmatrix}, \quad t \in \mathbb{R},$$

wird die $t$-Achse auf $C_1$ abgebildet. Da $C_1$ im Definitionsbereich $M$ von $\mathbf{f}$ enthalten ist, kann man $\mathbf{f}$ auf $C_1$ betrachten, man bildet also

$$\begin{bmatrix} y_1 \\ y_2 \\ y_3 \end{bmatrix} = \mathbf{f}(g_1(t), g_2(t)) = \begin{bmatrix} 0 \\ t \\ t^2 \end{bmatrix}, \quad t \in \mathbb{R},$$

und erhält $C_2$.

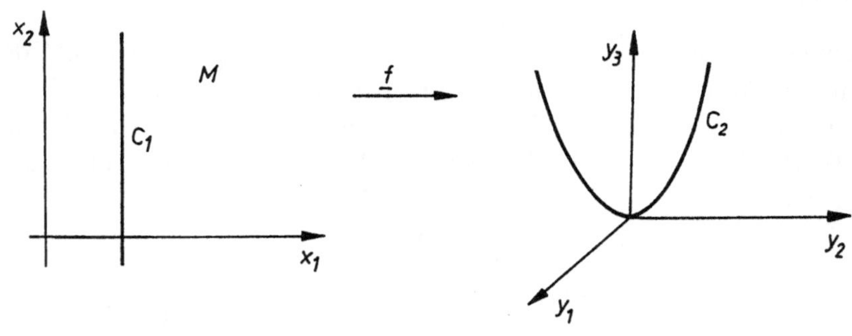


Bild 2.5

Wir betrachten ein physikalisches Beispiel für zusammengesetzte Funktionen.

**Beispiel 2.5**   In den Raumpunkten $P_1(1, 0, 0)$ und $P_2(0, 1, 0)$ befinden sich konstante Punktladungen $Q_1$ bzw. $Q_2$. Gesucht ist das Potential der beiden Punktladungen in einem beliebigen von $P_1$ und $P_2$ verschiedenen Punkt $P(x, y, z)$. Nach den Grundgesetzen der Elektrostatik hat die gegebene Ladungsverteilung das Potential $\psi(r_1, r_2) = (4\pi\varepsilon_0)^{-1}\left(\frac{Q_1}{r_1} + \frac{Q_2}{r_2}\right)$. Dabei bezeichnet $r_1$ bzw. $r_2$ den Abstand des Punktes $P$ von $P_1$ bzw. $P_2$ (und $\varepsilon_0$ ist die Influenzkonstante). Das Potential soll als Funktion der Koordinaten $x, y, z$ von $P$ dargestellt werden. Nach dem Satz von Pythagoras ist

$$\begin{aligned} r_1 &= r_1(x,y,z) = \sqrt{(x-1)^2 + y^2 + z^2}, \\ r_2 &= r_2(x,y,z) = \sqrt{x^2 + (y-1)^2 + z^2}. \end{aligned}$$

Damit ergibt sich das Potential als zusammengesetzte Funktion zu

$$\begin{aligned} \varphi(x,y,z) &:= \psi(r_1(x,y,z), r_2(x,y,z)) = \\ &= \frac{1}{4\pi\varepsilon_0}\left(\frac{Q_1}{\sqrt{(x-1)^2 + y^2 + z^2}} + \frac{Q_2}{\sqrt{x^2 + (y-1)^2 + z^2}}\right), \end{aligned}$$

wobei $(x,y,z)$ von $(1,0,0)$ und $(0,1,0)$ verschieden sein muß.

Wir erinnern daran, daß eine Funktion $\mathbf{f} : \mathbb{R}^n \to \mathbb{R}^m$ *linear* heißt (s. [SSZ]), wenn für alle $\mathbf{x}, \mathbf{y} \in \mathbb{R}^n$ und alle $\alpha, \beta \in \mathbb{R}^1$ gilt

$$\mathbf{f}(\alpha\mathbf{x} + \beta\mathbf{y}) = \alpha\mathbf{f}(\mathbf{x}) + \beta\mathbf{f}(\mathbf{y}). \tag{2.1}$$

Lineare Vektorfunktionen lassen sich in einfacher Weise mittels Matrizen darstellen. Wir leiten diese Darstellung für den Fall $m = 2$, $n = 3$ her. Es sei also $\mathbf{f} : \mathbb{R}^3 \to \mathbb{R}^2$ linear. Jedes $\mathbf{x} \in \mathbb{R}^3$ ist mit den Grundvektoren $\mathbf{e}_i \in \mathbb{R}^3$ in der Form $\mathbf{x} = x_1\mathbf{e}_1 + x_2\mathbf{e}_2 + x_3\mathbf{e}_3$ darstellbar. Da sich die Linearität (2.1) von zwei Summanden auf eine beliebige endliche Anzahl von Summanden überträgt, folgt

$$\mathbf{f}(\mathbf{x}) = x_1\mathbf{f}(\mathbf{e}_1) + x_2\mathbf{f}(\mathbf{e}_2) + x_3\mathbf{f}(\mathbf{e}_3). \tag{2.2}$$

Die Werte $\mathbf{f}(\mathbf{e}_k)$ $(k = 1,2,3)$ sind gewisse Elemente von $\mathbb{R}^2$, die mit reellen Zahlen $a_{ik}$ $(i = 1,2)$ in folgender Weise darstellbar sind:

$$\mathbf{f}(\mathbf{e}_1) = \begin{bmatrix} a_{11} \\ a_{21} \end{bmatrix}, \quad \mathbf{f}(\mathbf{e}_2) = \begin{bmatrix} a_{12} \\ a_{22} \end{bmatrix}, \quad \mathbf{f}(\mathbf{e}_3) = \begin{bmatrix} a_{13} \\ a_{23} \end{bmatrix}.$$

Aus (2.2) folgt daher nach den Regeln der Matrizenrechnung

$$\mathbf{f}(\mathbf{x}) = \begin{bmatrix} a_{11}x_1 + a_{12}x_2 + a_{13}x_3 \\ a_{21}x_1 + a_{22}x_2 + a_{23}x_3 \end{bmatrix} = \begin{bmatrix} a_{11} & a_{12} & a_{13} \\ a_{21} & a_{22} & a_{23} \end{bmatrix} \begin{bmatrix} x_1 \\ x_2 \\ x_3 \end{bmatrix}. \tag{2.3}$$

Die lineare Funktion $\mathbf{f} : \mathbb{R}^3 \to \mathbb{R}^2$ ist also mittels der $(2,3)$-Matrix $(a_{ik})$ darstellbar. (Die Vektorfunktion $\mathbf{f}$ im Beispiel 2.4 ist somit nicht linear.)

Umgekehrt ist jede mit einer reellen $(2,3)$-Matrix $(a_{ik})$ in der Form (2.3) dargestellte Vektorfunktion $\mathbf{f} : \mathbb{R}^3 \to \mathbb{R}^2$ linear, wie man unmittelbar nachrechnet.

Die Verallgemeinerung dieser Sachverhalte fassen wir zusammen in dem

---

**Satz 2.1**    *Eine Vektorfunktion* $\mathbf{f} : \mathbb{R}^n \to \mathbb{R}^m$ *ist genau dann linear, wenn es eine reelle* $(m,n)$-*Matrix* $(a_{ik})$ *gibt, so daß gilt*

$$\mathbf{f}(\mathbf{x}) = \begin{bmatrix} a_{11} & a_{12}\ldots a_{1n} \\ a_{21} & a_{22}\ldots a_{2n} \\ & \vdots \\ a_{m1} & a_{m2}\ldots a_{mn} \end{bmatrix} \begin{bmatrix} x_1 \\ x_2 \\ \vdots \\ x_n \end{bmatrix}, \quad \mathbf{x} = [x_1, x_2, \ldots, x_n]^T \in \mathbb{R}^n. \quad (2.4)$$

---

Bezeichnet man die Matrix $(a_{ik})$ mit $\mathbf{A}$, dann kann man für (2.4) kurz schreiben

$$\mathbf{f}(\mathbf{x}) = \mathbf{A}\mathbf{x}, \quad \mathbf{x} \in \mathbb{R}^n.$$

Wir heben noch den Spezialfall $m = 1$ hervor. Mit $[a_{11}, a_{12}, \ldots, a_{1n}] = \mathbf{a}^T$ erhält man aus Satz 2.1 die

**Folgerung 2.1**    *Eine reelle Funktion* $f : \mathbb{R}^n \to \mathbb{R}^1$ *ist genau dann linear, wenn es einen Vektor* $\mathbf{a} \in \mathbb{R}^n$ *gibt, so daß gilt*

$$f(\mathbf{x}) = \mathbf{a}^T\mathbf{x} = \mathbf{a} \cdot \mathbf{x}, \quad \mathbf{x} \in \mathbb{R}^n.$$

## 2.3  Krummlinige Koordinaten in $\mathbb{R}^2$

In der Integralrechnung für Funktionen mit mehreren unabhängigen Variablen (s. [KPF]) werden als Integrationsbereiche gewisse Punktmengen in $\mathbb{R}^n$ ($n = 2$ oder $3$) betrachtet. Dabei ist es wichtig, diese Mengen möglichst einfach zu beschreiben. Hierzu sind oft krummlinige Koordinaten in $\mathbb{R}^n$ sehr gut geeignet; das sind Vektorfunktionen, die eine gewisse Teilmenge eines Raumes $\mathbb{R}^m$ auf ganz $\mathbb{R}^n$ abbilden.

Zuerst behandeln wir für den Fall $m = n = 2$ die *ebenen Polarkoordinaten*. Wir betrachten die durch

$$\left. \begin{array}{l} x = x(r,\varphi) = r\cos\varphi \\ y = y(r,\varphi) = r\sin\varphi \end{array} \right\}, \quad 0 \leq r < \infty, \quad -\pi < \varphi \leq \pi, \quad (2.5)$$

definierte Vektorfunktion, die die Menge

$$\tilde{B} = \{(r,\varphi) \in \mathbb{R}^2 | 0 \leq r < \infty, \quad -\pi < \varphi \leq \pi\}$$

in den Raum $\mathbb{R}^2$ abbildet.

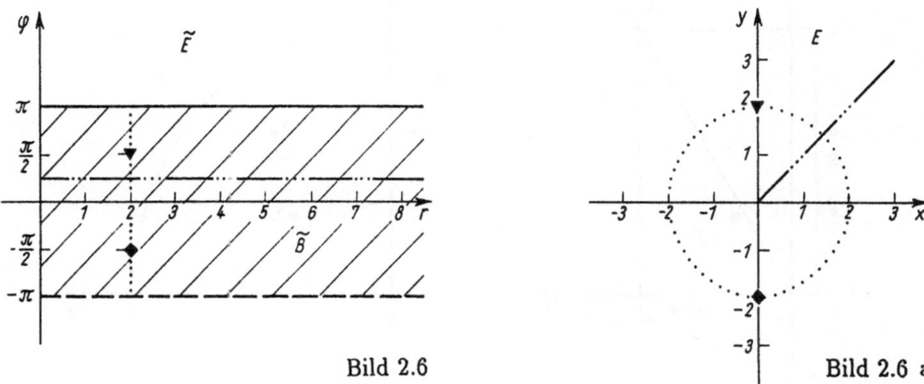

Bild 2.6 Bild 2.6 a

Im Bild 2.6 ist $\tilde{B}$ als Halbstreifen der $r,\varphi$-Ebene $\tilde{E}$ veranschaulicht. Die Bildpunkte liegen in der $x,y$-Ebene $E$ (Bild 2.6a). So ist z. B. dem Punkt $(2,-\frac{\pi}{2}) \in \tilde{B}$ der Punkt $(0,-2)$ in $E$ zugeordnet, denn mit $r=2$ und $\varphi=\frac{\pi}{2}$ folgt aus (2.5), daß $x=2\cos(-\frac{\pi}{2})=0$ und $y=2\sin(-\frac{\pi}{2})=-2$ ist. Analog wird der Punkt $(2,\frac{\pi}{2}) \in \tilde{B}$ in den Punkt $(0,2)$ von $E$ abgebildet. Das Bild eines Geradenstückes $r=r_0$ $(r_0 \geq 0,$ konstant, $-\pi < \varphi \leq \pi)$ in $\tilde{B}$ ist der Kreis um den Nullpunkt von $E$ mit dem Radius $r_0$. Das Bild einer Halbgeraden $\varphi=\varphi_0$ $(\varphi_0$ konstant, $-\pi < \varphi_0 < \pi,$ $r \geq 0)$ in $\tilde{B}$ ist eine vom Nullpunkt ausgehende Halbgerade in $E$ (in den Bildern 2.6 und 2.6 a ist die Punktzuordnung durch die gleiche Markierung angedeutet). Alle Punkte $(0,\varphi) \in \tilde{B}$ mit $-\pi < \varphi \leq \pi$ (linker Rand von $\tilde{B}$) werden in den Nullpunkt von $E$ abgebildet. Zu jedem vom Nullpunkt verschiedenen Punkt $(x,y) \in \mathbb{R}^2$ gibt es genau einen Urbildpunkt $(r,\varphi) \in \tilde{B}$. Die Vektorfunktion (2.5) bildet also $\tilde{B}$ auf den gesamten $\mathbb{R}^2$ ab und ist, außer in Randpunkten von $\tilde{B}$, umkehrbar eindeutig.

Die zum Punkt $(x,y)$ gemäß (2.5) gehörigen Zahlen $r,\varphi$ heißen *Polarkoordinaten* dieses Punktes. Die Bilder der Geradenstücke $r=$ const bzw. $\varphi=$ const in der $x,y$-Ebene heißen *Koordinatenlinien*.

Im Bild 2.7 ist der durch (2.5) vermittelte Zusammenhang zwischen $r,\varphi$ und $x,y$ in *einer* Ebene geometrisch veranschaulicht. Man beachte die Beziehung $\sqrt{x^2+y^2}=\sqrt{r^2(\cos^2\varphi+\sin^2\varphi)}=r$.

Punktmengen in der $x,y$-Ebene können stets dann mit Polarkoordinaten $r,\varphi$ bequemer als mit kartesischen Koordinaten $x,y$ beschrieben werden, wenn sie von Koordinatenlinien der Polarkoordinaten, also von Kreisen um den Nullpunkt und vom Nullpunkt ausgehenden Halbgeraden, berandet werden.

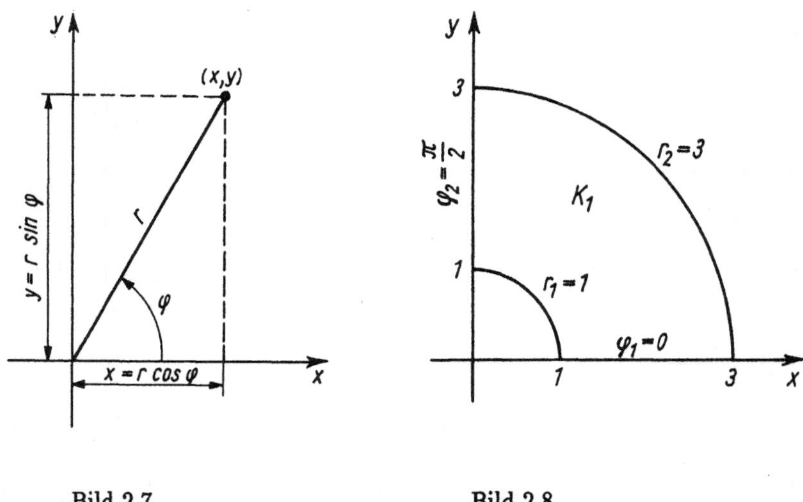

Bild 2.7         Bild 2.8

**Beispiel 2.6**   Es sei $K_1$ der im Bild 2.8 skizzierte Viertelkreisring der $x, y$-Ebene. Man kann $K_1$ als den im ersten Quadranten gelegenen Teil des Halbkreisringes auffassen, der von den Halbkreisen $y = \sqrt{1 - x^2}$ und $y = \sqrt{9 - x^2}$ berandet wird. In kartesischen Koordinaten $x, y$ ist also

$$K_1 = \{(x,y) \in \mathbb{R}^2 | x \geq 0, \quad \sqrt{1 - x^2} \leq y \leq \sqrt{9 - x^2}\}.$$

Bei Verwendung von Polarkoordinaten wird $K_1$ durchweg von Koordinatenlinien berandet: $K_1$ ist das Bild des Rechtecks

$$\tilde{K}_1 = \{(r,\varphi) \in \mathbb{R}^2 | 1 \leq r \leq 3, \quad 0 \leq \varphi \leq \frac{\pi}{2}\}$$

bei der Abbildung (2.5). Die Beschreibung mit Polarkoordinaten ist in diesem Falle also einfacher.

**Beispiel 2.7**   Es sei $K_2$ die durch den Kreis $(x - 2)^2 + y^2 = 4$ berandete, beschränkte Menge in der $x, y$-Ebene (Bild 2.9), d. h., es ist

$$K_2 = \{(x,y) \in \mathbb{R}^2 | 0 \leq x \leq 4, \quad -\sqrt{4 - (x - 2)^2} \leq y \leq \sqrt{4 - (x - 2)^2}\}. \tag{2.6}$$

Wir wollen $K_2$ in Polarkoordinaten beschreiben. Zunächst sei $P_0$ ein Punkt auf dem Kreis $r_0$, und $\varphi_0$ seien die Polarkoordinaten von $P_0$. Aus dem rechtwinkligen Dreieck $OP_0P_1$ liest man ab, daß $r_0 = 4\cos\varphi_0$ ist. Für die Polarkoordinaten $r, \varphi$ eines beliebigen Punktes der Strecke $\overline{OP_0}$ gilt somit $0 \leq r \leq 4\cos\varphi_0$, $\varphi = \varphi_0$. Die Menge $K_2$ erhält man daraus, indem man $\varphi_0$ zwischen $-\frac{\pi}{2}$ und $\frac{\pi}{2}$ variieren läßt. $K_2$ ist also das Bild der Menge

$$\tilde{K}_2 = \{(r,\varphi) \in \mathbb{R}^2 | -\frac{\pi}{2} \leq \varphi \leq \frac{\pi}{2}, \quad 0 \leq r \leq 4\cos\varphi\} \tag{2.7}$$

bei der Abbildung (2.5). Im Bild 2.10 ist $\tilde{K}_2$ in der $r, \varphi$-Ebene skizziert. Obwohl $K_2$ nicht durch Koordinatenlinien der Polarkoordinaten berandet wird, ist die Beschreibung von $K_2$ durch (2.7) häufig einfacher zu handhaben als die durch (2.6).

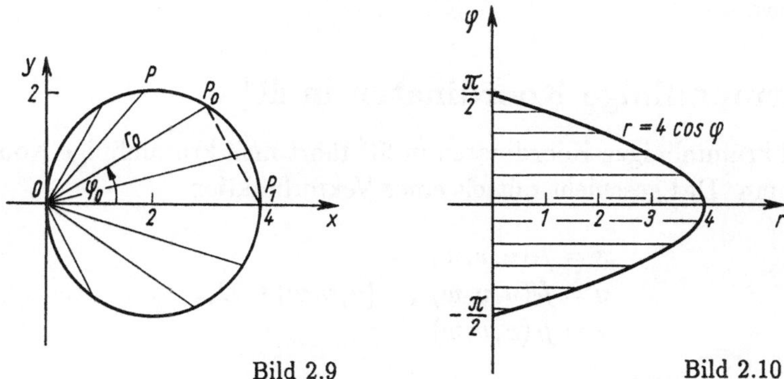

Bild 2.9       Bild 2.10

Anstelle von Polarkoordinaten kann man auch andere krummlinige Koordinaten betrachten. Gegeben sei eine Vektorfunktion

$$\begin{matrix} x = f_1(u,v) \\ y = f_2(u,v) \end{matrix} , \quad (u,v) \in \tilde{B}, \tag{2.8}$$

die eine Teilmenge $\tilde{B}$ von $\mathbb{R}^2$ ($u, v$-Ebene) auf ganz $\mathbb{R}^2$ ($x, y$-Ebene) abbildet. Diese Vektorfunktion sei umkehrbar eindeutig außer eventuell in gewissen Randpunkten von $\tilde{B}$.

Gilt (2.8) für einen gegebenen Punkt $(x,y)$, so heißen $u$ und $v$ *krummlinige Koordinaten* dieses Punktes. Die Bilder der Geraden (oder Geradenstücke) $u = $ const bzw. $v = $ const in der $x, y$-Ebene heißen *Koordinatenlinien,* und zwar nennt man die ersteren *v-Linien* (weil sie durch Variieren von $v$ entstehen) und die letzteren *u-Linien.*

Ist eine Teilmenge $M$ der $x, y$-Ebene zu beschreiben, dann versucht man, eine Vektorfunktion (2.8) so zu wählen, daß $M$ das Bild einer möglichst einfachen Teilmenge $\tilde{M}$ der $u, v$-Ebene ist. Das ist insbesondere dann der Fall, wenn $M$ von Koordinatenlinien berandet wird.

**Aufgabe 2.3**   Man beschreibe die folgenden Punktmengen $K$ der $x, y$-Ebene in Polarkoordinaten:

a) $K$ ist der von den Kreisen $x^2 + y^2 = 2$ und $x^2 + y^2 = 6$ berandete Kreisring;

b) $K$ ist die von dem Kreis $x^2 + (y-3)^2 = 9$ berandete, beschränkte Menge.

**Aufgabe 2.4**    Es seien $a > 0$ und $b > 0$ gegebene reelle Zahlen.
Durch

$$\left.\begin{aligned} x &= x(u,v) = au\cos v \\ y &= y(u,v) = bu\sin v \end{aligned}\right\}, \quad u \geq 0, \quad 0 \leq v < 2\pi,$$

sind *Ellipsenkoordinaten* $u, v$ definiert. Man beschreibe die Koordinantenlinien $u = $ const
bzw. $v = $ const.

## 2.4  Krummlinige Koordinaten in $\mathbb{R}^3$

Analog zu krummlinigen Koordinaten in $\mathbb{R}^2$ führt man krummlinige Koordinaten in $\mathbb{R}^3$ ein. Das geschieht mittels einer Vektorfunktion

$$\begin{aligned} x &= f_1(u,v,w) \\ y &= f_2(u,v,w)\ , \quad (u,v,w) \in \tilde{D}, \\ z &= f_3(u,v,w) \end{aligned} \tag{2.9}$$

die eine Teilmenge $\tilde{D}$ des Raumes $\mathbb{R}^3$ ($u, v, w$-Raum) auf ganz $\mathbb{R}^3$ ($x, y, z$-Raum)
abbildet. Diese Vektorfunktion sei umkehrbar eindeutig außer eventuell in ge-
wissen Randpunkten von $\tilde{D}$.

Gilt (2.9) für einen gegebenen Punkt $(x, y, z)$, so heißen $u, v, w$ *krummlinige Koordinaten* dieses Punktes. Als Bild einer Geraden (oder eines Geradenstückes)
$u = $ const, $v = $ const bei der Abbildung (2.9) erhält man im $x, y, z$-Raum
eine *Koordinatenlinie*, die man genauer *w-Linie* nennt, weil sie durch Variieren
von $w$ entsteht. Analog ergeben sich *v-Linien* und *u-Linien*. Hält man nur
eine der Variablen $u, v, w$ fest, so wird durch (2.9) im $x, y, z$-Raum eine *Ko-
ordinatenfläche* beschrieben. Die Wahl krummliniger Koordinaten in $\mathbb{R}^3$ wird
möglichst so vorgenommen, daß die zu beschreibende Punktmenge (wenigstens
teilweise) von zugehörigen Koordinatenflächen berandet wird.

Wir behandeln nun zwei wichtige Beispiele krummliniger Koordinaten in $R^3$,
die beide aus den ebenen Polarkoordinaten hervorgehen.

1. Zylinderkoordinaten $r, \varphi, z$ : Wir betrachten in $\mathbb{R}^3$ ($r, \varphi, z$-Raum) die Menge

$$\tilde{D} = \{(r,\varphi,z) \in \mathbb{R}^3 | 0 \leq r < \infty, \ -\pi < \varphi \leq \pi, \ -\infty < z < \infty\}$$

und darauf die Vektorfunktion

$$\begin{aligned} x &= x(r,\varphi,z) = r\cos\varphi \\ y &= y(r,\varphi,z) = r\sin\varphi, \quad (r,\varphi,z) \in \tilde{D}, \\ z &= z(r,\varphi,z) = z \end{aligned} \tag{2.10}$$

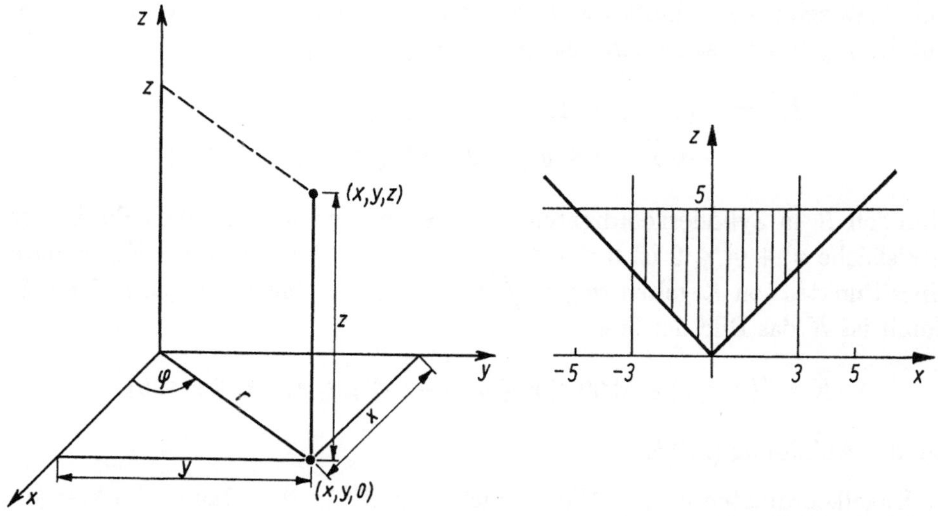

Bild 2.11                                    Bild 2.12

Diese bildet $\tilde{D}$ auf den ganzen $x, y, z$-Raum $\mathbb{R}^3$ ab. Die einem gegebenen Punkt $(x, y, z)$ gemäß (2.10) zugeordneten Zahlen $r, \varphi, z$ heißen *Zylinderkoordinaten* dieses Punktes. Zum Beispiel sind die Zylinderkoordinaten des Punktes $(x, y, z) = (0, 1, -1)$ die Zahlen $r = 1$, $\varphi = \frac{\pi}{2}$ und $z = -1$, denn es gilt $x = 1 \cdot \cos \frac{\pi}{2} = 0$, $y = 1 \cdot \sin \frac{\pi}{2} = 1$ und $z = -1$. Bild 2.11 zeigt den geometrischen Zusammenhang zwischen $r, \varphi, z$ und $x, y, z$. Die $z$-Linien ($r$ und $\varphi$ konstant, $z$ variabel) sind Geraden parallel zur $z$-Achse. Die $\varphi$-Linien sind Kreise in Ebenen parallel zur $x, y$-Ebene, deren Mittelpunkt auf der $z$-Achse liegt. Die $r$-Linien sind Halbgeraden, die von der $z$-Achse ausgehen und parallel zur $x, y$-Ebene verlaufen. Die Koordinatenflächen sind

$r$   $=$   const: Zylinder um die $z$-Achse,

$\varphi$   $=$   const: Halbebenen mit der $z$-Achse als Rand,

$z$   $=$   const: Ebenen parallel zur $x, y$-Ebene.

Zylinderkordinaten eignen sich besonders zur Beschreibung axialsymmetrischer räumlicher Probleme.

**Beispiel 2.8**   Es sei $K$ derjenige Körper im $x, y, z$-Raum, der von dem Kegel $z = \sqrt{x^2 + y^2}$, dem Zylinder [1]) $x^2 + y^2 = 9$ und der Ebene $z = 5$ berandet wird.

---

[1]) Man beachte, daß die Gleichung $x^2 + y^2 = 9$ in der $x, y$-Ebene einen Kreis (Kurve), im $x, y, z$-Raum aber einen Zylinder (Fläche) beschreibt, dessen Projektion auf die $x, y$-Ebene gerade der genannte Kreis ist.

Bild 2.12 zeigt den Schnitt von $K$ mit der $x,z$-Ebene. Die Projektion von $K$ auf die $x,y$-Ebene ist die Kreisfläche $x^2 + y^2 \leq 9$. Es gilt

$$K = \{(x,y,z) \in \mathbb{R}^3 | -3 \leq x \leq 3,$$
$$-\sqrt{9-x^2} \leq y \leq \sqrt{9-x^2}, \sqrt{x^2+y^2} \leq z \leq 5\}.$$

Nun soll $K$ in Zylinderkoordinaten beschrieben werden. Für einen Punkt der Kreisfläche $x^2 + y^2 \leq 9$ ist $0 \leq r \leq 3$ und $-\pi < \varphi \leq \pi$. Für die $z$-Koordinate eines Punktes von $K$ gelten wegen $\sqrt{x^2+y^2} = r$ die Ungleichungen $r \leq z \leq 5$. Somit ist $K$ das Bild der Menge

$$\tilde{K} = \{(r,\varphi,z) \in \mathbb{R}^3 | 0 \leq r \leq 3, \quad -\pi < \varphi \leq \pi, \quad r \leq z \leq 5\}$$

bei der Abbildung (2.10).

2. <u>Kugelkoordinaten $r,\vartheta,\varphi$</u> : Wir betrachten in $\mathbb{R}^3$ $(r,\vartheta,\varphi$-Raum) die Menge

$$\tilde{D} = \{(r,\vartheta,\varphi) \in \mathbb{R}^3 | 0 \leq r < \infty, \quad 0 \leq \vartheta \leq \pi, \quad 0 \leq \varphi < 2\pi\}$$

und darauf die Vektorfunktion

$$\begin{aligned} x &= x(r,\vartheta,\varphi) = r\cos\varphi\sin\vartheta \\ y &= y(r,\vartheta,\varphi) = r\sin\varphi\sin\vartheta \quad, \quad (r,\vartheta,\varphi) \in \tilde{D}. \\ z &= z(r,\vartheta,\varphi) = r\cos\vartheta \end{aligned} \qquad (2.11)$$

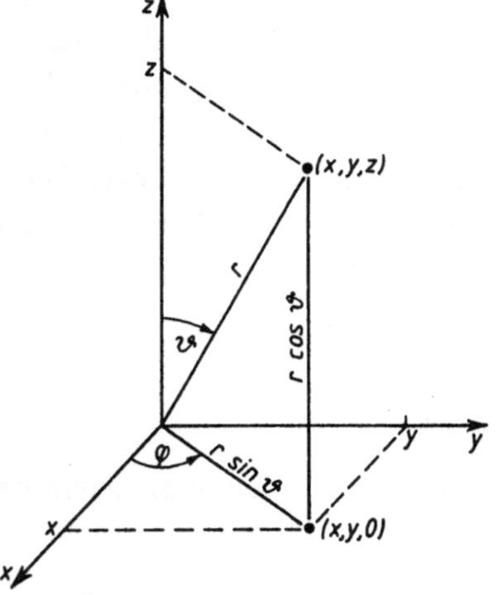


Bild 2.13

Diese bildet $\tilde{D}$ auf den ganzen $x,y,z$-Raum $\mathbb{R}^3$ ab. Die einem Punkt $(x,y,z)$ gemäß (2.11) zugeordneten Zahlen $r,\vartheta,\varphi$ heißen Kugelkoordinaten oder räumliche Polarkoordinaten dieses Punktes. Bild 2.13 zeigt den geometrischen Zusammenhang zwischen $r,\vartheta,\varphi$ und $x,y,z$. Anhand dieses Bildes kann sich der Leser die Koordinatenlinien veranschaulichen. In der Geographie heißen die

$\varphi$-Linien Breitenkreise und die $\vartheta$-Linien Längenkreise. Die Koordinate $\varphi$ bzw. $\pi/2 - \vartheta$ beschreibt die geographische Länge bzw. die geographische Breite eines Punktes auf einer gegebenen Kugel um den Nullpunkt. Die Koordinatenflächen sind

$$
\begin{aligned}
r &= \text{const: Kugeln um den Nullpunkt,} \\
\vartheta &= \text{const: Kegel mit der Spitze im Nullpunkt,} \\
\varphi &= \text{const: Halbebenen mit der } z\text{-Achse als Rand.}
\end{aligned}
$$

Kugelkoordinaten eignen sich vor allem zur Beschreibung von Problemen, die symmetrisch bezüglich der Drehung um einen festen Punkt (Nullpunkt) sind.

**Aufgabe 2.5**

a) $K_1$ sei der von der $x, y$-Ebene, dem Zylinder $(x - 1)^2 + y^2 = 1$ und dem Paraboloid $z = x^2 + y^2$ berandete Körper im $x, y, z$-Raum. Man beschreibe $K_1$ mittels Zylinderkoordinaten.

b) $K_2$ sei der im $x, y, z$-Raum oberhalb der $x, y$-Ebene gelegene Körper, der von dem Kegel $z = \sqrt{x^2 + y^2}$ und der Kugel $x^2 + y^2 + z^2 = 4$ berandet wird. Man beschreibe $K_2$ mittels Kugelkoordinaten.

## 2.5 Grenzwerte von Funktionen mehrerer unabhängiger Variabler

Grenzwerte werden für Funktionen mehrerer unabhängiger Variabler wie für Funktionen einer unabhängigen Variablen (s. [PFS]) definiert.

Gegeben sei eine Funktion $f : D \to \mathbb{R}$, wobei $D$ eine nichtleere Teilmenge von $\mathbb{R}^n$ ist. Weiter sei $\mathbf{x}^{(0)}$ ein Häufungspunkt von $D$ (der nicht zu $D$ gehören muß). Dann gibt es mindestens eine Punktfolge $(\mathbf{x}^{(k)})$ mit den folgenden Eigenschaften:

(E1) Für jedes $k \in N$ ist $\mathbf{x}^{(k)} \in D$ und $\mathbf{x}^{(k)} \neq \mathbf{x}^{(0)}$,
(E2) $\lim\limits_{k \to \infty} \mathbf{x}^{(k)} = \mathbf{x}^{(0)}$.

Für jede solche Folge $(\mathbf{x}^{(k)})$ betrachten wir nun die zugehörige Folge der Funktionswerte $f(\mathbf{x}^{(k)})$.

---

**Definition 2.1**  *Gegeben seien eine Funktion $f : D \to \mathbb{R}$, $D \subset \mathbb{R}^n$, und ein Häufungspunkt $x^{(0)}$ von $D$. Eine reelle Zahl $\alpha$ heißt* **G r e n z w e r t** *(oder* **L i m e s** *) von $f$ für $x$ in $D$ gegen $x^{(0)}$, in Zeichen*

$$\lim_{x \in D, x \to x^{(0)}} f(x) = \alpha \quad oder \quad f(x) \to \alpha \ für \ x \in D, x \to x^{(0)},$$

*wenn für* **j e d e** *Folge $(x^{(k)})$ in $\mathbb{R}^n$ mit den Eigenschaften (E1) und (E2) die Zahlenfolge $(f(x^{(k)}))$ gegen $\alpha$ konvergiert.*

---

Wenn der Definitionsbereich $D$ von $f$ eine punktierte $\varepsilon$-Umgebung von $x^{(0)}$ enthält, ist $x^{(0)}$ natürlich ein Häufungspunkt von $D$; in diesem Falle schreibt man

$$\text{statt} \quad \lim_{x \in D, x \to x^{(0)}} f(x) \quad \text{einfach} \quad \lim_{x \to x^{(0)}} f(x).$$

**Beispiel 2.9**  Gesucht ist der Grenzwert der Funktion $f(x,y) = x^2 + y^2$, $(x,y) \in \mathbb{R}^2$, für $(x,y)$ gegen $(-2,1)$. Hier ist $D = \mathbb{R}^2$. Es sei nun $((x_k, y_k))$ eine beliebige Folge in der $x,y$-Ebene $\mathbb{R}^2$ (vgl. Fußnote 1 im Abschnitt 1.3) mit den Eigenschaften (E1) und (E2), also in diesem Falle mit

$$(x_k, y_k) \neq (-2,1) \text{ für jedes } k \text{ und } \lim_{k \to \infty} (x_k, y_k) = (-2,1).$$

Dann ist $\lim_{k \to \infty} x_k = -2$ und $\lim_{k \to \infty} y_k = 1$ und somit

$$\lim_{k \to \infty} f(x_k, y_k) = \lim_{k \to \infty} x_k^2 + \lim_{k \to \infty} y_k^2 = 5.$$

Dieses Ergebnis wurde für eine *beliebige* Folge $((x_k, y_k))$ mit den Eigenschaften (E1) und (E2) gefunden; es gilt daher für *jede* solche Folge.
Also ist $\lim_{(x,y) \to (-2,1)} f(x,y) = 5$.

**Beispiel 2.10**  Wir betrachten die Funktion

$$\begin{aligned}
f(x,y) &= \frac{x^2 + y^2}{2(x+y)}, \quad (x,y) \in D, \\
D &= \{(x,y) \in \mathbb{R}^2 | x + y \neq 0\}.
\end{aligned}$$

Uns interessiert das Verhalten von $f$ bei „Annäherung" an die Stelle $(0,0)$. Die Funktion $f$ ist nicht auf der Geraden $y = -x$ und somit in keiner punktierten Umgebung von $(0,0)$ definiert. Der Grenzwert $\lim_{(x,y) \to (0,0)} f(x,y)$ ist also nicht erklärt. Jedoch ist $(0,0)$ ein Häufungspunkt von $D$, und man kann untersuchen, ob der Grenzwert

$$\lim_{x+y\neq 0,(x,y)\to(0,0)} f(x,y), \quad \text{d. h.} \quad \lim_{(x,y)\in D,(x,y)\to(0,0)} f(x,y),$$

existiert. Wir behaupten, daß dies nicht der Fall ist. Zum Beweis werden wir zwei Folgen in $\mathbb{R}^2$ mit den Eigenschaften (E1) und (E2) angeben, für die die zugehörigen Funktionswertfolgen unterschiedliche Grenzwerte haben. Zuerst sei $x_k \neq 0$, $\lim_{k\to\infty} x_k = 0$ und $y_k = px_k$ ($p \neq -1$, fest). Die Folge der Punkte $(x_k, y_k) \in D$ konvergiert also auf der Geraden $y = px$ gegen den Nullpunkt (Bild 2.14). Für die Folge der Funktionswerte erhält man

$$\lim_{k\to 0} f(x_k, y_k) = \lim_{k\to\infty} \frac{x_k^2(1+p^2)}{2x_k(1+p)} = \lim_{k\to\infty} \left( x_k \frac{1+p^2}{2(1+p)} \right) = 0.$$

Nun sei $((\bar{x}_k, \bar{y}_k))$ eine gegen den Nullpunkt konvergente Folge auf dem Kreis in der $x,y$-Ebene mit dem Mittelpunkt $(3,3)$ und dem Radius $3\sqrt{2}$. Dies ist die Niveaulinie $c = 3$ von $f$ (vgl. Beispiel 2.2 und Bild 2.3). Daher ist $f(\bar{x}_k, \bar{y}_k) = 3$ für jedes $k$ und folglich $\lim_{k\to\infty} f(\bar{x}_k, \bar{y}_k) = 3$. Der zu untersuchende Grenzwert existiert also nicht.

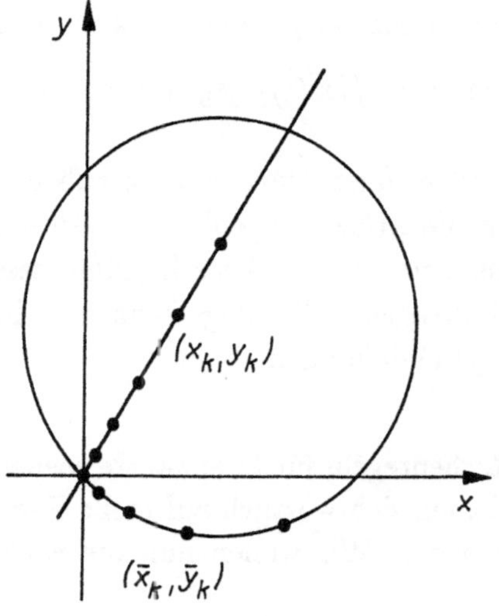


Bild 2.14

**Beispiel 2.11**   Gesucht ist der Grenzwert

$$\alpha = \lim_{3x \neq y,\, (x,y) \to (1,3)} \frac{\sin(3x - y)}{3x - y}.$$

Ist $((x_k, y_k))$ eine beliebige Folge in $\mathbb{R}^2$ mit $3x_k \neq y_k$ für jedes $k$ und $\lim\limits_{k \to \infty}(x_k, y_k) = (1,3)$, so gilt für die Zahlenfolge $\xi_k = 3x_k - y_k$ natürlich $\lim\limits_{k \to \infty} \xi_k = 0$. Wegen $\lim\limits_{\xi \to 0} \frac{\sin \xi}{\xi} = 1$ (s. [PFS]) ist daher $\lim\limits_{k \to \infty} \frac{\sin \xi_k}{\xi_k} = 1$. Somit gilt $\alpha = 1$.

Man kann Grenzwerte von Funktionen auch „folgenfrei" charakterisieren: Genau dann gilt $\lim\limits_{\mathbf{x} \in D,\, \mathbf{x} \to \mathbf{x}^{(0)}} f(\mathbf{x}) = \alpha$, wenn sich $f(\mathbf{x})$ beliebig wenig von $\alpha$ unterscheidet, sobald nur $\mathbf{x}$ hinreichend nahe bei $\mathbf{x}^{(0)}$ gelegen ist. Der folgende Satz gibt dies in präziser Formulierung an.

***Satz 2.2***   *Gegeben seien eine Funktion $f : D \to \mathbb{R}$, $D \subset \mathbb{R}^n$, und ein Häufungspunkt $\mathbf{x}^{(0)}$ von $D$. Genau dann gilt $\lim\limits_{\mathbf{x} \in D,\, \mathbf{x} \to \mathbf{x}^{(0)}} f(x) = \alpha$, wenn zu jeder (beliebig kleinen) Zahl $\varepsilon > 0$ eine Zahl $\delta > 0$ existiert, so daß gilt*

$$\mathbf{x} \in D,\ 0 < d(\mathbf{x}, \mathbf{x}^{(0)}) < \delta \implies |f(\mathbf{x}) - \alpha| < \varepsilon.$$

Auch der Begriff der bestimmten Divergenz gegen $+\infty$ bzw. gegen $-\infty$ kann auf reelle Funktionen von $n$ unabhängigen Variablen übertragen werden. Zum Beispiel schreibt man $\lim\limits_{\mathbf{x} \to \mathbf{x}^{(0)}} f(\mathbf{x}) = +\infty$, wenn für jede Folge $(\mathbf{x}^{(k)})$ in $\mathbb{R}^n$ mit den Eigenschaften (E1), (E2) die Zahlenfolge $(f(\mathbf{x}^{(k)}))$ gegen $+\infty$ divergiert.

Für Funktionen einer unabhängigen reellen Variablen $x$ wurden außerdem einseitige Grenzwerte definiert, die durch die „Bewegungen" $x \to x^{(0)} + 0, x \to x^{(0)} - 0, x \to +\infty$ und $x \to -\infty$ symbolisiert sind. Diese Begriffe lassen sich nicht ohne weiteres auf $\mathbb{R}^n$, $n \geq 2$, übertragen. Allerdings kann man in naheliegender Weise den Grenzwert $\lim\limits_{|\mathbf{x}| \to +\infty} f(\mathbf{x})$ definieren.

Die aus dem Band [PFS] bekannten Rechenregeln für Grenzwerte reeller Funktionen einer unabhängigen Variablen lassen sich wörtlich auf reelle Funktionen von $n$ unabhängigen Variablen übertragen. Wir wollen nun die wichtigsten Aussagen nennen:

---

**Satz 2.3**    *Für die reellen Funktionen $f_1$ und $f_2$ (von $n$ unabhängigen Variablen) mögen die Grenzwerte*

$$\lim_{\mathbf{x}\to\mathbf{x}^{(0)}} f_1(\mathbf{x}) = \alpha_1 \quad \text{und} \quad \lim_{\mathbf{x}\to\mathbf{x}^{(0)}} f_2(\mathbf{x}) = \alpha_2$$

*existieren. Dann gilt*

$$\lim_{\mathbf{x}\to\mathbf{x}^{(0)}} (f_1(\mathbf{x}) + f_2(\mathbf{x})) = \alpha_1 + \alpha_2,$$

$$\lim_{\mathbf{x}\to\mathbf{x}^{(0)}} (f_1(\mathbf{x}) \cdot f_2(\mathbf{x})) = \alpha_1 \cdot \alpha_2.$$

*Ist außerdem $f_2(\mathbf{x}) \neq 0$ für alle $\mathbf{x}$ einer punktierten Umgebung von $\mathbf{x}^{(0)}$ und $\alpha_2 \neq 0$, so gilt auch*

$$\lim_{\mathbf{x}\to\mathbf{x}^{(0)}} \frac{f_1(\mathbf{x})}{f_2(\mathbf{x})} = \frac{\alpha_1}{\alpha_2}.$$

*Ist $f$ eine weitere reelle Funktion (von $n$ unabhängigen Variablen) und gilt $f_1(\mathbf{x}) \leq f(\mathbf{x}) \leq f_2(\mathbf{x})$ für alle $\mathbf{x}$ einer punktierten Umgebung von $\mathbf{x}^{(0)}$, so folgt aus $\alpha_1 = \alpha_2$ auch $\lim\limits_{\mathbf{x}\to\mathbf{x}^{(0)}} f(x) = \alpha_1$.*

---

**Beispiel 2.12**   Wir untersuchen die Funktion

$$f(x,y) = \frac{x^2 \cdot y^2}{x^2 + y^2}, \quad (x,y) \neq (0,0),$$

für $(x,y)$ gegen $(0,0)$. Es gilt $0 \leq y^2 \leq x^2 + y^2$. Für $(x,y) \neq (0,0)$ folgt daraus $0 \leq \frac{y^2}{x^2+y^2} \leq 1$ und weiter

$$0 \leq \frac{x^2 \cdot y^2}{x^2 + y^2} \leq x^2. \tag{2.12}$$

Mit $f_1(x,y) = 0$ und $f_2(x,y) = x^2$ ist

$$\lim_{(x,y)\to(0,0)} f_1(x,y) = \lim_{(x,y)\to(0,0)} f_2(x,y) = 0.$$

Aus der letzten Aussage von Satz 2.3 erhält man daher

$$\lim_{(x,y)\to(0,0)} f(x,y) = 0.$$

Bisher haben wir Grenzwerte reeller Funktionen betrachtet. Analog Definition 2.1 formuliert man für Vektorfunktionen die

> **Definition 2.2**  *Gegeben seien eine Vektorfunktion* $f : D \to \mathbb{R}^m, D \subset \mathbb{R}^n$, *und ein Häufungspunkt* $\mathbf{x}^{(0)}$ *von* $D$. *Ein Punkt* $\mathbf{a} \in \mathbb{R}^m$ *heißt* $G\,r\,e\,n\,z\,w\,e\,r\,t$ *(oder* $L\,i\,m\,e\,s$) *von* $f$ *für* $\mathbf{x}$ *in* $D$ *gegen* $\mathbf{x}^{(0)}$, *in Zeichen*
>
> $$\lim_{\mathbf{x} \in D, \mathbf{x} \to \mathbf{x}^{(0)}} \mathbf{f}(\mathbf{x}) = \mathbf{a} \text{ oder } \mathbf{f}(\mathbf{x}) \to \mathbf{a} \text{ für } \mathbf{x} \in D, \mathbf{x} \to \mathbf{x}^{(0)},$$
>
> *wenn für* $j\,e\,d\,e$ *Folge* $(\mathbf{x}^{(k)})$ *in* $\mathbb{R}^n$ *mit den Eigenschaften* (E1) *und* (E2) *die Punktfolge* $(\mathbf{f}(\mathbf{x}^{(k)}))$ *gegen* $\mathbf{a}$ *konvergiert.*

Die Vektorfunktion $\mathbf{f}$ und der Punkt $\mathbf{a}$ seien gemäß

$$\mathbf{f}(\mathbf{x}) = \begin{bmatrix} f_1(\mathbf{x}) \\ f_2(\mathbf{x}) \\ \vdots \\ f_m(\mathbf{x}) \end{bmatrix}, \mathbf{x} \in D; \quad \mathbf{a} = \begin{bmatrix} a_1 \\ a_2 \\ \vdots \\ a_m \end{bmatrix}$$

mittels reeller Funktionen $f_i : D \to \mathbb{R}^1$ bzw. reeller Zahlen $a_i$ dargestellt. Mit Satz 1.1 ergibt sich dann sofort der

> **Satz 2.4**  *Es gilt* $\lim_{\mathbf{x} \to \mathbf{x}^{(0)}} \mathbf{f}(\mathbf{x}) = \mathbf{a}$ *genau dann, wenn*
>
> $$\lim_{\mathbf{x} \to \mathbf{x}^{(0)}} f_i(\mathbf{x}) = a_i \quad f\ddot{u}r \quad i = 1, 2, \ldots, m.$$

**Beispiel 2.13**  Für die Vektorfunktion

$$\mathbf{f}(x,y) = \begin{bmatrix} x^2 & + & y^2 \\ e^x & - & y \end{bmatrix}, \qquad (x,y) \in \mathbb{R}^2,$$

gilt (vgl. Beispiel 2.9)

$$\lim_{(x,y) \to (-2,1)} \mathbf{f}(x,y) = \begin{bmatrix} 5 \\ e^2 - 1 \end{bmatrix}.$$

**Aufgabe 2.6**  Die folgenden Funktionen sind für $(x,y) \neq (0,0)$ erklärt. Man untersuche, ob $\lim_{(x,y) \to (0,0)} f(x,y)$ existiert.

a) $f(x,y) = xy/(x^2 + y^2)$,    b) $f(x,y) = x^2 y/(x^2 + y^2)$,    c) $f(x,y) = (x^2 - y^2)/(x^2 + y^2)$.

## 2.6  Stetigkeit von Funktionen mehrerer unabhängiger Variabler

Wie für Funktionen einer unabhängigen Variablen definiert man die Stetigkeit für Funktionen mehrerer unabhängiger Variabler (vgl. [PFS, Abschnitt 3.1]).

> **Definition 2.3**   *Gegeben seien eine Funktion $f : D \to \mathbb{R}$, $D \subset \mathbb{R}^n$, und ein zu $D$ gehöriger Häufungspunkt $\mathbf{x}^{(0)}$ von $D$. Man sagt, die Funktion $f$ sei im Punkt $\mathbf{x}^{(0)}$ (bezüglich $D$) s t e t i g, wenn gilt*
>
> $$\lim_{\mathbf{x}\in D, \mathbf{x}\to\mathbf{x}^{(0)}} f(\mathbf{x}) = f(\mathbf{x}^{(0)}). \tag{2.13}$$

Beachtet man Definition 2.1, dann kann man die Stetigkeit mittels Folgen ausführlich formulieren: Die Funktion $f$ heißt an der Stelle $\mathbf{x}^{(0)}$ stetig, wenn für jede Folge $(\mathbf{x}^{(k)})$ in $D$ aus $\lim\limits_{k\to\infty} \mathbf{x}^{(k)} = \mathbf{x}^{(0)}$ stets folgt

$$\lim_{k\to\infty} f(\mathbf{x}^{(k)}) = f(\mathbf{x}^{(0)}) = f\left(\lim_{k\to\infty} \mathbf{x}^{(k)}\right).$$

Charakteristisch für die Stetigkeit ist also die Vertauschbarkeit von Grenzwert- und Funktionswertberechnung.

Mit Satz 2.2 kann man eine „$\varepsilon, \delta$-Charakterisierung" der Stetigkeit geben:

> **Satz 2.5**   *Gegeben seien eine Funktion $f : D \to \mathbb{R}$, $D \subset \mathbb{R}^n$, und ein zu $D$ gehöriger Häufungspunkt $\mathbf{x}^{(0)}$ von $D$. Genau dann ist die Funktion $f$ im Punkt $\mathbf{x}^{(0)}$ stetig, wenn zu jeder Zahl $\varepsilon > 0$ eine Zahl $\delta > 0$ existiert, so daß gilt*
>
> $$\mathbf{x} \in D, \ d(\mathbf{x}, \mathbf{x}^{(0)}) < \delta \implies |f(\mathbf{x}) - f(\mathbf{x}^{(0)})| < \varepsilon.$$

Ist die Funktion $f$ in jedem Punkt ihres Definitionsbereiches $D$ stetig[1]), dann heißt $f$ *auf $D$ stetig*.

**Beispiel 2.14**   Durch $f(x,y) = \dfrac{x^2 \cdot y^2}{x^2 + y^2}$ ist eine Funktion $f$ zunächst nur für $(x,y) \neq (0,0)$ definiert. Nach Beispiel 2.12 gilt $\lim\limits_{(x,y)\to(0,0)} f(x,y) = 0$. Setzt man also zusätzlich fest, daß $f(0,0) = 0$ sei, dann ist $f$ an der Stelle $(0,0)$ stetig. Man kann die Stetigkeit der so definierten Funktion $f : \mathbb{R}^2 \to \mathbb{R}$ an der Stelle

---

[1]) Dazu muß jeder Punkt von $D$ ein Häufungspunkt von $D$ sein.

$(0,0)$ auch mittels Satz 2.5 leicht zeigen. Dazu sei eine beliebige Zahl $\varepsilon > 0$ gegeben. Mit (2.12) erhält man

$$|f(x,y) - f(0,0)| = \frac{x^2 \cdot y^2}{x^2 + y^2} \leq x^2 \leq x^2 + y^2 < \varepsilon,$$

wobei die letzte Ungleichung gilt, sofern $d((x,y),(0,0)) = \sqrt{x^2 + y^2} < \sqrt{\varepsilon}$ ist.

Die Bedingung von Satz 2.5 ist also erfüllt, wenn man $\delta = \sqrt{\varepsilon}$ setzt.

An jeder Stelle $(x_0, y_0) \neq (0,0)$ ist $f$ ebenfalls stetig, denn mit Satz 2.3 folgt

$$\lim_{x,y \to (x_0,y_0)} f(x,y) = \frac{x_0^2 \cdot y_0^2}{x_0^2 + y_0^2} = f(x_0, y_0).$$

Somit ist $f$ auf ganz $\mathbb{R}^2$ stetig.

**Beispiel 2.15**   Für die Funktion

$$f(x,y) = \frac{x \cdot y}{x^2 + y^2}, \quad (x,y) \neq (0,0),$$

existiert der Grenzwert $\lim_{(x,y) \to (0,0)} f(x,y)$ nicht (s. Aufgabe 2.6 a). Daher ist $f$ an der Stelle $(0,0)$ nicht stetig ergänzbar, d. h., wie man den Funktionswert $f(0,0)$ auch definiert, die so ergänzte Funktion ist im Nullpunkt nicht stetig.

Alles bisher für reelle Funktionen Gesagte gilt entsprechend für Vektorfunktionen. Ist die Vektorfunktion $\mathbf{f}$ gemäß $\mathbf{f}(\mathbf{x}) = (f_1(\mathbf{x}), \ldots, f_m(\mathbf{x}))$ mittels reeller Funktionen $f_i$ dargestellt, so ist $\mathbf{f}$ genau dann an der Stelle $\mathbf{x}^{(0)}$ stetig, wenn jedes $f_i$ dort stetig ist.

Jede lineare Vektorfunktion $\mathbf{f} : \mathbb{R}^n \to \mathbb{R}^m$ ist auf ganz $\mathbb{R}^n$ stetig. Das ergibt sich leicht aus ihrer Matrixdarstellung (s. Satz 2.1).

## 2.7   Eigenschaften stetiger Funktionen

Die für reelle Funktionen einer unabhängigen Variablen bekannten Aussagen lassen sich auf reelle Funktionen mehrerer unabhängiger Variabler übertragen.

---

**Satz 2.6**   *Die Funktion $f : M \to \mathbb{R}$, wobei $M$ eine Teilmenge von $\mathbb{R}^n$ ist, sei im Häufungspunkt $\mathbf{x}^{(0)} \in M$ stetig, und es gelte $f(\mathbf{x}^{(0)}) > 0$ (bzw. $f(\mathbf{x}^{(0)}) < 0$). Dann gibt es eine Umgebung $U$ von $\mathbf{x}^{(0)}$ in $\mathbb{R}^n$, so daß $f(\mathbf{x}) > 0$ (bzw. $f(\mathbf{x}) < 0$) für alle $x \in M \cap U$ gilt.*

---

Mit Satz 2.3 erhält man den

> **Satz 2.7** *Sind die reellen Funktionen $f$ und $g$ (von $n$ unabhängigen Variablen) an der Stelle $\mathbf{x}^{(0)} \in \mathbb{R}^n$ stetig, so sind dort auch die Funktionen $f + g$ und $f \cdot g$ stetig. Ist außerdem $g(\mathbf{x}^{(0)}) \neq 0$, dann ist auch die Funktion $f/g$ an der Stelle $\mathbf{x}^{(0)}$ stetig.*

Weiter erwähnen wir - ohne eine präzise Formulierung anzugeben -, daß auch eine zusammengesetzte Funktion stetig ist, wenn ihre einzelnen „Bestandteile" an den jeweiligen Stellen stetig sind. Danach ist z. B. die Funktion $f(x, y) = \sqrt{x - y}$ für alle $(x, y) \in \mathbb{R}^2$ mit $x > y$ stetig, denn die Funktion $u(x, y) = x - y$ ist für alle $(x, y) \in \mathbb{R}^2$ und die Funktion $g(u) = \sqrt{u}$ für alle $u \in \mathbb{R}$ mit $u > 0$ stetig.

> **Satz 2.8** *Es seien $G$ ein Gebiet in $\mathbb{R}^n$ und $f : G \to \mathbb{R}$ eine auf $G$ stetige Funktion. Für zwei Punkte $\mathbf{x}^{(1)}$ und $\mathbf{x}^{(2)}$ in $G$ gelte $f(\mathbf{x}^{(1)}) > 0$ und $f(\mathbf{x}^{(2)}) < 0$. Dann gibt es einen Punkt $\mathbf{x}$ in $G$ mit $f(\mathbf{x}) = 0$.*

Neben der Existenz von Nullstellen ist die Existenz größter bzw. kleinster Funktionswerte auf einer Menge $M \subset \mathbb{R}^n$ eine wichtige Eigenschaft. Eine Stelle $\mathbf{x}^{(0)} \in M$ heißt *globale* (oder *absolute*) $\left\{ \begin{array}{c} Maximumstelle \\ Minimumstelle \end{array} \right\}$ der Funktion $f : M \to \mathbb{R}$, wenn gilt

$$\begin{array}{l} f(\mathbf{x}^{(0)}) \geq f(\mathbf{x}) \\ f(\mathbf{x}^{(0)}) \leq f(\mathbf{x}) \end{array} \qquad \text{für alle} \quad \mathbf{x} \in M.$$

Der Wert $f(\mathbf{x}^{(0)})$ heißt *globales* (oder *absolutes) Maximum* bzw. *Minimum*.

Zuerst betrachten wir den Fall, daß $M$ eine kompakte - also beschränkte und abgeschlossene - Menge ist.

> **Satz 2.9** *Ist $M$ eine kompakte Teilmenge von $\mathbb{R}^n$ und $f : M \to \mathbb{R}$ eine auf $M$ stetige Funktion, so besitzt $f$ auf $M$ globale Maximum- und Minimumstellen.*

Ist die Menge $M$ nicht beschränkt, dann braucht eine auf $M$ stetige Funktion dort kein globales Maximum bzw. Minimum zu besitzen. So hat z. B. die Funktion $f(x) = e^{-x}$ auf der Menge der nichtnegativen reellen Zahlen kein globales Minimum. Der Grund hierfür ist das asymptotische Verhalten von $f$ für $x \to +\infty$. Der folgende Satz garantiert die Existenz eines globalen Minimums auf einer nicht beschränkten Menge, falls $f$ für $|x| \to +\infty$ „hinreichend stark" wächst.

---

**Satz 2.10**  *Es sei $M$ eine abgeschlossene, nicht beschränkte Teilmenge von $\mathbb{R}^n$ und $f : M \to \mathbb{R}$ eine auf $M$ stetige Funktion. Es gelte*

$$\lim_{\substack{|\mathbf{x}| \to +\infty \\ \mathbf{x} \in M}} f(\mathbf{x}) = +\infty \quad \text{bzw.} \quad \lim_{\substack{|\mathbf{x}| \to +\infty \\ \mathbf{x} \in M}} f(\mathbf{x}) = -\infty.$$

*Dann besitzt $f$ auf $M$ eine globale Minimum- bzw. Maximumstelle.*

---

**Beispiel 2.16**  Die Funktion $f(x,y) = e^{x^2+y^2} - 3x - 5y^2$ ist auf die Existenz eines globalen Minimums auf der Menge $M = \{(x,y) \in \mathbb{R}^2 | x \geq 0, y \geq 0\}$ zu untersuchen. $M$ ist abgeschlossen, aber nicht beschränkt, und $f$ ist auf $M$ stetig. Es gilt

$$f(x,y) = e^{x^2+y^2} \left( 1 - \frac{3x + 5y^2}{e^{x^2+y^2}} \right).$$

Für $|(x,y)| = \sqrt{x^2 + y^2} \to +\infty$ konvergiert der Term in der Klammer gegen 1 und $f(x,y)$ somit gegen $+\infty$. Nach Satz 2.10 besitzt $f$ auf $M$ ein globales Minimum. Dagegen besitzt $f$ auf $M$ kein globales Maximum.

**Aufgabe 2.7**  Man ermittle den Grenzwert

$$\lim_{(x,y)\to(3,-\frac{\pi}{2})} x \cdot e^{x+y+\frac{\pi}{2}-2} \cdot \sin xy.$$

## 2.8  Parameterdarstellung von Kurven und Flächen

Kurven und Flächen sind uns schon an vielen Stellen begegnet (siehe z. B. Abschnitt 2.1). Nun wollen wir diese Begriffe präzisieren.

Zuerst betrachten wir Kurven. Es sei $J$ ein Intervall in $\mathbb{R}$; dieses kann offen, halboffen oder abgeschlossen sein, auch $J = \mathbb{R}$ ist zugelassen. Auf $J$ sei eine stetige Vektorfunktion

$$\mathbf{r}(t) = \begin{bmatrix} x(t) \\ y(t) \\ z(t) \end{bmatrix}, \quad t \in J,$$

gegeben. Hierbei sind $x(t), y(t), z(t)$ auf $J$ stetige reelle Funktionen. In geometrischer Interpretation ist also jedem Wert $t \in J$ ein Punkt $(x(t), y(t), z(t))$ im $x, y, z$-Raum $\mathbb{R}^3$ zugeordnet. Die Menge $K$ dieser Punkte heißt *stetige Kurve* in $\mathbb{R}^3$ (s. Bild 2.15). Die Stetigkeit bedeutet für jedes $t_0 \in J$ : Für alle $t \in J$ „nahe bei" $t_0$ liegt der Punkt $(x(t), y(t), z(t))$ „nahe bei" $(x(t_0), y(t_0), z(t_0))$.

Die Vektorfunktion $\mathbf{r}(t), t \in J$, nennt man *Parameterdarstellung* der Kurve $K$, die unabhängige Variable $t$ heißt *Kurvenparameter*, und $J$ ist das *Parameterintervall*. Die Parameterdarstellung legt eine *Orientierung* der Kurve fest, indem die Punkte von $K$ im Sinne wachsender Werte des Parameters $t$ durchlaufen werden sollen.

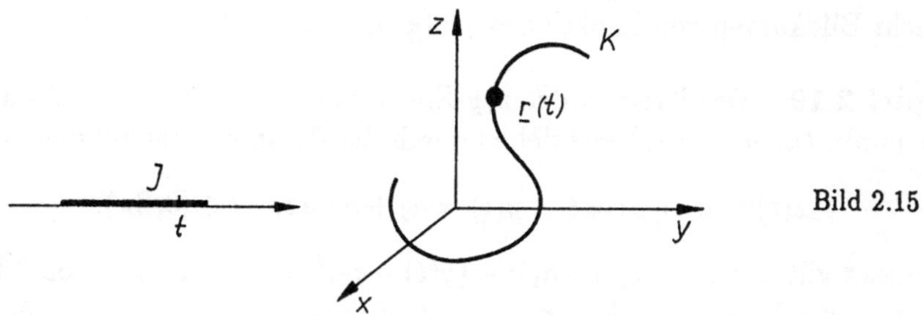


Bild 2.15

Eine Kurve in der $x, y$-Ebene ist durch eine Parameterdarstellung der Form

$$\mathbf{r}(t) = (x(t), y(t)), \quad t \in J,$$

gegeben, wobei $x(t)$ und $y(t)$ auf $J$ stetige Funktionen sind.

**Beispiel 2.17**     Gegeben seien zwei Punkte $\mathbf{a} = (a_1, a_2, a_3) \in \mathbb{R}^3$ und $\mathbf{b} = (b_1, b_2, b_3) \in \mathbb{R}^3$. Dann ist

$$\mathbf{r}(t) = \mathbf{a} + t(\mathbf{b} - \mathbf{a}) = \begin{bmatrix} a_1 + t(b_1 - a_1) \\ a_2 + t(b_2 - a_2) \\ a_3 + t(b_3 - a_3) \end{bmatrix}, \quad t \in \mathbb{R},$$

eine Parameterdarstellung der Geraden $g$ durch $\mathbf{a}$ und $\mathbf{b}$. Man schreibt dafür auch

$$x(t) = a_1 + t(b_1 - a_1), y(t) = a_2 + t(b_2 - a_2), z(t) = a_3 + t(b_3 - a_3), t \in \mathbb{R}.$$

Dieselbe Gerade $g$ wird auch durch die Parameterdarstellung

$$\mathbf{r}^*(\tau) = \mathbf{b} + \tau(\mathbf{b} - \mathbf{a}), \quad \tau \in \mathbb{R},$$

beschrieben. Die Strecke zwischen den Punkten $\mathbf{a}$ und $\mathbf{b}$ erhält man im ersten Falle für die Werte $t \in (0, 1)$ und im zweiten Falle für $\tau \in (-1, 0)$.
Das Beispiel zeigt, daß eine Kurve (einschließlich Orientierung) durch unterschiedliche Parameterdarstellungen beschrieben werden kann.

**Beispiel 2.18**   Die Bildkurve einer stetigen Funktion $f : (a, b) \to \mathbb{R}$ in der $x, y$-Ebene hat die Gleichung $y = f(x), x \in (a, b)$; eine Parameterdarstellung ist also zum Beispiel

$$x(t) = t, \quad y(t) = f(t), \quad t \in (a, b).$$

Durch Parameterdarstellungen können auch ebene Kurven beschrieben werden, die nicht Bildkurven von Funktionen $f : (a, b) \to \mathbb{R}$ sind.

**Beispiel 2.19**   Der Kreis in der $x, y$-Ebene mit dem Radius $\rho > 0$ und dem Mittelpunkt $(a_1, a_2)$ wird beschrieben durch die Parameterdarstellung

$$x(t) = a_1 + \rho \cos t, \quad y(t) = a_2 + \rho \sin t, \quad t \in [0, 2\pi).$$

Für jedes $t$ gilt nämlich $(x(t) - a_1)^2 + (y(t) - a_2)^2 = \rho^2$. Variiert $t$ von 0 bis $2\pi$, dann wird der Kreis einmal im mathematisch positiven Sinne - d. h. entgegen dem Uhrzeigersinn - durchlaufen.

**Beispiel 2.20**   Eine Parameterdarstellung der Ellipse $\frac{x^2}{a^2} + \frac{y^2}{b^2} = 1$ $(a > 0, b > 0)$ in der $x, y$-Ebene ist

$$x(t) = a \cos t, \quad y(t) = b \sin t, \quad t \in [0, 2\pi).$$

Wählt man in den letzten beiden Beispielen das abgeschlossene Intervall $[0, 2\pi]$ als Parameterintervall, dann erhält man für $t = 0$ und $t = 2\pi$ denselben Kurvenpunkt: im Beispiel 2.19 den Punkt $(a_1 + \rho, a_2)$ und im Beispiel 2.20 den Punkt $(a, 0)$. Solche Kurven heißen *geschlossene Kurven*.

**Beispiel 2.21**   Gegeben seien Zahlen $a > 0$ und $r > 0$. Eine Parameterdarstellung der *Schraubenlinie* ist gegeben durch

$$x(t) = r \cos t, \quad y(t) = r \sin t, \quad z(t) = at, \quad t \in (0, 2\pi).$$

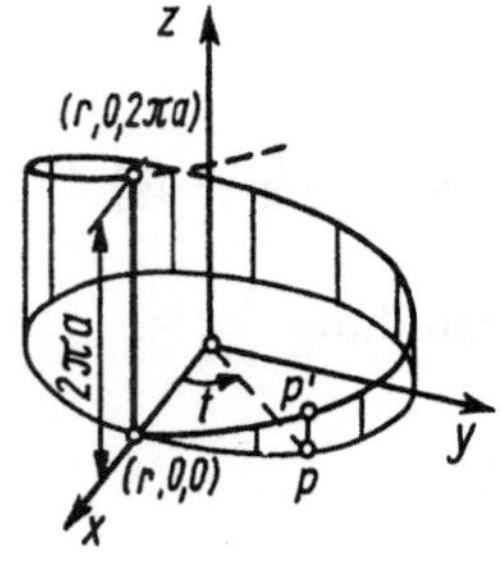


Bild 2.16

In Bild 2.16 ist die Schraubenlinie veranschaulicht: Für jedes $t \in (0, 2\pi)$ ermittelt man zunächst den Punkt $P(r \cos t, r \sin t)$ auf dem Kreis in der $x, y$-Ebene mit dem Radius $r$ um den Nullpunkt. Der zugehörige Punkt $P'$ der Schraubenlinie liegt dann darüber in der Höhe $z = at$. Für $t = 0$ und $t = 2\pi$ erhält man die übereinander liegenden Punkte $(r, 0, 0)$ und $(r, 0, 2\pi a)$; ihren Abstand $2\pi a$ nennt man *Ganghöhe* der Schraubenlinie. Statt des Intervalls $(0, 2\pi)$ kann man den Parameter $t$ auch das Intervall $[0, +\infty)$ oder ganz $\mathbb{R}^1$ durchlaufen lassen. In diesem Falle nennt man das zum Intervall $(0, 2\pi)$ gehörige Kurvenstück einen Gang der Schraubenlinie.

Eine stetige Kurve ist das Bild eines Parameterintervalls ($t$-Intervall) bezüglich einer stetigen Vektorfunktion. Analog definieren wir nun eine stetige Fläche als Bild eines ebenen Parameterbereiches ($u, v$-Bereich) bezüglich einer stetigen Vektorfunktion: Es sei $B$ ein Bereich in $\mathbb{R}^2$ und

$$\mathbf{r}(u, v) = \begin{bmatrix} x(u, v) \\ y(u, v) \\ z(u, v) \end{bmatrix}, \quad (u, v) \in B, \tag{2.14}$$

eine stetige Vektorfunktion.
Dann heißt die Menge $F$ der Punkte $(x(u, v), y(u, v), z(u, v))$ im $x, y, z$-Raum *stetige Fläche*. Die Vektorfunktion (2.14) nennt man *Parameterdarstellung* der Fläche $F$, die unabhängigen Variablen $u, v$ heißen *Parameter* von $F$, und $B$ ist der *Parameterbereich* von $F$.

Für einen festen Wert $u_0$ ist $\mathbf{r}(u_0, v), (u_0, v) \in B$, die Parameterdarstellung einer Kurve auf der Fläche $F$ (sofern die Menge der zugehörigen $v$-Werte ein Intervall ist). Diese Kurve heißt *Parameterkurve* oder *Parameterlinie*, genauer *$v$-Linie* (vgl. 2.3). Ermittelt man die $v$-Linien für jedes $u_0$, so erhält man eine Kurvenschar, die die Fläche $F$ erzeugt. Analog kann man $F$ durch die Schar der *$u$-Linien* $\mathbf{r}(u, v_0), (u, v_0) \in B$, erzeugen.

**Beispiel 2.22**   Das Bild einer stetigen Funktion $f : B \to \mathbb{R}$, wobei $B$ ein Bereich in der $x, y$-Ebene ist, ist eine Fläche im $x, y, z$-Raum mit der Gleichung $z = f(x, y), (x, y) \in B$ (vgl. 2.1). Eine Parameterdarstellung dieser Fläche ist zum Beispiel

$$x(u, v) = u, \quad y(u, v) = v, \quad z(u, v) = f(u, v), \quad (u, v) \in B.$$

In Parameterform kann man auch *geschlossene Flächen* darstellen.

**Beispiel 2.23**   Eine *Kugelfläche* mit dem Radius $r > 0$ und dem Mittelpunkt $(a_1, a_2, a_3)$ hat die Parameterdarstellung

$$\begin{aligned}
x(\vartheta, \varphi) &= a_1 + r \cos\varphi \sin\vartheta, \\
y(\vartheta, \varphi) &= a_2 + r \sin\varphi \sin\vartheta, \quad 0 \leq \vartheta \leq \pi,\ 0 \leq \varphi < 2\pi, \\
z(\vartheta, \varphi) &= a_3 + r \cos\vartheta.
\end{aligned}$$

Dabei haben wir die Kugelkoordinaten $\vartheta$ und $\varphi$ als Parameter gewählt (s. 2.4). Die Parameterlinien fallen daher mit den entsprechenden Koordinatenlinien zusammen.

**Beispiel 2.24**    Gegeben seien Zahlen $a > 0$ und $r > 0$. Die *Schraubenfläche* ist durch

$$x(\rho,\varphi) = \rho\cos\varphi, \quad y(\rho,\varphi) = \rho\sin\varphi, \quad z(\rho,\varphi) = a\varphi,$$

$$0 \leq \rho \leq r, \qquad 0 \leq \varphi \leq 2\pi,$$

dargestellt. Die Parameterlinien $\rho = \rho_0$ ($\varphi$-Linien) sind jeweils ein Gang einer Schraubenlinie. Jede $\rho$-Linie $\varphi = \varphi_0$ ist die Strecke (in der Ebene $z = a\varphi_0$), die die Punkte $(0,0,a\varphi_0)$ und $(r\cos\varphi_0, r\sin\varphi_0, a\varphi_0)$ verbindet. Man kann sich die Schraubenfläche dadurch erzeugt denken, daß die Strecke der $x$-Achse zwischen dem Nullpunkt und dem Punkt $(r,0,0)$ im mathematisch positiven Sinne um den Winkel $2\pi$ gedreht und dabei kontinuierlich angehoben wird.

Abschließend weisen wir darauf hin, daß für weiterführende Untersuchungen von Kurven und Flächen die Parameterdarstellungen gewisse Differenzierbarkeitsforderungen erfüllen müssen (vgl. [SCO]).

# 3 Ableitungen

## 3.1 Partielle Ableitungen

### 3.1.1 Partielle Ableitungen erster Ordnung

Gegeben sei eine reelle Funktion $f(x,y)$, die in einer Umgebung der Stelle $(x_0, y_0) \in \mathbb{R}^2$ definiert ist. Wir denken uns den Wert $y = y_0$ festgehalten, betrachten $f$ also nur in Abhängigkeit von $x$, wodurch wir eine Funktion $\psi$ von einer unabhängigen Variablen $x$ erhalten: $\psi(x) = f(x, y_0)$.

Im Bild 3.1 ist die Funktion $f$ als Fläche mit der Gleichung $z = f(x,y)$ veranschaulicht. Die Schnittkurve dieser Fläche mit der (zur $x, z$-Ebene parallelen) Ebene $y = y_0$ ist die Bildkurve der Funktion $\psi$. Im Bild 3.2 ist dieser Schnitt noch gesondert dargestellt.

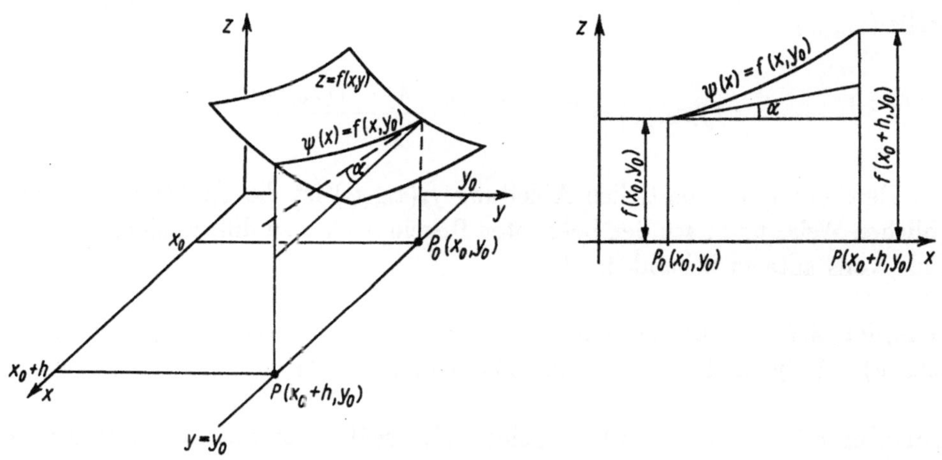


Bild 3.1 $\qquad\qquad\qquad\qquad\qquad$ Bild 3.2

Die Bildkurve von $\psi$ besitzt im Punkt $(x_0, y_0)$ genau dann eine Tangente, wenn der Grenzwert

$$\psi'(x_0) = \lim_{h \to 0} \frac{\psi(x_0 + h) - \psi(x_0)}{h} = \lim_{h \to 0} \frac{f(x_0 + h, y) - f(x_0, y_0)}{h} \qquad (3.1)$$

existiert; dieser Grenzwert ist dann der Anstieg $\tan \alpha$ der Tangente.

Wir vereinbaren die folgende

---

**Definition 3.1**    *Die Funktion $f(x,y)$ sei in einer Umgebung der Stelle $(x_0, y_0) \in \mathbb{R}^2$ definiert. Bei konstantem $y = y_0$ sei die Funktion $\psi(x) = f(x, y_0)$ an der Stelle $x_0$ im gewöhnlichen Sinne differenzierbar. Dann heißt die Funktion $f(x,y)$ an der Stelle $(x_0, y_0)$ p a r t i e l l  n a c h  x  d i f f e r e n z i e r b a r; der Grenzwert (3.1) heißt p a r t i e l l e  A b l e i t u n g  d e r  F u n k t i o n $f(x,y)$ n a c h  x  a n  d e r  S t e l l e $(x_0, y_0)$ und wird bezeichnet mit*

$$f_x(x_0, y_0) \quad oder \quad \left. \frac{\partial f}{\partial x} \right|_{(x_0, y_0)} \quad oder \quad \left. \frac{\partial f(x,y)}{\partial x} \right|_{(x_0, y_0)}$$

---

Wir lesen diese Symbole als „$d - f$ nach $d - x$ partiell" oder kurz als „$f$ nach $x$", wenn klar ist, daß es sich um eine partielle Ableitung handelt. Analog bezeichnet $f_y(x_0, y_0)$ usw. die partielle Ableitung von $f(x,y)$ nach $y$ an der Stelle $(x_0, y_0)$ :

$$f_y(x_0, y_0) = \lim_{k \to 0} \frac{f(x_0, y_0 + k) - f(x_0, y_0)}{k}.$$

Zur Berechnung der partiellen Ableitung $f_x(x_0, y_0)$ ist die Funktion $f$ in der üblichen Weise und nach den bekannten Regeln nach $x$ zu differenzieren, wobei $y$ als Konstante zu behandeln ist.

**Beispiel 3.1**    Für die Funktion $f(x,y) = x^2 y^3$ ist $f_x(x,y) = 2xy^3$, $f_y(x,y) = 3x^2 y^2$ und speziell $f_x(2, -1) = -4$, $f_y(2, -1) = 12$.

**Beispiel 3.2**    Für $f(x,y) = y \sin(x^2 y^3)$ erhält man mit der Kettenregel $f_x(x,y) = 2xy^4 \cos(x^2 y^3)$ sowie mit Produkt- und Kettenregel $f_y(x,y) = \sin(x^2 y^3) + 3x^2 y^3 \cos(x^2 y^3)$.

**Beispiel 3.3**    Für $f(x,y) = |x| + y$ ist $f_y(x,y) = 1$ für alle $(x,y) \in \mathbb{R}^2$. Weiter ist $f_x(x,y) = 1$ für alle $(x,y) \in \mathbb{R}^2$ mit $x > 0$ und $f_x(x,y) = -1$ für alle $(x,y) \in \mathbb{R}^2$ mit $x < 0$. Die partiellen Ableitungen $f_x(0, y)$ existieren für kein $y \in \mathbb{R}$, da die Funktion $\varphi(x) = |x|$ an der Stelle $x = 0$ nicht differenzierbar ist.

Die Ableitung einer Funktion von einer unabhängigen Variablen kann man als Maß für die „Änderungsgeschwindigkeit" dieser Funktion auffassen (s. [PFS, Abschnitt 4.1]). Demgemäß ist die partielle Ableitung $f_x(x,y)$ ein Maß für die „Änderungsgeschwindigkeit" der Funktion $f(x,y)$ bezüglich der Variablen $x$.

**Beispiel 3.4**   Für den Zusammenhang zwischen Druck $p$, Temperatur $T$ und Molvolumen $v$ eines realen Gases gilt nach der Van-der-Waalsschen Zustandsgleichung (vgl. [PFS, Beispiel 6.17])

$$p = p(T, v) = \frac{CT}{v - b} - \frac{a}{v^2}; \qquad T > 0,\ v > b.$$

$C$ bezeichnet die allgemeine Gaskonstante, $a$ und $b$ sind gasspezifische Konstanten. Die „Änderungsgeschwindigkeit" des Druckes bezüglich des Molvolumens längs einer Isotherme, d. h. bei konstanter Temperatur, wird durch die partielle Ableitung

$$\frac{\partial p}{\partial v} = -\frac{CT}{(v - b)^2} + \frac{2a}{v^3}$$

beschrieben. Für die sogenannten kritischen Werte $T_k = 8a/(27bC)$ und $v_k = 3b$ ist

$$\left.\frac{\partial p}{\partial v}\right|_{(T_k, v_k)} = 0.$$

Wegen

$$\left.\frac{\partial p}{\partial v}\right|_{(T_k, v_k)} = \lim_{\Delta v \to 0} \frac{p(T_k, v_k + \Delta v) - p(T_k, v_k)}{\Delta v}$$

bedeutet das: Bei konstanter Temperatur $T = T_k$ und dem Molvolumen $v_k$ hat eine „geringe" Änderung des Volumens „nahezu keine" Änderung des Druckes $p$ zur Folge. (Wir haben hier die in der Praxis übliche Bezeichnung $\Delta v$ für eine Änderung der Variablen $v$ verwendet.)

Alles für Funktionen von zwei unabhängigen Variablen Gesagte läßt sich auf Funktionen von $n$ unabhängigen Variablen übertragen. Ist $f$ eine solche Funktion, die in einer Umgebung der Stelle $\mathbf{x}^{(0)} = (x_1^{(0)}, x_2^{(0)}, \ldots, x_n^{(0)}) \in \mathbb{R}^n$ definiert ist, so heißt $f$ an der Stelle $\mathbf{x}^{(0)}$ *partiell nach* $x_1^{(0)}$ *differenzierbar*, wenn der Grenzwert

$$f_{x_1}(x_1^{(0)}, x_2^{(0)}, \ldots, x_n^{(0)}) = \lim_{h \to 0} \frac{f(x_1^{(0)} + h, x_2^{(0)}, \ldots, x_n^{(0)}) - f(x_1^{(0)}, x_2^{(0)}, \ldots, x_n^{(0)})}{h}$$

existiert; dieser Grenzwert heißt dann *partielle Ableitung* der Funktion $f$ nach $x_1$ an der Stelle $\mathbf{x}^{(0)}$. Statt $f_{x_1}(\mathbf{x}^{(0)})$ schreibt man auch $\left.\frac{\partial f}{\partial x_1}\right|_{\mathbf{x}^{(0)}}$ oder $f_{|1}(\mathbf{x}^{(0)})$.

Bei der letzteren Schreibweise wird auf die Numerierung der Variablen Bezug genommen. (Man beachte den Strich vor der Eins.) Entsprechend bezeichnet

$$f_{x_k}(\mathbf{x}^{(0)}) \quad \text{oder} \quad \frac{\partial f}{\partial x_k}(\mathbf{x}^{(0)}) \quad \text{oder} \quad f_{|k}(\mathbf{x}^{(0)})$$

die partielle Ableitung von $f$ nach der $k$-ten Variablen $x_k$ ($k = 1, 2, \ldots, n$) an der Stelle $\mathbf{x}^{(0)}$. Gelegentlich werden wir die Schreibweise $f_{|k}$ auch dann verwenden, wenn die unabhängigen Variablen mit $x, y$ usw. bezeichnet sind; wir schreiben statt $f_x(x, y)$ also auch $f_{|1}(x, y)$ und statt $f_y(x, y)$ auch $f_{|2}(x, y)$. Später werden häufig indizierte Funktionen $f_1, f_2, \ldots$ vorkommen. Dann bezeichnet z. B. $f_{5|3}$ die partielle Ableitung der Funktion $f_5$ nach der dritten Variablen.

Besitzt eine Funktion an einer Stelle partielle Ableitungen nach allen Variablen, so kann man diese Ableitungen zu einem Vektor zusammenfassen.

---

**Definition 3.2**    *Die reelle Funktion $f$ von $n$ unabhängigen Variablen besitze an der Stelle $\mathbf{x}^{(0)} \in \mathbb{R}^n$ partielle Ableitungen nach allen Variablen $x_k (k = 1, \ldots, n)$. Dann heißt der Vektor*

$$\operatorname{grad} f(\mathbf{x}^{(0)}) = \begin{bmatrix} f_{x_1}(\mathbf{x}^{(0)}) \\ f_{x_2}(\mathbf{x}^{(0)}) \\ \vdots \\ f_{x_n}(\mathbf{x}^{(0)}) \end{bmatrix}$$

*G r a d i e n t der Funktion $f$ an der Stelle $\mathbf{x}^{(0)}$. Statt grad $f(\mathbf{x}^{(0)})$ schreibt man auch $\nabla f(\mathbf{x}^{(0)})$.*[1]

---

Existiert grad $f(\mathbf{x})$ für alle $\mathbf{x}$ einer Menge $M \subset \mathbb{R}^n$, so ist durch die Operation grad der reellen Funktion $f$ die Vektorfunktion grad $f : M \to \mathbb{R}^n$ zugeordnet.

**Beispiel 3.5**    Für die Funktion $f(x_1, x_2, x_3) = x_1^2 + x_2^3 x_3$ gilt an jeder Stelle $\mathbf{x} = (x_1, x_2, x_3) \in \mathbb{R}^3$

$$f_{|1}(\mathbf{x}) = 2x_1, \quad f_{|2}(\mathbf{x}) = 3x_2^2 x_3, \quad f_{|3}(\mathbf{x}) = x_2^3$$

und somit

$$\operatorname{grad} f(\mathbf{x}) \equiv \nabla f(\mathbf{x}) = \begin{bmatrix} 2x_1 \\ 3x_2^2 x_3 \\ x_2^3 \end{bmatrix}.$$

Die bekannten Ableitungsregeln für Funktionen einer unabhängigen Variablen übertragen sich auf partielle Ableitungen und somit auf den Gradienten. Sind also $f$ und $g$ reelle Funktionen von $n$ unabhängigen Variablen mit partiellen Ableitungen nach allen Variablen, so gilt

$$\begin{aligned} \operatorname{grad}(f(\mathbf{x}) + g(\mathbf{x})) &= \operatorname{grad} f(\mathbf{x}) + \operatorname{grad} g(\mathbf{x}), \\ \operatorname{grad}(f(\mathbf{x}) \cdot g(\mathbf{x})) &= f(\mathbf{x}) \operatorname{grad} g(\mathbf{x}) + g(\mathbf{x}) \operatorname{grad} f(\mathbf{x}). \end{aligned}$$

---

[1] $\nabla$ lies „Nabla"; nach dem althebräischen Musikinstrument Nabal.

## 3.1.2  Partielle Ableitungen höherer Ordnung

Analog zu gewöhnlichen Ableitungen höherer Ordnung kann man auch partielle Ableitungen höherer Ordnung bilden.

**Beispiel 3.6**  Die Funktion $f(x,y) = x^4y^2 + 2x^3y - 6$, $(x,y) \in \mathbb{R}^2$, besitzt überall die partiellen Ableitungen

$$f_x(x,y) = 4x^3y^2 + 6x^2y, \quad f_y(x,y) = 2x^4y + 2x^3.$$

Diese Funktionen sind ihrerseits partiell nach $x$ und nach $y$ differenzierbar. Man erhält

$$\frac{\partial f_x(x,y)}{\partial x} = 12x^2y^2 + 12xy, \quad \frac{\partial f_y(x,y)}{\partial x} = 8x^3y + 6x^2,$$
$$\frac{\partial f_x(x,y)}{\partial y} = 8x^3y + 6x^2, \quad \frac{\partial f_y(x,y)}{\partial y} = 2x^4.$$

Diese Ableitungen heißen *partielle Ableitungen zweiter Ordnung* der Funktion $f$. Man schreibt

$$\text{statt} \quad \frac{\partial f_x(x,y)}{\partial x} \quad \text{auch} \quad \frac{\partial^2 f(x,y)}{\partial x^2} \quad \text{oder} \quad f_{xx}(x,y),$$

$$\text{statt} \quad \frac{\partial f_x(x,y)}{\partial y} \quad \text{auch} \quad \frac{\partial^2 f(x,y)}{\partial x \partial y} \quad \text{oder} \quad f_{xy}(x,y).$$

(Man liest $\frac{\partial^2 f}{\partial x^2}$ als „$d-2-f$ nach $d-x$-Quadrat partiell" oder „$f$ zweimal partiell nach $x$ differenziert".) Eine Funktion $f(x,y)$ hat also (sofern sie existieren) vier partielle Ableitungen zweiter Ordnung: $f_{xx}, f_{xy}, f_{yx}$ und $f_{yy}$.

Im Beispiel 3.6 stimmen die *gemischten Ableitungen* $f_{xy}$ und $f_{yx}$ überein; hier kommt es also nicht auf die Reihenfolge an. Der folgende Satz gibt nun allgemein eine hinreichende Bedingung für diese Gleichheit an.

---

**Satz 3.1**  *(Satz von Schwarz)[1]: Es sei $M$ eine offene Teilmenge von $\mathbb{R}^2$. Für die Funktion $f : M \to \mathbb{R}$ seien die partiellen Ableitungen $f_{xy}(x,y)$ und $f_{yx}(x,y)$ auf $M$ vorhanden und stetig. Dann gilt für alle $(x,y) \in M$*

$$f_{xy}(x,y) = f_{yx}(x,y).$$

---

[1] Hermann Amandus Schwarz, 1843 - 1921, deutscher Mathematiker.

Dieser Satz schafft die Voraussetzung, gemischte Ableitungen in möglichst zweckmäßiger Reihenfolge berechnen zu können.

**Beispiel 3.7**    Gesucht ist $f_{xy}(x,y)$ für die Funktion

$$f(x,y) = \frac{\sin x}{\sqrt{2 + x^2}} + xy^2.$$

Sämtliche partiellen Ableitungen von $f$ sind auf $\mathbb{R}^2$ vorhanden und stetig, so daß Satz 3.1 anwendbar ist. Anstatt also in der angegebenen Reihenfolge zuerst partiell nach $x$ zu differenzieren, wobei die Ableitung des Bruches zu bilden wäre, erhält man wegen $f_y(x,y) = 2xy$ nach dem Satz unmittelbar $f_{xy}(x,y) = f_{yx}(x,y) = 2y$.

Alles bisher über partielle Ableitungen zweiter Ordnung und Funktionen von zwei unabhängigen Variablen Gesagte gilt entsprechend für partielle Ableitungen höherer als zweiter Ordnung und für Funktionen von mehr als zwei unabhängigen Variablen. Ist $f(x_1, x_2, \ldots, x_n)$ eine Funktion von $n$ unabhängigen Variablen und $n \geq 4$, so bedeutet z. B.

$$\frac{\partial^3 f(x_1, \ldots, x_n)}{\partial x_4 \partial x_1 \partial x_3} \quad \text{bzw.} \quad f_{x_4 x_1 x_3}(x_1, \ldots, x_n) \quad \text{bzw.} \quad f_{|413}(x_1, \ldots, x_n),$$

daß die Funktion $f$ zunächst nach $x_4$, dann nach $x_1$ und schließlich nach $x_3$ partiell zu differenzieren ist. Der Satz von Schwarz besagt in diesem Falle, daß beispielsweise

$$f_{x_4 x_1 x_3}(x_1, \ldots, x_n) = f_{x_1 x_4 x_3}(x_1, \ldots, x_n) = f_{x_1 x_3 x_4}(x_1, \ldots, x_n)$$

gilt, sofern die vorkommenden partiellen Ableitungen dritter Ordnung stetig sind.

**Aufgabe 3.1**    Man bilde die partiellen Ableitungen erster und zweiter Ordnung von

a)  $f(x,y) = x \arctan y$,

b)  $f(x,y) = x + y - |x - y|$   für   $x \neq y$,

c)  $f(x,y) = x^y + y^x$   für   $x > 0,\ y > 0$.

**Aufgabe 3.2**  Man zeige, daß die Funktion

$$u(x,t) = \frac{1}{2a\sqrt{\pi t}}\exp\left(-\frac{x^2}{4a^2t}\right), \quad t > 0,\; a = \text{const},$$

eine Lösung der Wärmeleitungsgleichung $u_t(x,y) = a^2 u_{xx}(x,t)$ ist.

**Aufgabe 3.3**  Es sei $f(x,y) = xy\frac{x^2-y^2}{x^2+y^2}$ für $(x,y) \neq (0,0)$ und $f(0,0) = 0$. Man zeige, daß $f_{xy}(0,0) \neq f_{yx}(0,0)$ gilt. Was folgt bezüglich der Stetigkeit von $f_{xy}$ und $f_{yx}$ im Nullpunkt?

## 3.2  Totale Differenzierbarkeit reeller Funktionen

### 3.2.1  Der Begriff der totalen Differenzierbarkeit

Partielle Ableitungen beschreiben die Abhängigkeit einer Funktion von einer der unabhängigen Variablen, wobei die anderen Variablen „festgehalten" werden. Nun soll das Verhalten einer Funktion bei *gleichzeitiger Änderung aller unabhängigen Variablen* untersucht werden. Im Falle einer Funktion $f(x,y)$ von zwei unabhängigen Variablen wird also die Funktionswertdifferenz

$$f(x_0 + h,\; y_0 + k) - f(x_0, y_0)$$

zu studieren sein; dabei sind $h$ und $k$ Zuwächse[1]) der Variablen $x$ bzw. $y$ an der Stelle $x_0$ bzw. $y_0$. Allgemein betrachten wir für eine Funktion $f$ von $n$ unabhängigen Variablen die Funktionswertdifferenz

$$\Delta f(\mathbf{x}^{(0)}, \mathbf{h}) := f(\mathbf{x}^{(0)} + \mathbf{h}) - f(\mathbf{x}^{(0)}). \tag{3.2}$$

Die Koordinaten $h_1, h_2, \ldots, h_n$ des Zuwachsvektors $\mathbf{h} \in \mathbb{R}^n$ können dabei voneinander unabhängig beliebige (evtl. hinreichend kleine) Werte annehmen.

Für das Weitere orientieren wir uns wieder an einer Funktion $\varphi$ von *einer* unabhängigen Variablen, die in einer Umgebung der Stelle $x_0 \in \mathbb{R}$ definiert ist. Bekanntlich (s. [PFS, Satz 4.8]) sind für jede solche Funktion die folgenden Aussagen (A) und (B) äquivalent.

(A) $\varphi$ ist an der Stelle $x_0$ differenzierbar.
(B) Es gibt eine Zahl $a \in \mathbb{R}$ und eine Funktion $r$, so daß gilt

---

[1]) Für $h$ und $k$ können reelle (auch negative) Zahlen eingesetzt werden, die zunächst nur der Bedingung unterworfen sind, daß $(x_0 + h, y_0 + k)$ zum Definitionsbereich von $f$ gehören muß.

$$\varphi(x_0 + h) - \varphi(x_0) = a \cdot h + r(h), \text{ falls } |h| \text{ klein ist,} \qquad (3.3)$$

wobei

$$\lim_{h \to 0} \frac{r(h)}{h} = 0. \qquad (3.4)$$

Gilt nämlich (A), so existiert definitionsgemäß der Grenzwert

$$\varphi'(x_0) = \lim_{h \to 0} \frac{\varphi(x_0 + h) - \varphi(x_0)}{h}. \qquad (3.5)$$

Setzt man nun

$$a = \varphi'(x_0), \ r(h) = \varphi(x_0 + h) - \varphi(x_0) - \varphi'(x_0)h, \qquad (3.6)$$

so ist (B) erfüllt. Gilt umgekehrt (B), dann existiert der Grenzwert in (3.5) und ist gleich $a$. (Das erkennt man, indem man die Gleichung (3.3) durch $h$ dividiert und (3.4) beachtet.) Also gilt (A), und $a$ ist die Ableitung von $\varphi$ an der Stelle $x_0$.

Die Aussage (B) ist der geeignete Ausgangspunkt für eine Übertragung des Begriffes der Differenzierbarkeit auf Funktionen von mehreren unabhängigen Variablen. Wir wollen daher (B) diskutieren. Durch (3.3) wird die Funktionswertdifferenz $\varphi(x_0 + h) - \varphi(x_0)$ in einen „Hauptteil" $a \cdot h$ und einen „Rest" $r(h)$ zerlegt. Die Funktion $r$ ist deshalb als „Rest" anzusehen, weil $r(h)$ gemäß (3.4) für $h \to 0$ „schneller" gegen null konvergiert als $a \cdot h$. Die wesentliche Eigenschaft des „Hauptteils" ist die Linearität bezüglich $h$, d. h., die durch $l(h) = a \cdot h$ definierte Funktion $l : \mathbb{R} \to \mathbb{R}$ ist linear.

Es ergibt sich also, daß $\varphi$ genau dann an der Stelle $x_0$ differenzierbar ist, wenn $\varphi(x_0+h)-\varphi(x_0)$ in einer Umgebung von $h = 0$ durch eine lineare (also besonders einfache) Funktion $l$ des Zuwachses $h$ approximiert werden kann.

Nun übertragen wir diese Überlegungen auf eine Funktion $f$ von $n$ unabhängigen Variablen. Hierbei ist zu beachten, daß jede lineare Funktion $l : \mathbb{R}^n \to \mathbb{R}^1$ mit einem Vektor $\mathbf{a} \in \mathbb{R}^n$ in der Form $\mathbf{l(h) = a \cdot h}, \mathbf{h} \in \mathbb{R}^n$, darstellbar ist (s. Folgerung 2.1). Ferner ist in (3.4) statt durch $h$ nun durch $|h| = \sqrt{h_1^2 + h_2^2 + \ldots + h_n^2}$ zu dividieren. Damit gelangt man zu der

---

**Definition 3.3**  *Gegeben sei eine Funktion* $f : U \to \mathbb{R}$, *wobei* $U \subset \mathbb{R}^n$ *eine Umgebung der Stelle* $\mathbf{x}^{(0)} \in \mathbb{R}^n$ *ist. Die Funktion* $f$ *heißt in* $\mathbf{x}^{(0)}$ ***total differenzierbar*** *(oder* ***vollständig differenzierbar***), *wenn ein Vektor* $\mathbf{a} \in \mathbb{R}^n$ *und eine Funktion* $r : V \to \mathbb{R}$ *(*$V \subset \mathbb{R}^n$ *ist eine Umgebung von* $\mathbf{o} \in \mathbb{R}^n$) *so existieren, daß gilt:*

$$f(\mathbf{x}^{(0)} + \mathbf{h}) - f(\mathbf{x}^{(0)}) = \mathbf{a} \cdot \mathbf{h} + r(\mathbf{h}), \qquad \mathbf{h} \in V, \tag{3.7}$$

$$\lim_{\mathbf{h} \to \mathbf{o}} \frac{r(\mathbf{h})}{|\mathbf{h}|} = 0. \tag{3.8}$$

*Die durch*

$$f'(\mathbf{x}^{(0)})(\mathbf{h}) := \mathbf{a} \cdot \mathbf{h}, \quad \mathbf{h} \in \mathbb{R}^n, \tag{3.9}$$

*definierte lineare Funktion* $f'(\mathbf{x}^{(0)}) : \mathbb{R}^n \to \mathbb{R}$ *heißt* ***Ableitung*** *von* $f$ *an der Stelle* $\mathbf{x}^{(0)}$. *Die Zahl*

$$\mathrm{d}f(\mathbf{x}^{(0)}, \mathbf{h}) := f'(\mathbf{x}^{(0)})(\mathbf{h}) = \mathbf{a} \cdot \mathbf{h} \tag{3.10}$$

*heißt* ***totales Differential*** *(oder* ***vollständiges Differential***) *von* $f$ *an der Stelle* $\mathbf{x}^{(0)}$ *zum Zuwachs* $\mathbf{h}$.

---

$f'(\mathbf{x}^{(0)})(\mathbf{h})$ liest man „$f$ Strich von $\mathbf{x}^{(0)}$ angewendet auf $\mathbf{h}$" oder „$f$ Strich von $\mathbf{x}^{(0)}$ an der Stelle $\mathbf{h}$". Statt „total differenzierbar" sagt man oft nur „differenzierbar".

**Bemerkung 3.1**

1. Man kann zeigen, daß es höchstens einen Vektor $\mathbf{a}$ mit den Eigenschaften (3.7) und (3.8) gibt, die Ableitung also - sofern sie existiert - eindeutig bestimmt ist.

2. Ist $f$ in $\mathbf{x}^{(0)}$ total differenzierbar, so folgt aus (3.7) wegen (3.8), daß $\lim\limits_{\mathbf{h} \to \mathbf{o}} f(\mathbf{x}^{(0)} + \mathbf{h}) = f(\mathbf{x}^{(0)})$ gilt, $f$ an der Stelle $\mathbf{x}^{(0)}$ also stetig ist.

3. Gemäß (3.10) ist das totale Differential $\mathrm{d}f(\mathbf{x}^{(0)}, \mathbf{h})$ der Wert der Ableitung $f'(\mathbf{x}^{(0)})$ an einer (gegebenen) Stelle $\mathbf{h}$. Mit den durch (3.2) und (3.10) eingeführten Bezeichnungen kann man statt (3.7) auch schreiben

$$\Delta f(\mathbf{x}^{(0)}, \mathbf{h}) = \mathrm{d}f(\mathbf{x}^{(0)}, \mathbf{h}) + r(\mathbf{h}), \quad \mathbf{h} \in V. \tag{3.11}$$

Ist $f$ in $x_0$ total differenzierbar, so gilt wegen (3.8)

$$\Delta f(\mathbf{x}^{(0)}, \mathbf{h}) \approx \mathrm{d}f(\mathbf{x}^{(0)}, \mathbf{h}) \quad \text{falls} \quad |\mathbf{h}| \quad \text{klein ist,} \tag{3.12}$$

d. h., *für einen betragsmäßig kleinen Zuwachs h ist das totale Differential ein Näherungswert für den Funktionswertzuwachs.*

Wir merken noch an, daß man statt $df(\mathbf{x}^{(0)}, \mathbf{h})$ häufig nur $df(\mathbf{x}^{(0)})$ oder sogar nur $df$ schreibt. Ist $z$ die abhängige Variable, also $z = f(\mathbf{x})$, so schreibt man statt $df$ auch $dz$. Analog verwendet man für $\triangle f(\mathbf{x}^{(0)}, \mathbf{h})$ die Bezeichnungen $\triangle f(\mathbf{x}^{(0)})$, $\triangle f$ oder $\triangle z$.

**Beispiel 3.8**    Wir wollen die Funktion $f(x,y) = xy, (x,y) \in \mathbb{R}^2$, auf totale Differenzierbarkeit an einer beliebigen Stelle $(x_0, y_0) \in \mathbb{R}^2$ untersuchen. Es gilt

$$f(x_0 + h, y_0 + k) - f(x_0, y_0) = (x_0 + h)(y_0 + k) - x_0 y_0 = (y_0 h + x_0 k) + hk. \quad (3.13)$$

Wegen $y_0 h + x_0 k = (y_0, x_0) \cdot (h, k)$ kommt $(y_0, x_0)$ als Vektor $\mathbf{a}$ in der Zerlegung (3.7) in Betracht. Wir müssen noch untersuchen, ob $r(h, k) = hk$ die Bedingung (3.8) erfüllt. Aus $h^2 \pm 2hk + k^2 = (h \pm k)^2 \geq 0$ folgt $|hk| \leq \frac{1}{2}(h^2 + k^2)$ und daher

$$\frac{|r(h,k)|}{\sqrt{h^2 + k^2}} \leq \frac{\frac{1}{2}(h^2 + k^2)}{\sqrt{h^2 + k^2}} = \frac{1}{2}\sqrt{h^2 + k^2}.$$

Für $(h, k) \to (0, 0)$ konvergiert die rechte und somit die linke Seite dieser Ungleichung gegen null, also gilt (3.8). Folglich ist $f$ an der Stelle $(x_0, y_0)$ total differenzierbar, und für alle $(h, k) \in \mathbb{R}^2$ gilt

$$f'(x_0, y_0)(h, k) = y_0 h + x_0 k. \quad (3.14)$$

Wir geben noch eine geometrische Interpretation dieses Beispiels.

Für $x_0, y_0 > 0$ ist $f(x_0, y_0) = x_0 y_0$ der Flächeninhalt eines Rechtecks mit den Seitenlängen $x_0$ und $y_0$ (s. Bild 3.3). Bei einer Verlängerung der Seiten um $\triangle x$ bzw. $\triangle y$ vergrößert sich der Flächeninhalt um $\triangle f = (y_0 \triangle x + x_0 \triangle y) + \triangle x \triangle y$. Hierbei haben wir die Zuwächse wieder mit $\triangle x$ und $\triangle y$ statt mit $h$ und $k$ bezeichnet. $\triangle f$ besteht aus dem totalen Differential $df = y_0 \triangle x + x_0 \triangle y$ (s. (3.10) und (3.14)), das den Flächeninhalt der einfach schraffierten Rechtecke angibt, und dem „Rest" $r(\triangle x, \triangle y) = \triangle x \triangle y$, also dem Flächeninhalt des kleinen doppelt schraffierten Rechtecks.

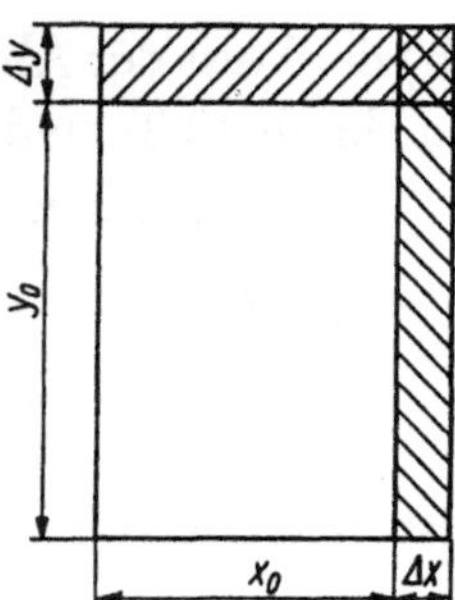


Bild 3.3

Wir weisen noch einmal darauf hin, daß zu unterscheiden ist zwischen der linearen Abbildung $f'(\mathbf{x}^{(0)}) : \mathbb{R}^n \to \mathbb{R}$ und dem Vektor $\mathbf{a} \in \mathbb{R}^n$, der diese Abbildung gemäß $f'(\mathbf{x}^{(0)})(\mathbf{h}) = \mathbf{a} \cdot \mathbf{h}, \mathbf{h} \in \mathbb{R}^n$, darstellt. Im Falle $n = 1$ identifiziert man allerdings beide Objekte, d. h., gilt $f'(x_0)(h) = ah$ für alle $h \in \mathbb{R}$ mit der (festen) Zahl $a$, so schreibt man $f'(x_0) = a$ (vgl. (3.6)).

## 3.2.2   Ableitung und Gradient

In dem zuletzt behandelten Beispiel hatten wir für die Funktion $f(x,y) = xy$ die Ableitung $f'(x_0, y_0)(h, k) = y_0 h + x_0 k$ erhalten (s. (3.14)). Nun gilt $f_x(x_0, y_0) = y_0, f_y(x_0, y_0) = x_0$ und somit

$$f'(x_0, y_0)(h, k) = f_x(x_0, y_0)h + f_y(x_0, y_0)k = \operatorname{grad} f(x_0, y_0) \cdot (h, k), \qquad (3.15)$$

d. h., die Ableitung $f'(x_0, y_0)$ ist mittels des Gradienten $\operatorname{grad} f(x_0, y_0)$ darstellbar.

Der folgende wichtige Satz 3.2 wird zeigen, daß die Gültigkeit von (3.15) nicht auf das Beispiel beschränkt ist. Als Vorbereitung vereinbaren wir die

---

**Definition 3.4**   *Gegeben sei eine Funktion $f : U \to \mathbb{R}$, wobei $U \subset \mathbb{R}^n$ eine offene Umgebung der Stelle $\mathbf{x}^{(0)} \in \mathbb{R}^n$ ist. Die Funktion $f$ heißt in $\mathbf{x}^{(0)}$ s t e t i g   d i f f e r e n z i e r b a r, wenn die partiellen Ableitungen $f_{|j}(\mathbf{x})$ $(j = 1, \ldots, n)$ für jedes $\mathbf{x} \in U$ existieren und an der Stelle $\mathbf{x}^{(0)}$ stetig sind.*

---

Nun kommen wir zu dem angekündigten

---

**Satz 3.2**   *Gegeben sei eine Funktion $f : U \to \mathbb{R}$, wobei $U \subset \mathbb{R}^n$ eine offene Umgebung der Stelle $\mathbf{x}^{(0)} \in \mathbb{R}^n$ ist. Dann gilt:*

(a) *Ist $f$ in $\mathbf{x}^{(0)}$ total differenzierbar, dann existieren alle partiellen Ableitungen $f_{|j}(\mathbf{x}^{(0)})(j = 1, \ldots, n)$, und für jedes $\mathbf{h} = (h_1, \ldots, h_n) \in \mathbb{R}^n$ gilt*

$$f'(\mathbf{x}^{(0)})(\mathbf{h}) = \operatorname{grad} f(\mathbf{x}^{(0)}) \cdot \mathbf{h} = \sum_{j=1}^{n} f_{|j}(\mathbf{x}^{(0)})h_j. \qquad (3.16)$$

(b) *Ist $f$ in $\mathbf{x}^{(0)}$ stetig differenzierbar, dann ist $f$ in $\mathbf{x}^{(0)}$ total differenzierbar, und für jedes $\mathbf{h} = (h_1, \ldots, h_n) \in \mathbb{R}^n$ gilt (3.16).*

Der Beweis von (a) ist leicht erbracht. Ist nämlich $f$ in $\mathbf{x}^{(0)}$ total differenzierbar, dann gelten (3.7) und (3.8) insbesondere für Vektoren $\mathbf{h} = h_j\mathbf{e}_j$, falls $|h_j|$ hinreichend klein ist. Daraus folgt, daß $f_{|j}(\mathbf{x}^{(0)})$ existiert und gleich $a_j$ ist. Wegen (3.9) ist (3.16) erfüllt. Die Aussage (b) wollen wir hier nicht beweisen.

**Bemerkung 3.2**  Nach Satz 3.2 (a) kann $f$ nur dann in $\mathbf{x}^{(0)}$ total differenzierbar sein, wenn $\operatorname{grad} f(\mathbf{x}^{(0)})$ existiert. Ist letzteres der Fall, so ist $f$ in $\mathbf{x}^{(0)}$ genau dann total differenzierbar, wenn (3.7) und (3.8) mit $\mathbf{a} = \operatorname{grad} f(\mathbf{x}^{(0)})$ gelten, wenn also

$$f(\mathbf{x}^{(0)} + \mathbf{h}) - f(\mathbf{x}^{(0)}) = \operatorname{grad} f(\mathbf{x}^{(0)}) \cdot \mathbf{h} + r(\mathbf{h}), \quad \mathbf{h} \in V,$$

$$\lim_{\mathbf{h} \to \mathbf{o}} \frac{r(\mathbf{h})}{|\mathbf{h}|} = 0.$$

Für das totale Differential hat man die Darstellung

$$\mathrm{d}f(\mathbf{x}^{(0)}, \mathbf{h}) = \operatorname{grad} f(\mathbf{x}^{(0)}) \cdot \mathbf{h}, \quad \mathbf{h} \in \mathbb{R}^n.$$

Den Zuwachs der Variablen $\mathbf{x}$ bezeichnet man in diesem Zusammenhang statt mit $\mathbf{h}$ auch mit $\Delta\mathbf{x}$ (vgl. Beispiel 3.8) oder mit $\mathrm{d}\mathbf{x}$. Mit der letzteren Bezeichnung gilt also

$$\mathrm{d}f(\mathbf{x}^{(0)}, \mathrm{d}x) = \operatorname{grad} f(\mathbf{x}^{(0)}) \cdot \mathrm{d}\mathbf{x} = \sum_{j=1}^{n} f_{|j}(\mathbf{x}^{(0)})\mathrm{d}x_j.$$

Speziell für $n = 2$ erhält man als totales Differential der Funktion $f(x,y)$ an der Stelle $(x_0, y_0)$ für den Zuwachs $(h, k)$ (vgl. (3.15)) bzw. $(\mathrm{d}x, \mathrm{d}y)$ :

$$\begin{aligned}
\mathrm{d}f(x_0, y_0;\ h, k) &= f_x(x_0, y_0)h + f_y(x_0, y_0)k, \\
\mathrm{d}f(x_0, y_0;\ \mathrm{d}x, \mathrm{d}y) &= f_x(x_0, y_0)\mathrm{d}x + f_y(x_0, y_0)\mathrm{d}y.
\end{aligned}$$

Für den Fall, daß $f$ eine in $(x_0, y_0) \in \mathbb{R}^2$ total differenzierbare Funktion von *zwei* unabhängigen Variablen ist, geben wir im Bild 3.4 eine geometrische Interpretation. Die Gleichung $z = f(x,y)$ beschreibt eine Fläche $F$ im $x, y, z$-Raum. Nach 3.1 sind die partiellen Ableitungen $f_x(x_0, y_0)$ und $f_y(x_0, y_0)$ als Anstieg der Tangenten an die Schnittkurve von $F$ mit der Ebene $y = y_0$ bzw. $x = x_0$ zu interpretieren; Richtungsvektoren dieser Tangenten sind daher $(1, 0, f_x(x_0, y_0))$ und $(0, 1, f_y(x_0, y_0))$. Die von diesen Vektoren „aufgespannte" Ebene durch den Punkt $P_0(x_0, y_0, f(x_0, y_0))$ heißt *Tangentialebene* $T$ der Fläche $F$ im Punkte $P_0$. Eine Parameterdarstellung von $T$ ist somit

$$\begin{bmatrix} x \\ y \\ z \end{bmatrix} = \begin{bmatrix} x_0 \\ y_0 \\ f(x_0, y_0) \end{bmatrix} + \lambda \begin{bmatrix} 1 \\ 0 \\ f_x(x_0, y_0) \end{bmatrix} + \mu \begin{bmatrix} 0 \\ 1 \\ f_y(x_0, y_0) \end{bmatrix}.$$

Durch Eliminieren der Parameter $\lambda$ und $\mu$ ergibt sich daraus die *Gleichung der Tangentialebene T* zu

$$z - f(x_0, y_0) = (x - x_0)f_x(x_0, y_0) + (y - y_0)f_y(x_0, y_0). \qquad (3.17)$$

Geht man in der $x, y$-Ebene vom Punkt $P(x_0, y_0)$ zu einem Punkt $P'(x_0 + \triangle x, y_0 + \triangle y)$, so ändert sich die $z$-Koordinate des zugehörigen Punktes auf $T$ um

$$z - f(x_0, y_0) = f_x(x_0, y_0)\triangle x + f_y(x_0, y_0)\triangle y = \mathrm{d}f.$$

*Der Zuwachs der z-Koordinate der Punkte von T stellt also gerade das totale Differential* $\mathrm{d}f$ *dar.* Da $f$ als total differenzierbar in $(x_0, y_0)$ vorausgesetzt wurde, gilt $\mathrm{d}f \approx \triangle f$, falls $|\triangle x|$ und $|\triangle y|$ klein sind (siehe (3.12)); in diesem Falle unterscheidet sich der genannte Zuwachs also nur wenig vom Zuwachs der $z$-Koordinate der entsprechenden Punkte von $F$.

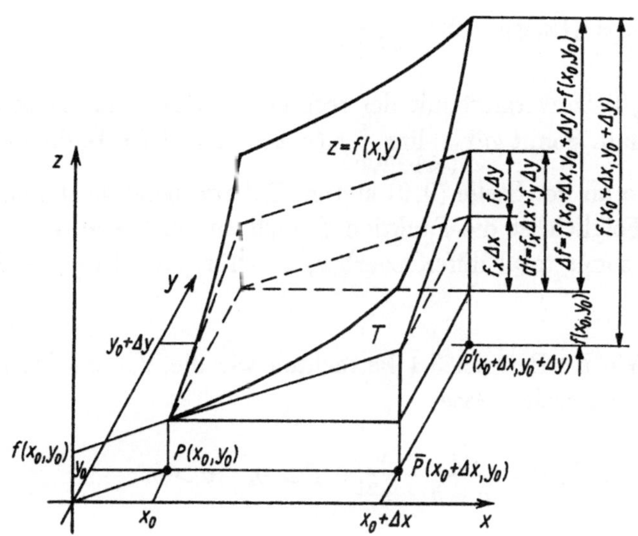


Bild 3.4

Satz 3.2 (b) gibt eine hinreichende Bedingung für totale Differenzierbarkeit, die in den meisten praktisch wichtigen Fällen leicht nachprüfbar ist. Zugleich hat man mit (3.16) eine Formel zur Berechnung der Ableitung $f'(\mathbf{x}^{(0)})$ und des totalen Differentials $\mathrm{d}f(\mathbf{x}^{(0)}, \mathbf{h})$.

**Beispiel 3.9**   Gegeben sei die Funktion

$$f(x, y) = \frac{x^2 \cdot y^2}{x^2 + y^2} \quad \text{für} \quad (x, y) \neq (0, 0), \quad f(0, 0) = 0.$$

Für $(x, y) \neq (0, 0)$ gilt

$$f_x(x, y) = \frac{2xy^4}{(x^2 + y^2)^2}, \quad f_y(x, y) = \frac{2x^4 y}{(x^2 + y^2)^2}.$$

Diese partiellen Ableitungen sind offenbar an jeder Stelle $(x, y) \neq (0, 0)$ stetig. Somit ist die Funktion $f$ dort stetig differenzierbar, nach Satz 3.2 (b) also auch total differenzierbar, und für jedes $(h, k) \in \mathbb{R}^2$ gilt

$$\mathrm{d}f = f'(x, y)(h, k) = \frac{2xy^4}{(x^2 + y^2)^2} h + \frac{2x^4 y}{(x^2 + y^2)^2} k.$$

Nun untersuchen wir $f$ an der Stelle $(0, 0)$. Wegen $\lim\limits_{h \to 0} \frac{f(h,0) - f(0,0)}{h} = 0$ ist $f_x(0, 0) = 0$. Analog erhält man $f_y(0, 0) = 0$. Somit ist $\mathrm{grad} f(0, 0) = (0, 0)$. Für $(x, y) \neq (0, 0)$ ist

$$|f_x(x, y)| = 2|x| \frac{y^4}{(x^2 + y^2)^2} \leq 2|x|.$$

Für $(x, y)$ gegen $(0, 0)$ konvergiert mit der rechten auch die linke Seite dieser Ungleichung gegen null. Somit gilt $\lim\limits_{(x,y) \to (0,0)} f_x(x, y) = 0 = f_x(0, 0)$; die partielle Ableitung $f_x$ ist also an der Stelle $(0, 0)$ stetig. Entsprechend zeigt man, daß $f_y$ dort stetig ist. Folglich ist die Funktion $f$ auch an der Stelle $(0, 0)$ stetig differenzierbar und somit total differenzierbar, und für jedes $(h, k) \in \mathbb{R}^2$ ist $f'(0, 0)(h, k) = 0$.

**Beispiel 3.10**    Wie im Beispiel 3.4 betrachten wir die Van-der-Waalssche Zustandsgleichung eines realen Gases:

$$p = p(T, v) = \frac{CT}{v - b} - \frac{a}{v^2}; \quad T > 0, \quad v > b.$$

Die partiellen Ableitungen

$$\frac{\partial p}{\partial T} = \frac{c}{v - b}, \quad \frac{\partial p}{\partial v} = -\frac{CT}{(v - b)^2} + \frac{2a}{v^3}$$

sind für alle $T(> 0)$ und alle $v > b$ stetig. Somit ist die Funktion $p(T, v)$ für alle diese $T$ und $v$ total differenzierbar. Eine gleichzeitige, kleine Änderung von Temperatur und Molvolumen um $\Delta T$ bzw. $\Delta v$ hat eine Druckänderung um $\Delta p$ zur Folge, die näherungsweise durch das totale Differential $\mathrm{d}p$ beschrieben wird:

$$\Delta p \approx \mathrm{d}p = \frac{c}{v - b} \Delta T + \left( -\frac{CT}{(v - b)^2} + \frac{2a}{v^3} \right) \Delta v.$$

Das folgende Beispiel zeigt, daß es Funktionen gibt, die an einer Stelle zwar einen Gradienten, aber keine Ableitung haben.

**Beispiel 3.11**  Es sei

$$f(x,y) = \frac{x \cdot y}{x^2 + y^2} \quad \text{für} \quad (x,y) \neq (0,0) \quad \text{und} \quad f(0,0) = 0.$$

Wegen $\lim\limits_{h\to 0} \frac{f(h,0)-f(0,0)}{h} = 0$ ist $f_x(0,0) = 0$ und analog $f_y(0,0) = 0$. Somit ist $\operatorname{grad} f(0,0)$ der Nullvektor. Andererseits ist $f$ an der Stelle $(0,0)$ nicht stetig (s. Beispiel 2.15), also erst recht nicht total differenzierbar (s. Punkt 2 von Bemerkung 3.1). Die Ableitung $f'(0,0)$ existiert also nicht. Übrigens kann man auch leicht direkt zeigen, daß $f$ an der Stelle $(0,0)$ nicht total differenzierbar ist. Wäre das nämlich doch der Fall, dann würde nach Bemerkung 3.2 mit $\operatorname{grad} f(0,0) = \mathbf{o}$ gelten

$$f(h,k) - f(0,0) = 0 + r(h,k), \tag{3.18}$$

$$\lim_{(h,k)\to(0,0)} \frac{r(h,k)}{\sqrt{h^2 + k^2}} = 0. \tag{3.19}$$

Aus (3.18) folgt $r(h,k) = \frac{h \cdot k}{h^2+k^2}$ für $(h,k) \neq (0,0)$. Für die Punktfolge mit den Gliedern $(h_\nu, k_\nu) = (\frac{1}{\nu}, \frac{1}{\nu})$ $(\nu = 1, 2, \ldots)$ erhält man daher

$$\frac{r(h_\nu; k_\nu)}{\sqrt{h_\nu^2 + k_\nu^2}} = \frac{\nu}{2\sqrt{2}} \to +\infty \quad \text{für} \quad \nu \to +\infty,$$

so daß (3.19) nicht gelten kann.

Im Zusammenhang mit diesem Beispiel weisen wir noch einmal darauf hin, daß die Ableitung nicht formal gemäß (3.16) mittels des Gradienten gebildet werden darf: Nach Satz 3.2 gilt (3.16) nur, wenn $f$ in $\mathbf{x}^{(0)}$ total differenzierbar ist.

Schließlich sei erwähnt, daß es Funktionen gibt, die an einer Stelle total differenzierbar, aber nicht stetig differenzierbar sind.
Zum Beispiel hat die Funktion

$$f(x,y) = \left\{ \begin{array}{ll} x^2 \sin\frac{1}{x} + y^2 \sin\frac{1}{y} & \text{für} \quad x \neq 0 \quad \text{und} \quad y \neq 0 \\ 0 & \text{für} \quad x = 0 \quad \text{oder} \quad y = 0 \end{array} \right\}$$

an der Stelle $(0,0)$ diese Eigenschaft.

### 3.2.3  Der Mittelwertsatz für Funktionen mehrerer Variabler

Nach dem Mittelwertsatz der Differentialrechnung für eine Funktion $f$ von einer unabhängigen Variablen (s. [PFS]) gibt es unter gewissen Voraussetzungen an $f$ zu zwei Stellen $x$ und $x+h$ eine „dazwischen" gelegene Stelle $x+\vartheta h$, $0 < \vartheta < 1$, so daß gilt

$$f(x + h) - f(x) = f'(x + \vartheta h) \cdot h.$$

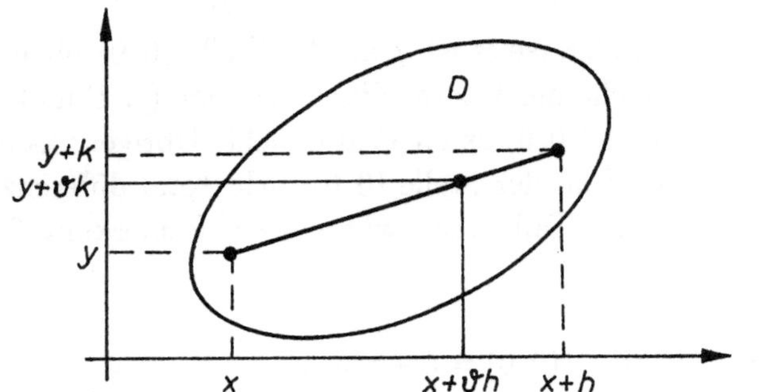


Bild 3.5

Diese Aussage soll nun auf Funktionen von $n$ unabhängigen Variablen erweitert werden. Dazu ist zu gewährleisten, daß mit den betrachteten Punkten $\mathbf{x}$ und $\mathbf{x} + \mathbf{h}$ (in $\mathbb{R}^n$) auch jeder „dazwischen" gelegene Punkt $\mathbf{x} + \vartheta\mathbf{h}$ zum Definitionsbereich $D$ der Funktion $f$ gehört (s. Bild 3.5 für $n = 2$). Wir setzen daher voraus, daß $D$ eine konvexe Menge ist.

> **Satz 3.3**    *(Mittelwertsatz der Differentialrechnung): Es sei $D$ eine offene und konvexe Teilmenge von $\mathbb{R}^n$ und $f : D \to \mathbb{R}$ eine in $D$ total differenzierbare Funktion. Dann gibt es zu je zwei Punkten $\mathbf{x}$ und $\mathbf{x} + \mathbf{h}$ in $D$ eine Zahl $\vartheta$ mit $0 < \vartheta < 1$, so daß gilt*
>
> $$f(\mathbf{x} + \mathbf{h}) - f(\mathbf{x}) = \mathrm{grad} f(\mathbf{x} + \vartheta h) \cdot \mathbf{h}. \tag{3.20}$$

Im Falle $n = 2$ kann man (3.20) mit den Bezeichnungen von Bild 3.5 in folgender Form schreiben:

$$f(x + h, y + k) - f(x, y) = f_x(x + \vartheta h, y + \vartheta k)h + f_y(x + \vartheta h, y + \vartheta k)k.$$

Man beachte, daß die partiellen Ableitungen alle in demselben Zwischenpunkt zu nehmen sind und daß in jeder Koordinate dieselbe Zahl $\vartheta$ vorkommt.

Wir erinnern an die Bemerkungen 3.1 und 3.2. Danach kann man (3.12) mit $\mathbf{x}$ statt $\mathbf{x}^{(0)}$ auf folgende Weise schreiben:

$$f(\mathbf{x}+\mathbf{h}) - f(\mathbf{x}) \approx \operatorname{grad} f(\mathbf{x}) \cdot \mathbf{h}, \quad \text{falls} \quad |\mathbf{h}| \quad \text{klein ist.}$$

Hiermit ist die Funktionswertdifferenz für betragsmäßig kleine Zuwachsvektoren $\mathbf{h}$ näherungsweise dargestellt. Im Unterschied dazu gibt (3.20) eine (für beliebige Vektoren $\mathbf{h}$ gültige) exakte Darstellung dieser Differenz, allerdings unter Verwendung einer Zahl $\vartheta$, von der man nur weiß, daß sie im Intervall $(0,1)$ liegt.

Wendet man Satz 3.3 auf zwei Punkte $\mathbf{x}_1, \mathbf{x}_2 \in D$ an, so erhält man aus (3.20) mit $\mathbf{x} = \mathbf{x}_1$ und $\mathbf{h} = \mathbf{x}_2 - \mathbf{x}_1$ bei Beachtung der Cauchy-Schwarzschen Ungleichung (1.6)

$$|f(\mathbf{x}_2) - f(\mathbf{x}_1)| \leq |\operatorname{grad} f(\mathbf{x}_1 + \vartheta(\mathbf{x}_2 - \mathbf{x}_1))| \cdot |\mathbf{x}_2 - \mathbf{x}_1|.$$

Damit ergibt sich der

---

**Satz 3.4**   *Es seien $D$ und $f$ wie in Satz 3.3 gegeben. Zu beliebigen Punkten $\mathbf{x}_1, \mathbf{x}_2 \in D$ gibt es dann eine Zahl $\vartheta$ mit $0 < \vartheta < 1$, so daß gilt*

$$|f(\mathbf{x}_2) - f(\mathbf{x}_1)| \leq |\mathbf{x}_2 - \mathbf{x}_1| \, |\operatorname{grad} f(\mathbf{x}_1 + \vartheta(\mathbf{x}_2 - \mathbf{x}_1))|.$$

---

Speziell liest man aus diesem Satz ab:

1. Gilt $\operatorname{grad} f(\mathbf{x}) = \mathbf{o}$ für alle $\mathbf{x} \in D$, dann ist $f$ auf $D$ konstant.

2. Es gebe eine Zahl $\lambda > 0$ mit $|\operatorname{grad} f(\mathbf{x})| \leq \lambda$ für alle $\mathbf{x} \in D$. Dann genügt $f$ auf $D$ einer Lipschitz[1]-Bedingung mit der Konstanten $\lambda$, d. h., es gilt

$$|f(\mathbf{x}_2) - f(\mathbf{x}_1)| \leq \lambda |\mathbf{x}_2 - \mathbf{x}_1| \quad \text{für alle} \quad \mathbf{x}_1, \mathbf{x}_2 \in D.$$

Lipschitz-Bedingungen werden u. a. benötigt, um gewisse Existenzaussagen für Lösungen von Differentialgleichungssystemen zu beweisen.

## 3.3  Anwendungen des totalen Differentials in der Fehlerrechnung

Wir führen analoge Überlegungen durch wie in [PFS]. Zunächst betrachten wir Funktionen von zwei unabhängigen Variablen. Eine Größe $z$ sei als Funktion

---

[1] Rudolf Lipschitz, 1832 - 1903, deutscher Mathematiker.

zweier Größen $x$ und $y$ zu berechnen: $z = f(x, y)$. Für $x$ und $y$ seien nur Näherungswerte $\tilde{x}$ und $\tilde{y}$ bekannt, so daß anstelle des exakten Wertes $z = f(x, y)$ auch nur der Näherungswert $\tilde{z} = f(\tilde{x}, \tilde{z})$ berechnet werden kann. Wir schreiben dann

$$x = \tilde{x} + \mathrm{d}x, \quad y = \tilde{y} + \mathrm{d}y \qquad (3.21)$$

und bezeichnen in diesem Zusammenhang $\mathrm{d}x$ und $\mathrm{d}y$ als *absolute Fehler*. Weiter seien zwei Schranken $h > 0$ bzw. $k > 0$ für die Fehler bekannt, d. h., es gelte

$$|\mathrm{d}x| \leq h \quad \text{bzw.} \quad |\mathrm{d}y| \leq k \qquad (3.22)$$

und somit

$$\tilde{x} - h \leq x \leq \tilde{x} + h \quad \text{und} \quad \tilde{y} - k \leq y \leq \tilde{y} + k, \qquad (3.23)$$

wofür wir (wie in der Praxis üblich) auch schreiben $x = \tilde{x} \pm h$ und $y = \tilde{y} \pm k$.

Gesucht ist nun eine obere Schranke für den absoluten Fehler

$$|\triangle z| = |z - \tilde{z}| = |f(x, y) - f(\tilde{x}, \tilde{y})| = |f(\tilde{x} + \mathrm{d}x, \tilde{y} + \mathrm{d}y) - f(\tilde{x}, \tilde{y})|. \qquad (3.24)$$

Sind $h$ und $k$ „klein", so sind nach (3.21) auch $\mathrm{d}x$ und $\mathrm{d}y$ „klein", und man kann die Funktionswertdifferenz (3.23) durch das zu der Stelle $(x, y)$ und den Zuwächsen $\mathrm{d}x$ und $\mathrm{d}y$ gehörige Differential von $f$ annähern. Man setzt also $|\triangle z| \approx |\mathrm{d}z|$ und erhält die Abschätzung [1]

$$\begin{aligned}
|\triangle z| \approx |\mathrm{d}z| &= |f_x(\tilde{x}, \tilde{y})\mathrm{d}x + f_y(\tilde{x}, \tilde{y})\mathrm{d}y| \leq |f_x(\tilde{x}, \tilde{y})| \cdot |\mathrm{d}x| + |f_y(\tilde{x}, \tilde{y})| \cdot |\mathrm{d}y| \\
&\leq |f_x(\tilde{x}, \tilde{y})| \cdot h + |f_y(\tilde{x}, \tilde{y})| \cdot k. \qquad (3.25)
\end{aligned}$$

Die Formel (3.25) ist zwar nur eine genäherte, aber sehr einfache und praktisch durchaus brauchbare Abschätzung für den absoluten Fehler von $\tilde{z}$. Anstelle des relativen Fehlers $\triangle z/z$ bzw. $\triangle z/\tilde{z}$ berechnet man in der Praxis dann auch die Größe $\mathrm{d}z/z$ bzw. $\mathrm{d}z/\tilde{z}$. Die Betrachtungen können sofort auf Funktionen von mehr als zwei unabhängigen Variablen ausgedehnt werden.

**Beispiel 3.12**    In einem Dreieck seien für die Seiten $a$ und $b$ und den eingeschlossenen Winkel $y$ die Näherungswerte $\tilde{a} = 84{,}3$ m, $\tilde{b} = 73{,}2$ m und $\tilde{y} = 48{,}6°$ (d. h. $\tilde{y} = 0{,}27\,\pi$) gemessen worden. Für die Meßfehler $\mathrm{d}a$, $\mathrm{d}b$ und $\mathrm{d}y$ soll gelten

$$|\mathrm{d}a| \leq h_1 = 0{,}1\mathrm{m}; \quad |\mathrm{d}b| \leq h_2 = 0{,}2\mathrm{m} \quad \text{und} \quad |\mathrm{d}y| \leq h_3 = 0{,}01 \cdot \frac{\pi}{9}.$$

---

[1] Der Praktiker hat in jedem Einzelfall zu überlegen, ob $|\mathrm{d}x|$ und $|\mathrm{d}y|$ hinreichend klein gemacht werden können, um die Ersetzung von $|\triangle z|$ durch $|\mathrm{d}z|$ zu rechtfertigen.

Gesucht ist eine Abschätzung des absoluten Fehlers für die Länge der dritten Seite $c$, die sich aus den angegebenen Werten ergibt. Nach dem Kosinussatz gilt

$$c = f(a, b, y) = \sqrt{a^2 + b^2 - 2ab \cos y}. \qquad (3.26)$$

Also ist

$$\begin{aligned}
\tilde{c} &= f(\tilde{a}, \tilde{b}, \tilde{y}) = \sqrt{\tilde{a}^2 + \tilde{b}^2 - 2\tilde{a}\tilde{b} \cos \tilde{y}} \\
&= \sqrt{(84,3)^2 + (73,2)^2 - 2(84,3)(73,2) \cos 0,27\pi} = 65,5. \qquad (3.27)
\end{aligned}$$

Für das zur Stelle $(\tilde{a}, \tilde{b}, \tilde{y})$ und den Zuwächsen $da, db, dy$ gehörige Differential gilt

$$\begin{aligned}
df(\tilde{a}, \tilde{b}, \tilde{y}) &= \frac{(2\tilde{a} - 2\tilde{b}\cos \tilde{y})da + (2\tilde{b} - 2\tilde{a}\cos \tilde{y})db + 2\tilde{a}\tilde{b}\sin \tilde{y}\,dy}{2\sqrt{\tilde{a}^2 - \tilde{b}^2 - 2\tilde{a}\tilde{b}\cos \tilde{y}}} \\
&= \frac{\tilde{a} - \tilde{b}\cos \tilde{y}}{\tilde{c}}da + \frac{\tilde{b} - \tilde{a}\cos \tilde{y}}{\tilde{c}}db + \frac{\tilde{a}\tilde{b}\sin \tilde{y}}{\tilde{c}}dy. \qquad (3.28)
\end{aligned}$$

Für den absoluten Fehler erhält man die Abschätzung

$$\begin{aligned}
|\Delta c| \approx |dc| &\leq \left| \frac{84,3 - 73,2\cos \tilde{y}}{65,5} \right| \cdot 0,1 + \left| \frac{73,2 - 84,3\cos \tilde{y}}{65,5} \right| \cdot 0,2 \\
&+ \left| \frac{84,3 \cdot 73,2\sin \tilde{y}}{65,5} \right| \cdot 0,01\frac{\pi}{9} \\
&= 0,055 + 0,053 + 0,246 = 0,354 < 0,4.
\end{aligned}$$

Für den wahren Wert $c$ besteht also praktisch die Ungleichung $|c - 65,5| < 0,4$, d. h.

$$65,5 - 0,4 < c < 65,5 + 0,4. \qquad (3.29)$$

Hierfür schreiben wir auch $c = 65,5 \pm 0,4$. Für den relativen Fehler gilt

$$\left| \frac{\Delta c}{\tilde{c}} \right| \approx \left| \frac{dc}{\tilde{c}} \right| < \frac{0,4}{65,5} = 0,0061 = 0,61\%. \qquad (3.30)$$

Für die relativen Fehler der Meßwerte hat man

$$\left| \frac{da}{\tilde{a}} \right| \leq \frac{0,1}{84,3} = 0,0012 = 0,12\%; \quad \left| \frac{db}{\tilde{b}} \right| = 0,0027 = 0,27\%;$$

$$\left| \frac{dy}{\tilde{y}} \right| \leq \frac{0,01}{2,43} = 0,0041 = 0,41\%.$$

Im folgenden Beispiel führen wir eine genauere Untersuchung durch. Bei der Abschätzung des Fehlers betrachten wir wieder das vollständige Differential der betreffenden Funktion; wir arbeiten dann aber nicht nur mit Abschätzungen für die Zuwachsgrößen der unabhängigen Variablen, sondern bestimmen auch Abschätzungen für die auftretenden partiellen Ableitungen. Wie mit dem Mittelwertsatz nachgewiesen werden kann, erhält man hierbei tatsächlich eine obere Schranke für den absoluten Fehler der betrachteten Funktion.

**Beispiel 3.13**  Bei einem konzentrischen (einadrigen) Ölkabel, dessen Außenleiter den inneren Radius $b = 1{,}75$ cm und dessen Innenleiter den Radius $a = 0{,}35$ cm hat, ist die maximale Feldstärke (am Innenleiter) durch

$$E = \frac{U}{a \ln \frac{b}{a}} = \frac{U}{a(\ln b - \ln a)} \tag{3.31}$$

mit dem Scheitelwert $U$ der Betriebsspannung gegeben. Gesucht ist der relative Fehler von $E$ für $U = 100$ kV, wenn die relativen Fehler von $a$ und $b$ mit je 1 % und von $U$ mit 2 % angesetzt werden. Es ist also $E$ eine Funktion der drei unabhängigen Variablen $U$, $a$ und $b : E = E(U, a, b)$. Nach der Voraussetzung über die relativen Fehler von $U, a, b$ ist die Funktion $E(U, a, b)$ zu betrachten in der Menge $B$ aller Punkte, für die gilt $100 - 2 \leq U \leq 100 + 2; 0,35 - 0, 0035 \leq a \leq 0,35 + 0,0035; 1,75 - 0,0175 \leq b \leq 1,75 + 0,0175$. Also ist $B$ die Menge aller Punkte mit

$$98 \leq U \leq 102, \ 0,3465 \leq a \leq 0,3535; \ 1,7325 \leq b \leq 1,7675. \tag{3.32}$$

Nun ist

$$\frac{\partial E}{\partial U} = \frac{1}{a(\ln b - \ln a)}; \ \frac{\partial E}{\partial a} \frac{U(1 - \ln b + \ln a)}{(a(\ln b - \ln a))^2}; \ \frac{\partial E}{\partial b} = \frac{U}{ab(\ln b - \ln a)^2}.$$

Für das vollständige Differential der Funktion $E(U, a, b)$ gilt dann

$$dE(U, a, b) = \frac{\partial E}{\partial U} dU + \frac{\partial E}{\partial a} da + \frac{\partial E}{\partial b} db. \tag{3.33}$$

Für alle auf der rechten Seite von (3.32) stehenden Größen werden obere Schranken - bezogen auf die Menge $B$ - angegeben. Wir lassen also alle Punkte zu, für die (3.31) gilt, und erhalten dann

$$|dU| \leq 2; \ \ |da| \leq 0,0035; \ \ |db| \leq 0,0175;$$

$$\left| \frac{\partial E}{\partial U} \right| \leq \frac{1}{0,3465(\ln 1,7325 - \ln 0,3535)} \leq 1,8158;$$

$$\left|\frac{\partial E}{\partial a}\right| \;\le\; \frac{102(-1 + \ln 1,7675 - \ln 0,3465)}{(0,3465(\ln 1,7325 - \ln 0,3535))^2} \le 204,9412;$$

$$\left|\frac{\partial E}{\partial b}\right| \;\le\; \frac{102}{0,3465 \cdot 1,7325(\ln 1,7325 - \ln 0,3535)^2} \le 68,6320.^{1)}$$

Dann gilt

$$
\begin{aligned}
|\triangle E| \approx |dE| \;&\le\; \left|\frac{\partial E}{\partial U}\right| \cdot |dU| + \left|\frac{\partial E}{\partial a}\right| \cdot |da| + \left|\frac{\partial E}{\partial b}\right| \cdot |db| \\
&\le\; 1,8158 \cdot 2 + 204,9412 \cdot 0,0035 + 68,6320 \cdot 0,0175 \\
&\le\; 5,5499.
\end{aligned}
$$

Mit den angegebenen Werten folgt ferner $\tilde{E} = 177,52$. Für den relativen Fehler erhält man somit die Abschätzung

$$\left|\frac{\triangle E}{\tilde{E}}\right| \le 0,03 = 3\%.$$

Nun soll die Fehlerfortpflanzung bei den Grundrechenoperationen untersucht werden. Zuerst betrachten wir die Summenoperation. Es seien $\tilde{x}_1, \ldots, \tilde{x}_n$ Näherungswerte für die $n$ reellen Zahlen $x_1, \ldots, x_n$. Dann ist $\tilde{z} = \tilde{x}_1 + \ldots + \tilde{x}_n$ ein Näherungswert für die Summe $z = x_1 + \ldots + x_n$. Für den absoluten Fehler $|z - \tilde{z}|$ ergibt sich unmittelbar mit der Dreiecksungleichung:

$$
\begin{aligned}
|z - \tilde{z}| \;&=\; |(x_1 - \tilde{x}_1) + \ldots + (x_n - \tilde{x}_n)| \\
&\le\; |x_1 - \tilde{x}_1| + \ldots + |x_n - \tilde{x}_n|.
\end{aligned}
$$

Der absolute Fehler der Summe von $n$ Zahlen ist also höchstens gleich der Summe der absoluten Fehler der $n$ Summanden.

Wir kommen zum Produkt $z = f(x, y) = xy$. Es seien $\tilde{x}$ und $\tilde{y}$ Näherungen für $x$ bzw. $y$ mit dem absoluten Fehler $x - \tilde{x} = dx$ bzw. $y - \tilde{y} = dy$. Mit dem vollständigen Differential $dz = df(\tilde{x}, \tilde{y}) = \tilde{y}dx + \tilde{x}dy$ erhält man für $\tilde{z} = \tilde{x}\tilde{y}$ (vgl. Beispiel 3.8):

$$|z - \tilde{z}| \approx |dz| = |\tilde{y}dx + \tilde{x}dy|.$$

---

$^{1)}$ Man hat darauf zu achten, daß der Zähler den größtmöglichen und der Nenner den kleinstmöglichen Wert annimmt. Weiter bemerken wir, daß Maßeinheiten bei der Rechnung aus Gründen der Übersichtlichkeit weggelassen wurden.

Der relative Fehler von $\tilde{z}$ ergibt sich hieraus zu

$$\left|\frac{z-\tilde{z}}{\tilde{z}}\right| \approx \left|\frac{\mathrm{d}z}{\tilde{z}}\right| = \left|\frac{\mathrm{d}x}{\tilde{x}} + \frac{\mathrm{d}y}{\tilde{y}}\right| \leq \left|\frac{\mathrm{d}x}{\tilde{x}}\right| + \left|\frac{\mathrm{d}y}{\tilde{y}}\right|. \tag{3.34}$$

Im Falle eines Produkts $z = xy$ ist also die Summe der relativen Fehler der einzelnen Faktoren eine genäherte obere Schranke für den relativen Fehler von $\tilde{z}$.

Schließlich untersuchen wir den Quotienten $z = f(x,y) = x/y$ zweier Zahlen $x, y \neq 0$. Mit dem vollständigen Differential

$$\mathrm{d}z = \mathrm{d}f(\tilde{x}, \tilde{y}) = \frac{\mathrm{d}x}{\tilde{y}} - \frac{\tilde{x}}{\tilde{y}^2}\mathrm{d}y$$

ergibt sich für $\tilde{z} = \tilde{x}/\tilde{y}$ :

$$|z - \tilde{z}| \approx |\mathrm{d}z| = \left|\frac{\mathrm{d}x}{\tilde{y}} - \frac{\tilde{x}}{\tilde{y}^2}\mathrm{d}y\right|$$

und daraus

$$\left|\frac{z-\tilde{z}}{\tilde{z}}\right| \approx \left|\frac{\mathrm{d}z}{\tilde{z}}\right| = \left|\frac{\mathrm{d}x}{\tilde{x}} - \frac{\mathrm{d}y}{\tilde{y}}\right| \leq \left|\frac{\mathrm{d}x}{\tilde{x}}\right| + \left|\frac{\mathrm{d}y}{\mathrm{d}\tilde{y}}\right|. \tag{3.35}$$

Näherungsweise ist somit auch der relative Fehler eines Quotienten höchstens gleich der Summe der relativen Fehler von Zähler und Nenner.

**Beispiel 3.14**  Nach dem Stokesschen Reibungsgesetz erfährt eine Kugel vom Radius $r$ beim Fallen in einer zähen Flüssigkeit von der Zähigkeit $\nu$ einen Reibungswiderstand vom Betrag $F = 6\pi\nu r v$. Dabei ist $v$ der Betrag der Fallgeschwindigkeit. Gesucht ist eine genäherte obere Schranke für den relativen Fehler von $F$, wenn der relative Fehler von $\nu$ bzw. $r$ bzw. $v$ höchstens 0,5 % bzw. 4,3% bzw. 2,7% beträgt.
Wir können (3.34) anwenden und erhalten

$$\left|\frac{\Delta F}{\tilde{F}}\right| \approx \left|\frac{\mathrm{d}F}{\tilde{F}}\right| \leq 0,5\% + 4,3\% + 2,7\% = 7,5\%.$$

**Aufgabe 3.4**  Für die Koordinaten des Punktes $P(x,y,z)$ wurden die Werte $\tilde{x} = 2,51$; $\tilde{y} = -1,72$; $\tilde{z} = 3,43$ gemessen. Gesucht ist der Abstand $r$ des Punktes $P$ vom Koordinatenursprung: $r = \sqrt{x^2 + y^2 + z^2}$. Wie groß ist der Näherungswert $\tilde{r}$ für $r$ und mit welchem absoluten und relativen Fehler muß man rechnen, wenn die Koordinaten $x$ und $y$ mit einer Genauigkeit von $\pm 0,02$ und die Koordinate $z$ mit einer Genauigkeit von $\pm 0,03$ bestimmt wurden?

## 3.4  Differentiale höherer Ordnung

Wir betrachten eine reelle Funktion $f : D \to \mathbb{R}$, wobei $D$ eine offene Teilmenge von $\mathbb{R}^2$ ist. Falls $f$ auf $D$ total differenzierbar ist, können wir für jeden Punkt $(x, y) \in D$ und jeden Zuwachs $(h, k) \in \mathbb{R}^2$ das totale Differential

$$\mathrm{d}f(x, y; h, k) = f_x(x, y)h + f_y(x, y)k \tag{3.36}$$

bilden. Wir denken uns nun die Koordinaten $h, k$ des Zuwachses fest gewählt und betrachten das totale Differential als Funktion von $x$ und $y$ allein:

$$F(x, y) := \mathrm{d}f(x, y; h, k).$$

Wir setzen zusätzlich voraus, daß $f$ auf $D$ stetige partielle Ableitungen zweiter Ordnung besitzt. Dann ist die Funktion $F$ auf $D$ stetig differenzierbar, und es gilt wegen (3.36)

$$\begin{aligned}
F_x(x, y) &= f_{xx}(x, y)h + f_{yx}(x, y)k, \\
F_y(x, y) &= f_{xy}(x, y)h + f_{yy}(x, y)k.
\end{aligned}$$

Nach Satz 3.1 ist $f_{xy}(x, y) = f_{yx}(x, y)$. Damit erhält man als totales Differential von $F$:

$$\begin{aligned}
\mathrm{d}F(x, y; h, k) &= F_x(x, y)h + F_y(x, y)k \\
&= f_{xx}(x, y)h^2 + 2f_{xy}(x, y)hk + f_{yy}(x, y)k^2. \tag{3.37}
\end{aligned}$$

Dabei haben wir *denselben* Zuwachs $(h, k)$ gewählt wie in (3.36). Man nennt $\mathrm{d}F(x, y; h, k)$ *Differential zweiter Ordnung* der Funktion $f$ im Punkt $(x, y)$ für den Zuwachs $(h, k)$ und schreibt dafür

$$\mathrm{d}^2 f(x, y; h, k) \quad \text{oder} \quad \mathrm{d}^2 f(x, y) \quad \text{oder} \quad \mathrm{d}^2 f.$$

Nach (3.37) gilt

$$\begin{aligned}
\mathrm{d}^2 f &= h^2 \frac{\partial^2 f(x, y)}{\partial x^2} + 2hk \frac{\partial^2 f(x, y)}{\partial x \partial y} + k^2 \frac{\partial^2 f(x, y)}{\partial y^2} \\
&= \left( h^2 \frac{\partial^2}{\partial x^2} + 2hk \frac{\partial^2}{\partial x \partial y} + k^2 \frac{\partial^2}{\partial y^2} \right) f(x, y). \tag{3.38}
\end{aligned}$$

Dabei haben wir nach dem zweiten Gleichheitszeichen die Funktion $f(x, y)$ „ausgeklammert". In der Klammer steht ein symbolischer Differentialoperator, dessen Anwendung auf die Funktion $f(x, y)$ durch die darüber stehende Zeile erklärt ist.

**Beispiel 3.15**   Für die Funktion $f(x,y) = x^3 e^{2y}, (x,y) \in \mathbb{R}^2$, gilt

$$\frac{\partial f(x,y)}{\partial x} = 3x^2 e^{2y}, \quad \frac{\partial f(x,y)}{\partial y} = 2x^3 e^{2y},$$

$$\frac{\partial^2 f(x,y)}{\partial x^2} = 6x e^{2y}, \quad \frac{\partial^2 f(x,y)}{\partial x \partial y} = 6x^2 e^{2y}, \quad \frac{\partial^2 f(x,y)}{\partial y^2} = 4x^3 e^{2y}.$$

Die Differentiale erster und zweiter Ordnung im Punkt $(x,y)$ für den Zuwachs $(h,k)$ ergeben sich daher zu

$$\begin{aligned}
\mathrm{d}f &= 3x^2 e^{2y} h + 2x^3 e^{2y} k, \\
\mathrm{d}^2 f &= 6x e^{2y} h^2 + 12x^2 e^{2y} hk + 4x^3 e^{2y} k^2.
\end{aligned}$$

Häufig bezeichnet man die Zuwächse von $x$ und $y$ mit $\mathrm{d}x$ bzw. $\mathrm{d}y$ statt mit $h$ bzw. $k$. In dieser Bezeichnung gilt also

$$\begin{aligned}
\mathrm{d}f &= 3x^2 e^{2y} \mathrm{d}x + 2x^3 e^{2y} \mathrm{d}y, \\
\mathrm{d}^2 f &= 6x e^{2y} \mathrm{d}x^2 + 12x^2 e^{2y} \mathrm{d}x\mathrm{d}y + 4x^3 e^{2y} \mathrm{d}y^2.
\end{aligned}$$

Dabei haben wir zugleich die für $(\mathrm{d}x)^2$ übliche Schreibweise $\mathrm{d}x^2$ angewendet.

Im Zusammenhang mit dem Klammerausdruck in (3.38) erinnern wir an die binomische Formel: Für beliebige reelle Zahlen $a, b$ gilt $a^2 + 2ab + b^2 = (a+b)^2$. Wendet man diese Gleichung auf (3.38) formal an, so kann man schreiben

$$\mathrm{d}^2 f = \left( h\frac{\partial}{\partial x} + k\frac{\partial}{\partial y} \right)^2 f(x,y). \tag{3.39}$$

Die Handhabung des Symbols $(\ldots)^2$ in (3.39) ergibt sich durch Vergleich mit (3.38): Man führt das Quadrieren nach der binomischen Formel aus, wobei man die Symbole $\partial, \partial x$ und $\partial y$ einzeln wie Zahlen behandelt. So gelangt man zu (3.38), und die Symbole erhalten wieder die Bedeutung „Bilden partieller Ableitungen". Der Vorteil von (3.39) gegenüber (3.38) ist die leichtere Überschaubarkeit. Dieser Vorteil wird bei Differentialen höherer als zweiter Ordnung noch deutlicher. Mann kann nämlich (sofern die Funktion $f$ entsprechende Differenzierbarkeitseigenschaften hat) das bisherige Vorgehen fortsetzen: Man betrachtet $\mathrm{d}^2 f = \mathrm{d}^2(x,y; h,k)$ als Funktion von $x, y$ allein und bildet davon das Differential zum selben Zuwachs $(h,k)$. So erhält man das Differential dritter Ordnung der Funktion $f$ usw. Nun kann man zeigen, daß allgemein das *Differential $\nu$-ter Ordnung* $(\nu = 1, 2, \ldots)$ der Funktion $f$ im Punkt $(x,y)$ für den Zuwachs $(h,k)$ in der Form

$$\mathrm{d}^\nu f = \left( h\frac{\partial}{\partial x} + k\frac{\partial}{\partial y} \right)^\nu f(x,y) \tag{3.40}$$

darstellbar ist. Dabei ist vorausgesetzt, daß die Funktion $f$ im Punkt $(x, y)$ stetige partielle Ableitungen $\nu$-ter Ordnung besitzt. Mit dem Zuwachs $(\mathrm{d}x, \mathrm{d}y)$ statt $(h, k)$ lautet (3.40)

$$\mathrm{d}^{\nu} f = \left( \mathrm{d}x \frac{\partial}{\partial x} + \mathrm{d}y \frac{\partial}{\partial y} \right)^{\nu} f(x, y).$$

Alles bisher Gesagte kann auf Funktionen von mehr als zwei unabhängigen Variablen übertragen werden. Das Differential $\nu$-ter Ordnung einer Funktion $f$ (von $n$ unabhängigen Variablen) im Punkt $(x_1, \ldots, x_n)$ für den Zuwachs $(h_1, \ldots, h_n)$ läßt sich darstellen in der Form

$$\mathrm{d}^{\nu} f = \left( h_1 \frac{\partial}{\partial x_1} + \ldots + h_n \frac{\partial}{\partial x_n} \right)^{\nu} f(x_1, \ldots, x_n).$$

So erhält man z. B. das Differential zweiter Ordnung einer Funktion $f$ von drei unabhängigen Variablen:

$$\begin{aligned}
\mathrm{d}^2 f &= \left( h_1 \frac{\partial}{\partial x_1} + h_2 \frac{\partial}{\partial x_2} + h_3 \frac{\partial}{\partial x_3} \right)^2 f(x_1, x_2, x_3) \\
&= f_{|11} h_1^2 + f_{|22} h_2^2 + f_{|33} h_3^2 \\
&\quad + 2 f_{|12} h_1 h_2 + 2 f_{|13} h_1 h_3 + 2 f_{|23} h_2 h_3.
\end{aligned}$$

Dabei sind alle partiellen Ableitungen an der Stelle $(x_1, x_2, x_3)$ zu bilden. Die hier formal eingeführten Differentiale höherer Ordnung werden sich bei der Darstellung der Taylor-Formel in Abschnitt 4.1 als nützlich erweisen.

Abschließend erwähnen wir, daß man auch *Ableitungen höherer Ordnung* definieren kann. Es sei $f : D \to \mathrm{I\!R}$ eine auf der offenen Teilmenge von $D$ von $\mathrm{I\!R}^n$ total differenzierbare Funktion. Man definiert nun für die Abbildung $\mathbf{x} \to f'(\mathbf{x})$, die jedem $\mathbf{x} \in D$ die lineare Abbildung $f'(\mathbf{x})$ zuordnet, in geeigneter Weise die totale Differenzierbarkeit in einem Punkt $\mathbf{x}^{(0)} \in D$; das ist mittels sogenannter bilinearer Funktionen möglich. Wir gehen darauf nicht ein.

**Aufgabe 3.5**  Man bilde das Differential $\mathrm{d}^2 f$ der Funktion $f(x, y) = \arctan \frac{x}{y}$ in einem beliebigen Punkt $(x, y) \in \mathrm{I\!R}^2$ mit $y > 0$ und für einen beliebigen Zuwachs $(\mathrm{d}x, \mathrm{d}y) \in \mathrm{I\!R}^2$.

## 3.5   Totale Differenzierbarkeit von Vektorfunktionen

Nun wollen wir den Begriff der totalen Differenzierbarkeit auf Vektorfunktionen übertragen. Wir erinnern daran: Totale Differenzierbarkeit soll bedeuten, daß die Funktionswertdifferenz durch eine bezüglich des Zuwachses lineare Funktion approximiert werden kann. Nach Satz 2.1 ist jede lineare Vektorfunktion $l : \mathbb{R}^n \to \mathbb{R}^m$ mit einer $(m,n)$-Matrix $\mathbf{A}$ in der Form $l(\mathbf{h}) = \mathbf{Ah}, \mathbf{h} \in \mathbb{R}^n$, darstellbar. Damit kommen wir zu der

---

**Definition 3.5**    *Gegeben sei eine Vektorfunktion* $\mathbf{f} : U \to \mathbb{R}^m$, *wobei* $U \subset \mathbb{R}^n$ *eine Umgebung der Stelle* $\mathbf{x}^{(0)} \in \mathbb{R}^n$ *ist. Die Funktion* $\mathbf{f}$ *heißt in* $\mathbf{x}^{(0)}$ *t o t a l   d i f f e r e n z i e r b a r (oder v o l l s t ä n d i g d i f f e r e n z i e r b a r), wenn eine relle* $(m,n)$-*Matrix* $\mathbf{A}$ *und eine Vektorfunktion* $\mathbf{r} : V \to \mathbb{R}^m$ *(*$V \subset \mathbb{R}^n$ *ist eine Umgebung von* $\mathbf{o} \in \mathbb{R}^n$*) so existieren, daß gilt*

$$\mathbf{f}(\mathbf{x}^{(0)} + \mathbf{h}) - \mathbf{f}(\mathbf{x}^{(0)}) = \mathbf{Ah} + \mathbf{r}(\mathbf{h}), \quad \mathbf{h} \in V, \tag{3.41}$$

$$\lim_{\mathbf{h} \to \mathbf{o}} \frac{\mathbf{r}(\mathbf{h})}{|\mathbf{h}|} = \mathbf{o}. \tag{3.42}$$

*Die durch*

$$\mathbf{f}'(\mathbf{x}^{(0)})(\mathbf{h}) := \mathbf{Ah}, \quad \mathbf{h} \in \mathbb{R}^n, \tag{3.43}$$

*definierte lineare Vektorfunktion* $\mathbf{f}'(\mathbf{x}^{(0)}) : \mathbb{R}^n \to \mathbb{R}^m$ *heißt A b l e i t u n g der Funktion* $f$ *an der Stelle* $\mathbf{x}^{(0)}$. *Der Vektor (in* $\mathbb{R}^m$*)*

$$\mathrm{d}\mathbf{f}(\mathbf{x}^{(0)}, \mathbf{h}) := \mathbf{f}'(\mathbf{x}^{(0)})(\mathbf{h}) = \mathbf{Ah}$$

*heißt   t o t a l e s   D i f f e r e n t i a l   (oder   v o l l s t ä n d i g e s D i f f e r e n t i a l) der Funktion* $\mathbf{f}$ *im Punkt* $\mathbf{x}^{(0)}$ *zum Zuwachs* $\mathbf{h}$.

---

Unser Ziel ist es nun, eine Berechnungsvorschrift für die Matrix $\mathbf{A}$ und damit für die Ableitung $\mathbf{f}'(\mathbf{x}^{(0)})$ zu entwickeln. Aus Gründen der Übersichtlichkeit betrachten wir zunächst den speziellen Fall $m = 2$, $n = 3$. Gegeben sei also eine Vektorfunktion

$$\mathbf{f}(\mathbf{x}) = \left[ \begin{array}{c} f_1(\mathbf{x}) \\ f_2(\mathbf{x}) \end{array} \right], \quad \mathbf{x} = (x_1, x_2, x_3) \in U, \tag{3.44}$$

wobei $U \subset \mathbb{R}^3$ eine Umgebung der Stelle $\mathbf{x}^{(0)} \in \mathbb{R}^3$ ist. Wir setzen voraus, daß die Funktion $\mathbf{f}$ in $\mathbf{x}^{(0)}$ total differenzierbar ist, daß also eine Matrix

$$\mathbf{A} = \left[ \begin{array}{ccc} a_{11} & a_{12} & a_{13} \\ a_{21} & a_{22} & a_{23} \end{array} \right]$$

so existiert, daß (3.41) und (3.42) gilt. Schreibt man diese Formeln koordinatenweise auf, so erhält man für $i = 1, 2$ und mit $\mathbf{h} = (h_1, h_2, h_3) \in V$

$$f_i(\mathbf{x}^{(0)} + \mathbf{h}) - f_i(\mathbf{x}^{(0)}) = (a_{i1}h_1 + a_{i2}h_2 + a_{i3}h_3) + r_i(\mathbf{h}),$$
$$\lim_{\mathbf{h} \to \mathbf{o}} \frac{r_i(\mathbf{h})}{|\mathbf{h}|} = 0.$$

Daraus folgt, daß die reelle Funktion $f_i$ in $\mathbf{x}^{(0)}$ total differenzierbar ist und

$$f_i'(\mathbf{x}^{(0)})(\mathbf{h}) = a_{i1}h_1 + a_{i2}h_2 + a_{i3}h_3, \quad \mathbf{h} \in \mathbb{R}^3,$$

gilt. Nach Satz 3.2 (a) ist andererseits aber

$$f_i'(\mathbf{x}^{(0)})(\mathbf{h}) = f_{i|1}(\mathbf{x}^{(0)})h_1 + f_{i|2}(\mathbf{x}^{(0)})h_2 + f_{i|3}(\mathbf{x}^{(0)})h_3, \quad \mathbf{h} \in \mathbb{R}^3.$$

Setzt man für $\mathbf{h}$ nun nacheinander die Grundvektoren $\mathbf{e}_1, \mathbf{e}_2, \mathbf{e}_3$ ein, so führt ein Vergleich der rechten Seiten dieser Gleichungen auf $a_{ik} = f_{i|k}(\mathbf{x}^{(0)})$ für $i = 1, 2$ und $k = 1, 2, 3$. Die Matrix $\mathbf{A}$ ergibt sich somit zu

$$\mathbf{A} = \left[ \begin{array}{ccc} f_{1|1} & f_{1|2} & f_{1|3} \\ f_{2|1} & f_{2|2} & f_{2|3} \end{array} \right]_{\mathbf{x}^{(0)}}.$$

Diese Matrix heißt *Funktionalmatrix* oder *Jacobi*[1]*-Matrix* der durch (3.44) dargestellten Vektorfunktion $\mathbf{f}$ an der Stelle $\mathbf{x}^{(0)}$. Der Index $\mathbf{x}^{(0)}$ an der Matrix soll andeuten, daß alle partiellen Ableitungen $f_{i|k}$ an der Stelle $\mathbf{x}^{(0)}$ zu berechnen sind. Mit dieser Matrix ist die Ableitung $\mathbf{f}'(\mathbf{x}^{(0)})$ gemäß (3.43) darstellbar.

Die gleichen Überlegungen kann man für beliebige natürliche Zahlen $m$ und $n$ durchführen, womit sich die Aussage (a) des folgenden Satzes ergibt. Die Aussage (b) erhält man entsprechend, indem man Satz 3.2 (b) heranzieht. Gegeben sei also eine Vektorfunktion

$$\mathbf{f}(x) = \left[ \begin{array}{c} f_1(\mathbf{x}) \\ f_2(\mathbf{x}) \\ \vdots \\ f_m(\mathbf{x}) \end{array} \right], \quad \mathbf{x} = (x_1, x_2, \ldots, x_n) \in U. \tag{3.45}$$

---

[1] Carl Gustav Jacob Jacobi, 1804 - 1851, deutscher Mathematiker.

---

**Satz 3.5**  *Die Vektorfunktion* $\mathbf{f} : U \to \mathbb{R}^m$ *sei gemäß* (3.45) *dargestellt; dabei sei* $U \subset \mathbb{R}^n$ *eine offene Umgebung der Stelle* $\mathbf{x}^{(0)} \in \mathbb{R}^n$.

(a) *Ist* $f$ *in* $\mathbf{x}^{(0)}$ *total differenzierbar, so existieren die partiellen Ableitungen* $f_{i|k}(\mathbf{x}^{(0)})$ *für* $i = 1, 2, \ldots, m$ *und* $k = 1, 2, \ldots, n$, *und für jedes* $\mathbf{h} = (h_1, h_2, \ldots, h_n) \in \mathbb{R}^n$ *gilt*

$$
\mathbf{f}'(\mathbf{x}^{(0)})(\mathbf{h}) = \begin{bmatrix} f_{1|1} & f_{1|2} \cdots f_{1|n} \\ f_{2|1} & f_{2|2} \cdots f_{2|n} \\ \vdots & \\ f_{m|1} & f_{m|2} \cdots f_{m|n} \end{bmatrix}_{\mathbf{x}^{(0)}} \begin{bmatrix} h_1 \\ h_2 \\ \vdots \\ h_n \end{bmatrix}. \tag{3.46}
$$

(b) *Sind die partiellen Ableitungen* $f_{i|k}(\mathbf{x})$ *für* $i = 1, 2, \ldots, m$ *und* $k = 1, 2, \ldots, n$ *sowie für alle* $\mathbf{x} \in U$ *vorhanden und in* $\mathbf{x}^{(0)}$ *stetig, dann ist* $f$ *in* $\mathbf{x}^{(0)}$ *total differenzierbar, und für jedes* $\mathbf{h} \in \mathbb{R}^n$ *gilt* (3.46).

---

**Beispiel 3.16**  Das Geschwindigkeitsfeld einer stationären Flüssigkeitsströmung sei gegeben durch

$$
\mathbf{v}(\mathbf{x}) = \begin{bmatrix} v_1(\mathbf{x}) \\ v_2(\mathbf{x}) \\ v_3(\mathbf{x}) \end{bmatrix} = \begin{bmatrix} x_1^2 - x_3 \\ x_3 \sin x_2 \\ x_1 - x_2 \end{bmatrix}, \quad \mathbf{x} = (x_1, x_2, x_3) \in G.
$$

Dabei sei $G$ ein Gebiet in $\mathbb{R}^3$, das den durchströmten Raum beschreibt. Die partiellen Ableitungen $v_{i|k}$ der Geschwindigkeitskoordinaten $v_i$ sind in $G$ sämtlich vorhanden und stetig. Nach Satz 3.5 (b) ist $\mathbf{v}$ also in jedem Punkt $\mathbf{x} \in G$ total differenzierbar, und für jedes $\mathbf{h} = (h_1, h_2, h_3) \in \mathbb{R}^3$ gilt

$$
\mathbf{v}'(\mathbf{x})(\mathbf{h}) = \begin{bmatrix} 2x_1 & 0 & -1 \\ 0 & x_3 \cos x_2 & \sin x_2 \\ 1 & -1 & 0 \end{bmatrix} \begin{bmatrix} h_1 \\ h_2 \\ h_3 \end{bmatrix}.
$$

Geht man von dem Raumpunkt $\mathbf{x}^{(0)} = (3, \pi, 2)$ (der zu $G$ gehören möge) durch eine Ortsveränderung $\triangle \mathbf{x} = (\triangle x_1, \triangle x_2, \triangle x_3)$ zu einem Punkt $\mathbf{x}^{(0)} + \triangle \mathbf{x}$, so ändert sich das Geschwindigkeitsfeld um $\triangle \mathbf{v} = \mathbf{v}(\mathbf{x}^{(0)} + \triangle \mathbf{x}) - \mathbf{v}(\mathbf{x}^{(0)})$. Ist $|\triangle \mathbf{x}|$ „klein", so wird $\triangle \mathbf{v}$ näherungsweise durch das totale Differential $d\mathbf{v} = \mathbf{v}'(\mathbf{x}^{(0)})(\triangle \mathbf{x})$ beschrieben:

$$
\triangle \mathbf{v} \approx d\mathbf{v} = \begin{bmatrix} 6 & 0 & -1 \\ 0 & -2 & 0 \\ 1 & -1 & 0 \end{bmatrix} \begin{bmatrix} \triangle x_1 \\ \triangle x_2 \\ \triangle x_3 \end{bmatrix} = \begin{bmatrix} 6\triangle x_1 - \triangle x_3 \\ -2\triangle x_2 \\ \triangle x_1 - \triangle x_2 \end{bmatrix}.
$$

# 3.6   Die verallgemeinerte Kettenregel

Die Kettenregel für die Differentiation zusammengesetzter Funktionen soll nun auf Funktionen von mehreren Variablen ausgedehnt werden. Zusammengesetzte Funktionen wurden im Abschnitt 2.2 kurz betrachtet.

Gegeben sei eine Funktion $f(x,y)$. Durch Einsetzen von $x = g_1(u,v)$ und $y = g_2(u,v)$ wollen wir eine zusammengesetzte Funktion

$$F(u,v) := f(g_1(u,v), g_2(u,v)) \qquad (3.47)$$

bilden. Dazu müssen wir die Vorgaben präzisieren. Die reellen Funktionen $g_1$ und $g_2$ seien in einer Umgebung $V \subset \mathbb{R}^2$ der Stelle $(u_0, v_0) \in \mathbb{R}^2$ definiert. Weiter sei $x_0 = g_1(u_0, v_0)$ und $y_0 = g_2(u_0, v_0)$, und $U \subset \mathbb{R}^2$ sei eine Umgebung von $(x_0, v_0)$. Die reelle Funktion $f$ sei in $U$ definiert. Für alle $(u,v) \in V$ gelte $(g_1(u,v), g_2(u,v)) \in U$. Dann ist durch (3.47) eine Funktion $F : V \to \mathbb{R}$ definiert. Mit Hilfe der Vektorfunktion

$$\mathbf{g}(u,v) = \begin{bmatrix} g_1(u,v) \\ g_2(u,v) \end{bmatrix}, \qquad (u,v) \in V,$$

kann man statt (3.47) auch $F(u,v) = f(\mathbf{g}(u,v))$ schreiben.

Mit diesen Erklärungen gilt der folgende Satz, dessen Beweis wir übergehen.

---

**Satz 3.6**     *Ist $\mathbf{g}$ in $(u_0, v_0)$ und $f$ in $(x_0, v_0)$ total differenzierbar, dann ist $F$ in $(u_0, v_0)$ total differenzierbar, und für alle $(h,k) \in \mathbb{R}^2$ gilt die verallgemeinerte Kettenregel*

$$\begin{aligned}
F'(u_0, v_0)(h,k) &= f'(x_0, y_0)(\mathbf{g}'(u_0, v_0)(h,k)) \\
&= [f_x, f_y]_{(x_0, y_0)} \begin{bmatrix} g_{1|1} & g_{1|2} \\ g_{2|1} & g_{2|2} \end{bmatrix}_{(u_0, v_0)} \begin{bmatrix} h \\ k \end{bmatrix}. \qquad (3.48)
\end{aligned}$$

---

Die tiefgestellten Vektoren sollen wieder die Stelle andeuten, an der die Elemente der Funktionalmatrizen jeweils zu berechnen sind. Der Term nach dem zweiten Gleichheitszeichen ist ein Produkt dreier Matrizen. Andererseits gilt nach Satz 3.2 für alle $(h,k) \in \mathbb{R}^2$

$$F'(u_0, v_0)(h,k) = [F_u, f_y]_{(u_0, v_0)} \begin{bmatrix} h \\ k \end{bmatrix}. \qquad (3.49)$$

Vergleicht man (3.48) und (3.49) zum einen für $h = 1$, $k = 0$ und zum anderen für $h = 0$, $k = 1$, so erhält man

$$F_u = f_x g_{1|1} + f_y g_{2|1} = \frac{\partial f}{\partial x} \frac{\partial x}{\partial u} + \frac{\partial f}{\partial y} \frac{\partial y}{\partial u},$$

$$F_v \; = \; f_x g_{1|2} + f_y g_{2|2} = \frac{\partial f}{\partial x}\frac{\partial x}{\partial v} + \frac{\partial f}{\partial y}\frac{\partial y}{\partial v}. \tag{3.50}$$

*Die Funktionalmatrix von $F$ ist also das Produkt der Funktionalmatrizen von $f$ und $g$.*

**Beispiel 3.17**   Es sei $f(x,y) = x^2 + y^2$ sowie $x = g_1(u,v) = u + v$, $y = g_2(u,v) = u - v$. Dann gilt $F(u,v) = (u+v)^2 + (u-v)^2 = 2u^2 + 2y^2$. Nach (3.47) ist

$$F'(u,v)(h,k) = (2x\,2y) \begin{bmatrix} 1 & 1 \\ 1 & -1 \end{bmatrix} = (2x + 2y \; 2x - 2y) \begin{bmatrix} h \\ k \end{bmatrix}.$$

Hieraus oder aus (3.50) liest man ab:

$$\begin{aligned} F_u &= 2x + 2y = 2(u + v + u - v) = 4u, \\ F_v &= 2x - 2y = 2(u + v - u + v) = 4v, \end{aligned}$$

was man mittels $F(u,v) = 2u^2 + 2v^2$ auch direkt bestätigen kann.

Das folgende Beispiel zeigt, wie man die Ableitung von zusammengesetzten Funktionen bei denen nicht alle „Bestandteile" explizit gegeben sind, mit der verallgemeinerten Kettenregel ermitteln kann.

**Beispiel 3.18**    Gesucht ist die Ableitung der Funktion

$$F(u,v) = g_1(u,v) \cdot g_2(u,v),$$

wobei $g_1$ und $g_2$ in einem Gebiet $G \subset \mathbb{R}^2$ total differenzierbare reelle Funktionen sind. Mit $f(x,y) = x \cdot y$, $x = g_1(u,v)$, $y = g_2(u,v)$ gilt $F(u,v) = f(g_1(u,v), g_2(u,v))$, so daß auf $F$ die verallgemeinerte Kettenregel anwendbar ist. Danach ist $F$ für alle $(u,v) \in G$ total differenzierbar, und für alle $(h,k) \in \mathbb{R}^2$ gilt

$$\begin{aligned} F'(u,v)(h,k) &= (y\,x) \begin{bmatrix} g_{1|1} & g_{1|2} \\ g_{2|1} & g_{2|2} \end{bmatrix} \begin{bmatrix} h \\ k \end{bmatrix} \\ &= \left[ g_2 \frac{\partial g_1}{\partial u} + g_1 \frac{\partial g_2}{\partial u}, \; g_2 \frac{\partial g_1}{\partial v} + g_1 \frac{\partial g_2}{\partial v} \right] \begin{bmatrix} h \\ k \end{bmatrix} \\ &= (g_2 \mathrm{grad} g_1 + g_1 \mathrm{grad} g_2) \cdot (h,k). \end{aligned}$$

Das ist eine *verallgemeinerte Produktregel*. Man vergleiche die entsprechende Produktregel für Gradienten am Ende von Abschnitt 3.1.

Im allgemeinen Fall sind Vektorfunktionen

$$
\mathbf{f}(\mathbf{x}) \;=\; \begin{bmatrix} f_1(x_1,\ldots,x_n) \\ \vdots \\ f_m(x_1,\ldots,x_n) \end{bmatrix}, \qquad \mathbf{x}=(x_1,\ldots,x_n),
$$

$$
\mathbf{g}(\mathbf{u}) \;=\; \begin{bmatrix} g_1(u_1,\ldots,u_s) \\ \vdots \\ g_n(u_1,\ldots,u_s) \end{bmatrix}, \qquad \mathbf{u}=(u_1,\ldots,u_s),
$$

gegeben. Setzt man $x_k = g_k(u_1,\ldots,u_s) = g_k(\mathbf{u})$ für $k = 1,\ldots,n$ in das Argument von $\mathbf{f}$ ein, so erhält man die zusammengesetzte Funktion

$$
\mathbf{F}(\mathbf{u}) := \mathbf{f}(\mathbf{g}(\mathbf{u})) = \begin{bmatrix} f_1(g_1(\mathbf{u}),\ldots,g_n(\mathbf{u})) \\ \vdots \\ f_m(g_1(\mathbf{u}),\ldots,g_n(\mathbf{u})) \end{bmatrix}.
$$

(3.47) ist hierin als Spezialfall $m = 1, n = 2, s = 2$ enthalten. Unter analogen Präzisierungen und Voraussetzungen wie in diesem Spezialfall gilt dann die *verallgemeinerte Kettenregel:* Für jedes $\mathbf{h} = (h_1,\ldots,h_s) \in \mathbb{R}^s$ ist

$$
\mathbf{F}'(\mathbf{u}^{(0)})(\mathbf{h}) = \mathbf{f}'(\mathbf{x}^{(0)})(\mathbf{g}'(\mathbf{u}^{(0)})(\mathbf{h}))
$$

$$
= \begin{bmatrix} f_{1|1} & f_{1|2}\cdots f_{1|n} \\ f_{2|1} & f_{2|2}\cdots f_{2|n} \\ \vdots & \\ f_{m|1} & f_{m|2}\cdots f_{m|n} \end{bmatrix}_{\mathbf{x}^{(0)}} \begin{bmatrix} g_{1|1} & g_{1|2}\cdots g_{1|s} \\ g_{2|1} & g_{2|2}\cdots g_{2|s} \\ \vdots & \\ g_{n|1} & g_{n|2}\cdots g_{n|s} \end{bmatrix}_{\mathbf{u}^{(0)}} \begin{bmatrix} h_1 \\ h_2 \\ \vdots \\ h_s \end{bmatrix}; \qquad (3.51)
$$

hierbei ist $\mathbf{x}^{(0)} := \mathbf{g}(\mathbf{u}^{(0)})$.

Setzt man $F_i(u_1,\ldots,u_s) := f_i(g_1(\mathbf{u}),\ldots,g_n(\mathbf{u}))$, so ist

$$
\mathbf{F}(\mathbf{u}) = \begin{bmatrix} F_1(u_1,\ldots,u_s) \\ \vdots \\ F_m(u_1,\ldots,u_s) \end{bmatrix}.
$$

Aus (3.51) ergibt sich in Verallgemeinerung von (3.50) für alle partiellen Ableitungen der $F_i$ für $i = 1,\ldots,m$ und $j = 1,\ldots,s$ :

$$
F_{i|j} = \sum_{k=1}^{n} f_{i|k}\, g_{k|j} \quad \text{oder} \quad \frac{\partial F_i}{\partial u_j} = \sum_{k=1}^{n} \frac{\partial f_i}{\partial x_k}\frac{\partial x_k}{\partial u_j}.
$$

Wir bezeichnen die Funktion $\mathbf{F}$ nun mit $\mathbf{f} \circ \mathbf{g}$ (lies „$\mathbf{f}$ nach $\mathbf{g}$"), d. h., wir setzen $(\mathbf{f} \circ \mathbf{g})(\mathbf{u}) := \mathbf{f}(\mathbf{g}(\mathbf{u}))$. In (3.51) steht dann analog die zusammengesetzte Abbildung $\mathbf{f}'(\mathbf{x}^{(0)}) \circ \mathbf{g}'(\mathbf{u}^{(0)})$ (angewendet auf $\mathbf{h}$). Man kann also die erste Gleichung in (3.51) in folgender einprägsamer Form schreiben:

$$(\mathbf{f} \circ \mathbf{g})'(\mathbf{u}^{(0)}) = \mathbf{f}'(\mathbf{x}^{(0)}) \circ \mathbf{g}'(\mathbf{u}^{(0)}).$$

Diese Formel hat die gleiche Struktur wie die gewöhnliche Kettenregel für Funktionen von einer unabhängigen Variablen. Man beachte, daß das Symbol $\circ$ *nicht* „Multiplikation" sondern „Nacheinanderanwenden der jeweiligen Abbildungen" bedeutet.

**Beispiel 3.19**   Für das Potential zweier Punktladungen (s. Beispiel 2.5)

$$\varphi \;=\; \frac{1}{4\pi\varepsilon_0}\left(\frac{Q_1}{r_1} + \frac{Q_2}{r_2}\right) \text{ mit } r_1 = \sqrt{(x-1)^2 + y^2 + z^2}$$
$$\text{und } r_2 = \sqrt{x^2 + (y-1)^2 + z^2}$$

ist die Feldstärke $\mathbf{E} = -\mathrm{grad}\,\varphi$ im Punkte $P_0(0,0,0)$ gesucht. Zur Lösung bilden wir $\mathrm{grad}\,\varphi = \frac{\partial\varphi}{\partial x}\mathbf{e}_1 + \frac{\partial\varphi}{\partial y}\mathbf{e}_2 + \frac{\partial\varphi}{\partial z}\mathbf{e}_3 = \varphi_x\mathbf{e}_1 + \varphi_y\mathbf{e}_2 + \varphi_z\mathbf{e}_3$ und dazu nach der verallgemeinerten Kettenregel

$$\varphi_x \;=\; \frac{\partial\varphi}{\partial r_1}\frac{\partial r_1}{\partial x} + \frac{\partial\varphi}{\partial r_2}\frac{\partial r_2}{\partial x},$$

$$\varphi_y \;=\; \frac{\partial\varphi}{\partial r_1}\frac{\partial r_1}{\partial y} + \frac{\partial\varphi}{\partial r_2}\frac{\partial r_2}{\partial y},$$

$$\varphi_z \;=\; \frac{\partial\varphi}{\partial r_1}\frac{\partial r_1}{\partial z} + \frac{\partial\varphi}{\partial r_2}\frac{\partial r_2}{\partial z}.$$

Da alle Größen $\varphi_x, \ldots, \varphi_z$ nur an der Stelle $P_0(0,0,0)$ benötigt werden, berechnen wir die erforderlichen Hilfsgrößen $\frac{\partial\varphi}{\partial r_1}$, $\frac{\partial r_1}{\partial x}$ für diese Stelle. Es gilt dann $x = y = z = 0$ und $r_1 = r_2 = 1$, und daher ist

$$\frac{\partial\varphi}{\partial r_1} = \frac{-Q_1}{4\pi\varepsilon_0}\cdot\frac{1}{r_1^2} = \frac{-Q_1}{4\pi\varepsilon_0}; \qquad \frac{\partial\varphi}{\partial r_2} = \frac{-Q_2}{4\pi\varepsilon_0}\cdot\frac{1}{r_2^2} = \frac{-Q_2}{4\pi\varepsilon_0};$$

$$\frac{\partial r_1}{\partial x} = \frac{x-1}{r_1} = -1; \qquad \frac{\partial r_2}{\partial x} = \frac{x}{r_2} = 0;$$

$$\frac{\partial r_1}{\partial y} = \frac{y}{r_1} = 0; \qquad \frac{\partial r_2}{\partial y} = \frac{y-1}{r_2} = -1;$$

$$\frac{\partial r_1}{\partial z} = \frac{z}{r_1} = 0; \qquad \frac{\partial r_2}{\partial z} = \frac{z}{r_2} = 0.$$

Daraus folgt $\varphi_x(0,0,0) = \frac{Q_1}{4\pi\varepsilon_0}$;  $\varphi_2(0,0,0) = 0$. Die gesuchte Feldstärke ist daher gleich $\mathbf{E} = \frac{1}{4\pi\varepsilon_0}(Q_1\mathbf{e}_1 + Q_2\mathbf{e}_2)$. Wie läßt sich dieses Ergebnis physikalisch deuten?

Die Notwendigkeit für die Benutzung der verallgemeinerten Kettenregel wird dann besonders deutlich, wenn die Ableitungen einer zunächst nicht näher bestimmten Funktion auf neue unabhängige Variablen umgerechnet werden sollen. Ist z. B. $f(x,y)$ eine bekannte (nicht näher festgelegte) hinreichend oft differenzierbare Funktion der unabhängigen Variablen $x$ und $y$ und werden anstelle dieser unabhängigen Variablen durch die Beziehungen $x = r\cos\varphi, y = r\sin\varphi$ neue unabhängige Variablen $r$ und $\varphi$ eingeführt (also Polarkoordinaten, s. dazu 2.3), so erhalten wir eine zusammengesetzte Funktion $F(r,\varphi) = f(r\cos\varphi; r\sin\varphi)$, für die in entsprechenden Punkten $(x,y)$ und $(r,\varphi)$ die Gleichung $F(r,\varphi) = f(x,y)$ gilt.

Es werde z. B. die partielle Ableitung $\dfrac{\partial^2 F}{\partial r^2}$ gesucht. Nach der verallgemeinerten Kettenregel gilt

$$\frac{\partial F}{\partial r} = f_{|1} \cdot \frac{\partial x}{\partial r} + f_{|2} \cdot \frac{\partial y}{\partial r}, \quad \text{also} \quad \frac{\partial F}{\partial r} = f_{|1}\cos\varphi + f_{|2}\sin\varphi$$

und weiter wird, wieder nach der verallgemeinerten Kettenregel,

$$\begin{aligned}
\frac{\partial^2 F}{\partial r^2} &= \left(f_{|11} \cdot \frac{\partial x}{\partial r} + f_{|12} \cdot \frac{\partial y}{\partial r}\right)\cos\varphi + \left(f_{|21} \cdot \frac{\partial x}{\partial r} + f_{|22} \cdot \frac{\partial y}{\partial r}\right)\sin\varphi \\
&= f_{|11}\cos^2\varphi + f_{|12}\sin\varphi\cos\varphi + f_{|21}\cos\varphi\sin\varphi + f_{|22}\sin^2\varphi \\
&= f_{|11}\cos^2\varphi + 2f_{|12}\sin\varphi\cos\varphi + f_{|22}\sin^2\varphi \quad \text{oder schließlich} \\
\frac{\partial^2 F}{\partial r^2} &= f_{|11}\cos^2\varphi + f_{|12}\sin 2\varphi + f_{|22}\sin^2\varphi.
\end{aligned}$$

Wesentlich ist nun, daß auf der rechten Seite der letzten Gleichung die partiellen Ableitungen einer ganz beliebigen (zweimal partiell differenzierbaren) Funktion $f(x,y)$ auftreten. Die verallgemeinerte Kettenregel verhilft uns hier zu einem allgemeingültigen Ausdruck, der die Rechnung für Spezialfälle vereinfacht und abkürzt.

Ist z. B. $f(x,y) = x^2 + y^2 + y^3$, so gilt $f_{|12} = 2, f_{|12} = 0, f_{|22} = 2 + 6y$ und somit wegen $y = r\sin\varphi$

$$\frac{\partial^2 F}{\partial r^2} = 2\cos^2\varphi + (2 + 6r\sin\varphi)\sin^2\varphi.$$

Man beachte, daß für die Variablen $x$ und $y$ überall die durch $r$ und $\varphi$ gegebenen Ausdrücke eingesetzt werden müssen.

Wir betrachten noch ein zweites Beispiel. Es seien $P_1(x_1, y_1, z_1)$ und $P_2(x_2, y_2, z_2)$ zwei verschiedene Punkte des $\mathbb{R}^3$ mit den Ortsvektoren $\mathbf{r}_1$ und $\mathbf{r}_2$. Mit $\mathbf{r} = x\mathbf{e}_2 + y\mathbf{e}_2 + z\mathbf{e}_3$, dem Ortsvektor eines (variablen) Punktes in $\mathbb{R}^3$, bilden wir die Abstände

$$r_1 = |\mathbf{r} - \mathbf{r}_1| \qquad \text{und} \qquad r_2 = |\mathbf{r} - \mathbf{r}_2|.$$

Es sei $f(u, v)$ eine für $(u, v) \in \mathbb{R}^2$ zweimal stetig differenzierbare Funktion. Wenn wir für $u$ den Wert $r_1$, für $v$ den Wert $r_2$ in $f(u, v)$ einsetzen, erhalten wir eine zusammengesetzte Funktion $h(y, x, z) = f(r_1, r_2)$. Wir stellen uns die Aufgabe, den Ausdruck $\triangle h = h_{|11} + h_{|22} + h_{|33}$ zu berechnen. Nach der Kettenregel erhalten wir:

$$h_{|1} = f_{|1}\mathbf{r}_{1|1} + f_{|2}\mathbf{r}_{2|1} \quad \text{und} \quad h_{|11} = f_{|11} \cdot \mathbf{r}_{1|1}^2 + f_{|12}\mathbf{r}_{1|1}\mathbf{r}_{2|1} + f_{|21}\mathbf{r}_{1|1}\mathbf{r}_{2|1}$$
$$+ f_{|22}\mathbf{r}_{2|1}^2 + f_{|1}\mathbf{r}_{1|11} + f_{|2}\mathbf{r}_{2|11}.$$

Ferner gilt wegen $r_1 = ((x - x_1)^2 + (y - y_1)^2 + (z - z_1)^2)^{\frac{1}{2}}$ :

$$r_{1|1} = \tfrac{x - x_1}{r_1}; \quad r_{1|11} = \tfrac{1}{r_1^3}(r_1^2 - (x - x_1)^2);$$

$$r_{1|2} = \tfrac{y - y_1}{r_1}; \quad r_{1|3} = \tfrac{z - z_1}{r_1};$$

entsprechende Ausdrücke erhalten wir für $h_{|22}$ und $h_{|33}$ sowie $r_{1|22}, r_{1|33}, r_{2|1}, r_{2|2}, r_{2|3}, r_{2|11}, r_{2|33}$. Die Zusammenfassung von $h_{|11}, h_{|22}$ und $h_{|33}$ im Ausdruck $\triangle h$ ergibt (wegen $f_{|12} = f_{|21}$)

$$\begin{aligned}
\triangle h &= f_{|11}(r_{1|1}^2 + r_{1|2}^2 + r_{1|3}^2) + 2f_{|12}(r_{1|1} + r_{2|1} + r_{1|2}r_{2|2} + r_{1|3}r_{2|3}) \\
&\quad f_{|22}(r_{2|1}^2 + r_{2|2}^2 + r_{2|3}^2) + f_{|1}(r_{1|11} + r_{1|22} + r_{1|33}) + f_{|2}(r_{2|11} + r_{2|22} + r_{2|33}) \\
&= f_{|11} + \frac{2f_{|12}}{r_1 r_2}[(x - x_1)(x - x_2) + (y - y_1)(y - y_2) + (z - z_1)(z - z_2)] \\
&\quad + f_{|22} + \frac{2}{r_1}f_{|1} + \frac{2}{r_2}f_{|2}.
\end{aligned}$$

Eine einfache Rechnung zeigt, daß das Ergebnis auch in der Form

$$\triangle h = f_{|11} + f_{|22} + f_{|12}\left(\frac{r_1}{r_2} + \frac{r_2}{r_1} - \frac{|\mathbf{r}_1 - \mathbf{r}_2|^2}{r_1 r_2}\right) + \frac{2}{r_1}f_{|1} + \frac{2}{r_2}f_{|2}$$

geschrieben werden kann.

**Aufgabe 3.6**  Mittels der verallgemeinerten Kettenregel berechne man die erste Ableitung $\dot{z} = \frac{dz}{dt}$ der Funktionen

a) $z = e^{x - 2y}$ mit $x = \sin t$;  $y = t^3$;

b) $z = \frac{x^n}{y^m}$  mit $x = x(t)$, $y = y(t)$ ($m, n$ reell und positiv; $x > 0, <> 0$);

c) $z = y^{\frac{1}{x}}$ mit $x = t$;  $y = t$  $(t > 0)$.

## 3.7  Implizite Funktionen, implizite Differentiation

### 3.7.1  Implizit definierte Funktionen einer Variablen

Bei der Berechnung von Planetenbahnen stößt man auf die „Keplersche Gleichung"

$$x - y + \varepsilon \sin y = 0,$$

die den Zusammenhang zwischen der exzentrischen Anomalie $y$ und der mittleren Anomalie $x$ bei gegebener Planetenbahn ($\varepsilon$: Exzentrizität der Bahnellipse) festlegt.

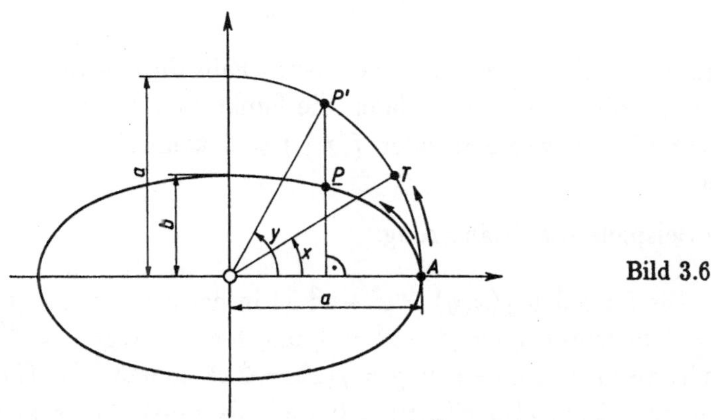


Bild 3.6

In Bild 3.6 beschreibt der Punkt $P$ die Planetenbahn auf der Bahnellipse mit den Halbachsen $a$ und $b$ und der Exzentrizität $\varepsilon = \sqrt{1 - \left(\frac{b}{a}\right)^2}$. Der Punkt $P'$ entsteht als Schnittpunkt des Kreises mit dem Radius $a$ um den Ursprung und der Lotrechten zur Abszissenachse durch den Punkt $P$. Der Punkt $T$ beschreibt die Bahnkurve eines gedachten (hypothetischen) Planeten, der sich mit konstanter Geschwindigkeit auf dem oben genannten Kreis bewegt und dessen Umlaufszeit mit der „wahren" Umlaufszeit des Planeten $P$ auf der Ellipse übereinstimmt. Dann ist $x$ der Winkel $AOT$ und $y$ der Winkel $AOP'$.

Es interessiert die explizite Abhängigkeit der Variablen $y$ von der Variablen $x$,

$$y = f(x).$$

Offensichtlich kann man diesen Zusammenhang nicht ohne weiteres durch Auflösen finden. Andererseits erkennt man sofort, daß das Wertepaar $x = 0, y = 0$ die obige Gleichung erfüllt und somit die Gleichung $0 = f(0)$ gelten muß (falls überhaupt eine Auflösung in der gewünschten Form existiert). Zur näheren Bestimmung des Verhaltens von $f(x)$ in einer Umgebung von $x = 0$ wäre es günstig, den Wert $f'(x)|_{x=0}$ zu kennen. Da $f(x)$ nicht bekannt ist, fehlt zunächst jede Möglichkeit, diesen Wert der ersten Ableitung zu berechnen. Wir werden im folgenden ein allgemeines Verfahren zur Bestimmung der Ableitungen von $f(x)$ kennenlernen, das die explizite Funktion $f(x)$ nicht benötigt. Zuvor fragen wir nach Bedingungen, wann es überhaupt zu erwarten ist, daß ein allgemeiner Zusammenhang zwischen den reellen Variablen $x$ und $y$,

$$F(x, y) = 0,$$

auch in der Form $y = f(x)$ dargestellt werden kann. Falls dies möglich ist, muß also $F(x, f(x)) = 0$ gelten. Wir sagen dann, die Funktion $f$ ist *implizit* durch die Beziehung $f(x, y) = 0$ gegeben, oder $f(x, y) = 0$ kann eindeutig nach $y$ aufgelöst werden.

Zunächst einige Beispiele zur Erläuterung:

**Beispiel 3.20**   Die Funktion $f(x, y) = y^3 - x^2$ ist in der gesamten $x, y$-Ebene erklärt. $f(x, y) = 0$ bedeutet dann $y^3 - x^2 = 0$, und hieraus folgt $y = \sqrt[3]{x^2}$. Zu jeder Zahl $x$ gehört also genau eine Zahl $y = f(x) = \sqrt[3]{x^2}$, so daß $F(x, f(x)) = 0$ gilt. Bei gegebenem $x$ kann also $F(x, y) = 0$ auch als Bestimmungsgleichung für $y$ aufgefaßt werden. Die Niveaulinie (s. 2.1) $F(x, y) = 0$ ist die im Bild 3.7 skizzierte Kurve.

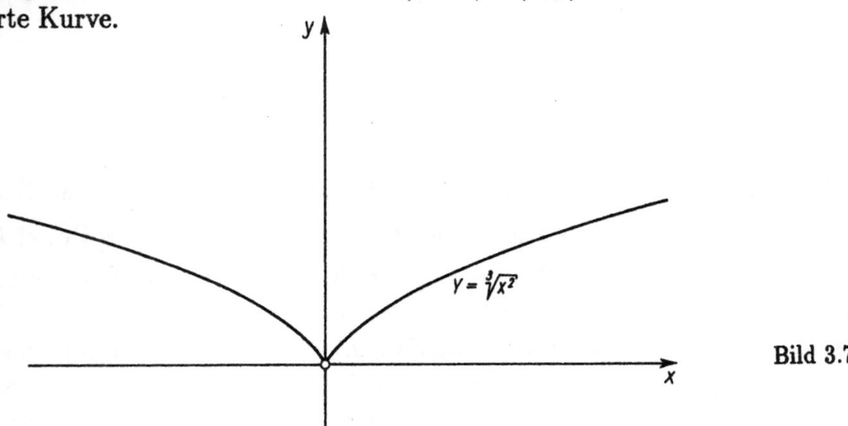


Bild 3.7

**Beispiel 3.21**   Die Funktion $F(x, y) = x^2 + y^2 + 1$ ist in der gesamten $x, y$-Ebene erklärt. $F(x, y) = 0$ gilt für keinen Punkt $(x, y)$; denn für alle $(x, y)$ gilt $x^2 + y^2 + 1 > 0$. Die genannte Fragestellung entfällt also für dieses Beispiel.

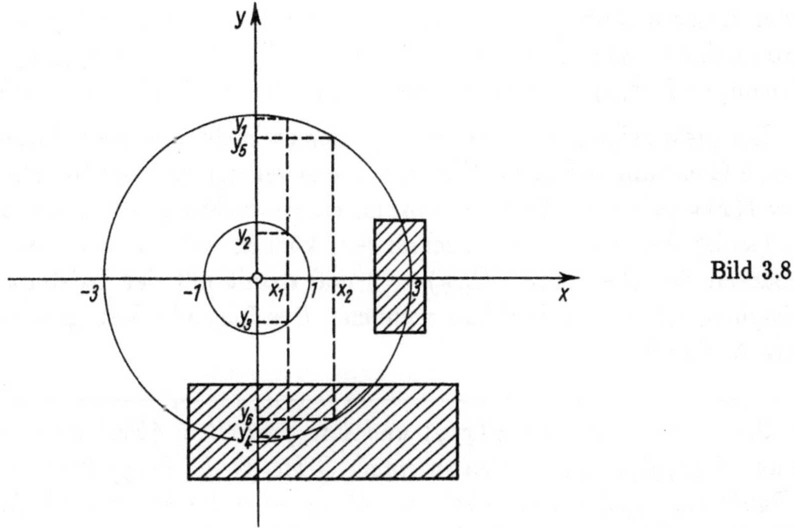


Bild 3.8

**Beispiel 3.22**   Die Funktion $F(x,y) = (x^2 + y^2 - 1)(x^2 + y^2 - 9)$ ist in der gesamten $x,y$-Ebene erklärt. $F(x,y) = 0$ bedeutet $x^2+y^2 = 0$ oder $x^2+y^2-9 = 0$, d. h., $F(x,y) = 0$ gilt für alle Punkte auf dem Einheitskreis und alle Punkte auf dem Kreis mit dem Radius 3 um den Nullpunkt. Man erkennt folgendes (s. Bild 3.7): Es sei $x_1$ gewählt mit $-1 < x_1 < 1$. Dann gibt es zu $x_1$ vier Zahlen $y_1, y_2, y_3, y_4$ so, daß $F(x_1,y_1) = F(x_1,y_2) = F(x_1,y_3) = F(x_1,y_4) = 0$ gilt (zu $x_1 = \frac{1}{2}$ gehören die vier Zahlen $y_1 = \frac{1}{2}\sqrt{35}, y_2 = \frac{1}{2}\sqrt{3}, y_3 = -\frac{1}{2}\sqrt{3}$, $y_4 = -\frac{1}{2}\sqrt{35}$). Zu einem $x_2$ mit $1 < |x_2| < 3$ gehören zwei Zahlen $y_5, y_6$ so, daß $F(x_2,y_5) = F(x_2,y_6) = 0$ gilt.

Es gibt also bestimmt keine Funktion $f$ so, daß die *gesamte* Niveaulinie $F(x,y) = 0$ (die in die beiden Kreise $x^2 + y^2 = 1$ und $x^2 + y^2 = 9$ zerfällt) in der Form $y = f(x)$ dargestellt werden kann. Die Gleichung $F(x,y) = 0$ ist also nicht eindeutig nach $y$ auflösbar, d. h., $F(x,y) = 0$ ist bei gegebenem $x$ keine eindeutige Bestimmungsgleichung für $y$. Jedoch ist folgendes möglich: Wir greifen einen der genannten Punkte heraus, etwa den Punkt $P(x_1,y_4)$. Man kann dann eine Rechteckumgebung $U$ um $P$ legen, so daß das in dieser Umgebung $U$ von $P$ verlaufende Teilstück der gesamten Niveaulinie $F(x,y) = 0$ in der Form $y = f(x)$ dargestellt werden kann. Der Punkt $P(x_1,y_4)$ liegt auf der unteren Hälfte des Kreises $x^2 + y^2 = 9$; für das genannte Teilstück würde also die eindeutige Auflösung nach $y$ lauten: $y = f(x) = -\sqrt{9 - x^2}$. Man sagt für diesen Sachverhalt auch: $F(x,y) = 0$ kann *lokal* nach $y$ aufgelöst werden. Im Beispiel 3.20 könnte man sagen: $F(x,y) = 0$ ist *global* nach $y$ auflösbar. In der Nähe des Punktes $Q(3;0)$ ist allerdings auch eine lokale Auflösung nach $y$ der eben genannten Art nicht möglich. Betrachten wir nämlich eine beliebige Rechteckumgebung $\tilde{U}$ von $Q(3;0)$, dann enthält sie sowohl Punkte vom oberen als auch vom unteren Halbkreis. Zu einem $x$ in der Nähe von $x = 3$ gibt es zwei $y$-Werte so, daß $(x, y)$ in $\tilde{U}$ liegt und $F(x, y) = 0$ gilt. (Im Punkt $Q(3; 0)$ besitzt die Niveaulinie $F(x, y) = 0$ eine vertikale Tangente; es gilt $F_{|y}(3; 0) = 0$.)

Unsere Beispiele zeigen, daß wir im allgemeinen nicht erwarten dürfen, daß durch eine Gleichung der Form $F(x, y) = 0$ eine einzige ganz bestimmte Funktion $y = f(x)$ gegeben ist. Erst wenn wir unsere Betrachtung auf ein hinreichend kleines Gebiet der $x, y$-Ebene einschränken, können wir mit der eindeutigen Auflösbarkeit der Gleichung $F(x, y) = 0$ und damit mit der Existenz genau einer *implizit definierten Funktion* rechnen. Der folgende Satz gibt darüber genauere Auskunft.

**Satz 3.7**   *Die Funktion $F(x, y)$ und ihre partiellen Ableitungen erster Ordnung $F_x(x, y); F_y(x, y)$ seien in einem Gebiet $G$ der $(x, y)$-Ebene stetig. Der Punkt $P_0(x_0, y_0)$ aus $G$ gehöre zur Menge aller Punkte $P(x, y)$, für die die Gleichung $F(x, y) = 0$ gilt, d. h., es gelte $F(x_0, y_0) = 0$. Außerdem gelte die Ungleichung*

$$F_y(x_0, y_0) \neq 0. \qquad (3.52)$$

*Dann gibt es genau eine Funktion $y = f(x)$, die in einer gewissen Umgebung $U_0$ von $x_0$ (auf der Zahlengeraden) definiert ist und für die die Beziehungen*

$$\begin{aligned} f(x_0) &= y_0, \\ F(x, f(x)) &= 0 \qquad (x \in U_0) \end{aligned} \qquad (3.53)$$

*gelten. Die Funktion $f(x)$ ist für $x \in U_0$ stetig differenzierbar, und es gilt*

$$f'(x) = -\left.\frac{F_{|1}(x, f(x))}{F_{|2}(x, f(x))}\right|_{(x \in U_0)} = -\left.\frac{\frac{\partial F}{\partial x}}{\frac{\partial F}{\partial y}}\right|_{(x \in U_0;\ y = f(x))} \qquad (3.54)$$

### 3.7.2   Implizite Differentiation implizit definierter Funktionen einer Variablen

Der Satz 3.7 liefert nur eine Existenzaussage und informiert uns nicht darüber, wie die Auflösung $y = f(x)$ (die implizit definierte Funktion) der Gleichung $F(x, y) = 0$ gefunden werden kann. Tatsächlich ist es in der Mehrzahl der auftretenden Fälle unmöglich, eine exakte Lösung der Gleichung $F(x, y) = 0$ (Auflösung nach $y$ bei gegebenem $x$) in formelmäßig geschlossener Form (s. Beispiele 3.20 und 3.21) anzugeben. Die Funktion $f(x)$ kann im allgemeinen nur näherungsweise berechnet werden.

Häufig interessieren jedoch nur Werte der Ableitungen $f'(x), f''(x), \ldots$ der durch die Gleichung $F(x,y) = 0$ gegebenen Funktion an der Stelle $x = x_0$. An der Stelle $x = x_0$ ist der Funktionswert $f(x_0)$ ja gleich $y_0$; $f(x_0) = y_0$ und $y_0$ sind bekannt. Zur Berechnung dieser Ableitungen (ihre Existenz vorausgesetzt) geht man von der Gleichung $F(x, f(x)) = 0$ aus, die für alle hinreichend nahe bei $x_0$ gelegenen $x$ besteht, und wendet auf diese Gleichung die verallgemeinerte Kettenregel an. Das heißt, in die Funktion von zwei Variablen $F(x,y)$ setzen wir die Funktion einer Variablen $g_1(x) = x$; $g_2(x) = f(x)$ anstelle der ursprünglichen Variablen ein und bilden so die zusammengesetzte Funktion $u(x) = F(g_1(x), g_2(x)) = F(x, f(x))$. Auf Grund der Definition von $f(x)$ gilt aber (s. Gleichung (3.53)) $u(x) = 0$ für alle $x$ aus einer Umgebung von $x_0$. Also sind sämtliche Ableitungen $u'(x), u''(x), \ldots$ dort ebenfalls gleich Null. Die Anwendung der verallgemeinerten Kettenregel liefert somit die Beziehungen:

$$0 = u'(x) = F_{|1}(x, f(x)) + F_{|2}(x, f(x)) \cdot f'(x), \qquad (*)$$

$$0 = u''(x) = F_{|11}(x, f(x)) + 2F_{|12}(x, f(x)) \cdot f'(x) + F_{|22}(x, f(x))(f'(x))^2$$
$$+ F_{|2}(x, f(x))f''(x), \qquad (**)$$

$$\ldots$$

Aus der ersten Gleichung $(*)$ ermitteln wir durch Auflösen $f'(x)$:

$$f'(x) = -\frac{F_{|1}(x, f(x))}{F_{|2}(x, f(x))} = -\frac{f_x(x,y)}{F_y(x,y)} = -\frac{F_x}{F_y} \quad (y = f(x)). \qquad (3.55)$$

Den gefundenen Ausdruck setzen wir in die zweite Gleichung $(**)$ ein und lösen nach $f''(x)$ auf. Dies ergibt

$$\begin{aligned}
f''(x) &= \frac{-1}{F_{|2}(x, f(x))}\left(f_{|11}(x, f(x)) - \frac{2f_{|12}(x, f(x))F_{|1}(x, f(x))}{F_{|2}(x, f(x))}\right.\\
&\qquad \left. + \frac{F_{|22}(x, f(x))(F_{|1}(x, f(x)))^2}{(F_{|2}(x, f(x)))^2}\right)\\
&= \frac{-1}{(F_{|2}(x, f(x)))^3}((F_{|2}(x, f(x)))^2 F_{|11}(x, f(x)))\\
&\quad - 2F_{|1}(x, f(x))F_{|2}(x, f(x))F_{|12}(x, f(x)) + (F_{|1}(x, f(x)))^2 F_{|22}(x, f(x))\\
&= \frac{1}{(F_y)^3}(-F_x^2 F_{yy} + 2F_y F_y F_{xy} - F_y^2 F_{xx}) \quad (y = f(x)). \qquad (3.56)
\end{aligned}$$

Der letzte Ausdruck läßt sich auch als Determinante schreiben:

$$f''(x) = \frac{1}{(F_y)^3}\begin{vmatrix} 0 & F_x & F_y \\ F_x & F_{xx} & F_{xy} \\ F_y & F_{xy} & F_{yy} \end{vmatrix} \quad (y = f(x)). \qquad (3.57)$$

Auf diese Weise können auch alle höheren Ableitungen von $f(x)$ ermittelt werden.

An der speziellen Stelle $x = x_0$ gelten die Beziehungen

$$\begin{aligned}
f(x_0) &= y_0, \\
f'(x_0) &= -\frac{F_x(x_0, y_0)}{f_y(x_0, y_0)}, \\
f''(x_0) &= \frac{1}{(F_y(x_0, y_0))^3}\left(-(F_y(x_0, y_0))^2 F_{xx}(x_0, y_0)\right. \\
&\quad \left. +2F_x(x_0, y_0)F_y(x_0, y_0)F_{xy}(x_0, y_0) - (F_x(x_0, y_0))^2 F_{yy}(x_0, y_0)\right),
\end{aligned} \tag{3.58}$$

...

**Beispiel 3.23**    Man überprüfe, ob in einer Umgebung von $x_0 = 0$ durch die Gleichung $F(x, y) = xe^y - ye^x + x = 0$ eine Funktion $y = f(x)$ implizit dargestellt wird, und berechne gegebenenfalls die Werte $f'(0), f''(0)$. Zunächst folgt aus $x = 0$ und $F(x, y) = 0$ die Gleichung $y = 0$, so daß also $(x_0, y_0) = (0, 0)$ die zu untersuchende Stelle ist. Es gilt

$$F_y = e^y - ye^x + 1; \qquad F_y = xe^y - e^x$$

und speziell

$$F_x(0, 0) = 2; \qquad F_y(0, 0) = -1.$$

Wegen $F_y(0,0) \neq 0$ ist (nach Satz 3.7) eine Auflösung der Gleichung $xe^y - ye^x + x = 0$ nach $y$ für alle $x$ aus einer Umgebung von $x_0 = 0$ möglich; es gilt dort $y = f(x)$ mit $f(0) = 0$. Nach den obigen Formeln erhalten wir

$$f'(0) = -\frac{F_x(0, 0)}{F_y(0, 0)} = 2.$$

Ferner gilt $F_{xx} = -ye^x$; $F_{xy} = e^y - e^x$, und speziell ist $F_{xx}(0, 0) = 0$; $F_{xy}(0, 0) = 0$;

$F_{yy}(0, 0) = 0$, und wir erhalten nach den obigen Formeln die Gleichung $f''(0) = 0$.

**Beispiel 3.24**    Die Stromlinien einer ebenen Potentialströmung (wirbelfreie Strömung einer inkompressiblen reibungsfreien Flüssigkeit), die durch zwei feste Wände $y = 0$ und $y = x\sqrt{3}(x \geq 0)$ begrenzt wird und in dem von diesen Wänden beranderten Winkelraum verläuft, sind durch die Gleichung $U(x, y) = $ const mit $U(x, y) = 3x^2 y - y^3$ gegeben ($U$ bezeichnet die sogenannte

*Stromfunktion*). In welchen Gebieten der $(x,y)$-Ebene lassen sich diese Stromlinien in der Form $y = f(x)$ darstellen? Man untersuche speziell die Stromlinie $U(x,y) = 11$; diese enthält den Punkt $P(2;1)$. Zur Lösung dieser Aufgabe setzen wir $F(x,y) = U(x,y) - 11 = 3x^2y - y^3 - 11$. Es gilt $F_x = 6xy$ und $F_y = 3(x^2 - y^2)$. Die partielle Ableitung $F_y$ verschwindet im betrachteten Winkelraum nur für $y = x$, also auf der Winkelhalbierenden des ersten Quadranten. Der Strömungsbereich wird also in die beiden Teilbereiche $B_1 = \{(x,y)\,|\,x < y \leq x\sqrt{3}; x \geq 0\}$ und $B_2 = \{(x,y)\,|\,0 \leq y < x; x \geq 0\}$ zerlegt. Die Punkte der Stromlinie $F(x,y) = 0$, die in $B_1$ liegen, lassen sich durch eine Funktion $y = f_1(x)$ darstellen; die Punkte der Stromlinie $F(x,y) = 0$, die in $B_2$ liegen, lassen sich entsprechend durch eine Funktion $y = f_2(x)$ beschreiben. Nach der Formel $y' = -\frac{F_x}{F_y}$ gilt somit $y' = \frac{2xy}{y^2 - x^2}(x > 0; y \neq x)$, wobei $F(x,y) = 0$ ist. Im Inneren von $B_1$ bzw. $B_2$ ist der Ausdruck $\frac{2xy}{y^2 - x^2}$ positiv bzw. negativ. Somit gelten die Ungleichungen $f_1'(x) > 0$ und $f_2'(x) < 0$; d. h., $f_1(x)$ ist eine wachsende, $f_2(x)$ eine fallende Funktion. Die Stromlinie $F(x,y) = 0$ schneidet die Gerade $y = x$ in einem Punkt, für dessen Abszisse $x$ die Gleichung $F(x,x) = 0$ oder $x^3 = \frac{11}{2}$ gilt, also im Punkt $P\left(\sqrt[3]{\frac{11}{2}}, \sqrt[3]{\frac{11}{2}}\right)$. Bei Annäherung an diesen Punkt von rechts gehen die Ableitungen $f_1'(x)$ bzw. $f_2'(x)$ gegen $+\infty$ bzw. $-\infty$; die Stromlinie besitzt also bei $x = \sqrt[3]{\frac{11}{2}}$ eine zur $y$-Achse parallele Tangente. Die Funktionen $y = f_1(x)$ und $y = f_2(x)$ beschreiben somit zwei Kurven, die im Punkt $P\left(\sqrt[3]{\frac{11}{2}}, \sqrt[3]{\frac{11}{2}}\right)$ zusammenhängen, d. h., es liegt in Wirklichkeit nur eine einzige Kurve vor, die aber durch zwei Funktionen $y = f_1(x)$ und $y = f_2(x)$ beschrieben werden muß. An der Stelle $P\left(\sqrt[3]{\frac{11}{2}}; \sqrt[3]{\frac{11}{2}}\right)$ ist eine Auflösung der Gleichung $F(x,y) = 0$ in der Form $y = f(x)$ nicht möglich, denn in jeder Umgebung des genannten Punktes hat die Gleichung $F(x,y) = 0$ die beiden verschiedenen Lösungen $y = f_1(x)$ und $y = f_2(x)$. Für jeden anderen Punkt der Stromlinie $F(x,y) = 0$, z. B. den Punkt $P(2;1)$, gibt es eine hinreichend kleine Umgebung dieses Punktes, in der $y = f_1(x)$ oder $y = f_2(x)$ (z. B. für den Punkt $P(2;1)$) die einzige Lösung der Gleichung $F(x,y) = 0$ ist.

Zur weiteren Untersuchung der Form der Kurve $F(x,y) = 0$ betrachten wir die Auflösbarkeit der Gleichung $F(x,y) = 0$ nach $x$. Für jeden Kurvenpunkt $P(x,y)$ mit $x > 0$ und $y > 0$ ist wegen $F_x(x,y) = 6xy > 0$ eine solche Auflösung in einer gewissen Umgebung von $P(x,y)$ in eindeutiger Weise mittels einer Funktion $x = g(y)$ möglich, und man kann, indem man die Gleichung $F(x,y) = 3x^2y - y^3 - 11 = 0$ nach $x$ auflöst, die Funktion $g(y)$ erhalten: $x = g(y) = \sqrt{\frac{11 + y^3}{3y}}(0 < y < +\infty)$. Diese Funktion stellt den gesamten Verlauf der Stromlinie $F(x,y) = 0$ dar (denn das Bestehen der Bedingungen $F(x,y) = 0; x > 0, y > 0$, ist dem

Bestehen der Gleichung $x = g(y)(0 < y < +\infty)$ gleichwertig). Man rechnet leicht nach, daß $g'(y) = 0$ nur für $y = \sqrt[3]{\frac{11}{2}}$ gilt und $g''(y)$ für dieses $y$ positiv ist. Die Stelle $y = \sqrt[3]{\frac{11}{2}}$

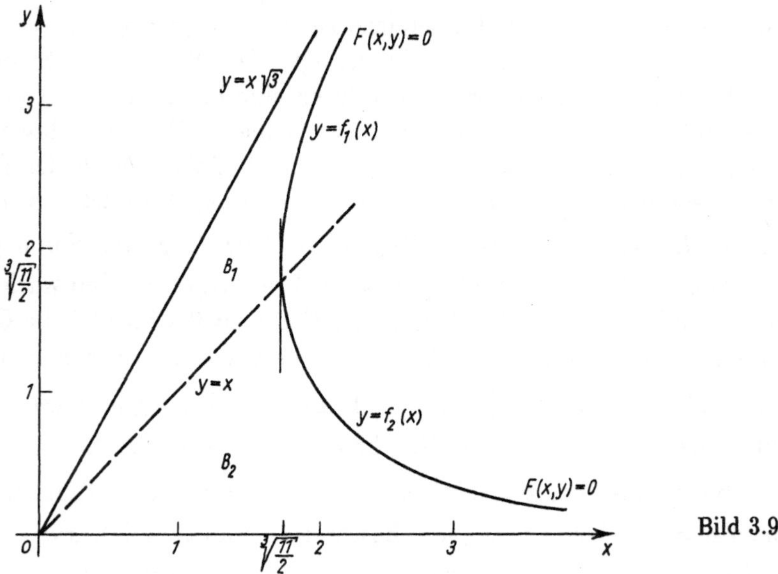


Bild 3.9

ist also die einzige relative Extremstelle von $x = g(y)$, und zwar die eines Minimums. Da die Limesbeziehungen $\lim\limits_{y\to 0} g(y) = +\infty$ und $\lim\limits_{y\to +\infty} g(y) = +\infty$ gelten, liefert dieses relative Minimum sogar das absolute Minimum von $g(y)$. Es gilt also $\sqrt[3]{\frac{11}{2}} = g\left(\sqrt[3]{\frac{11}{2}}\right) \leq g(y)$ für $0 < y < +\infty$, d. h., die Stromlinie $F(x,y) = 0$ enthält nur Punkte $P(x,y)$ mit $\sqrt[3]{\frac{11}{2}} \leq x$. Somit erhalten wir nachträglich den (gemeinsamen) Definitionsbereich von $f_1(x)$ und $f_2(x)$; diese Funktionen sind definiert für $\sqrt[3]{\frac{11}{2}} \leq x < +\infty$. Der Quotient $\frac{y}{x} = \frac{y}{g(y)} = \sqrt{\frac{3y^3}{11+y^3}}$ hat für $y \to 0$ den Grenzwert 0 und für $y \to +\infty$ den Grenzwert $\sqrt{3}$, d. h., die Kurve $y = f_2(x)$ nähert sich für $x \to +\infty$ der $x$-Achse, und die Kurve $y = f_1(x)$ nähert sich für $x \to +\infty$ der Geraden $y = x\sqrt{3}$. Das Bild 3.9 faßt die über den Verlauf der Stromlinie $F(x,y) = 0$ gewonnenen Erkenntnisse zusammen. Man überlegt sich leicht, daß die weiteren Stromlinien $U(x,y) = $ const ein qualitativ ähnliches Verhalten aufweisen.

**Aufgabe 3.7** Man berechne durch implizite Differentiation die erste und zweite Ableitung der durch die Gleichung $3x^2 - 2xy - y^2 = 0$ implizit gegebenen Funktionen $y = f(x)$. Wie läßt sich das Ergebnis erklären?

### 3.7.3 Implizite Funktionen von mehreren Variablen

Es liege nun der allgemeine Fall vor, daß in einem gewissen Gebiet $G$ des Raumes $\mathbb{R}^{m+n}$ insgesamt $n$ reelle Funktionen von $m + n$ unabhängigen Variablen $x_1, \ldots, x_m; y_1, \ldots, y_n$ gegeben sind:

$$
\begin{aligned}
z_1 &= F_1(x_1, \ldots, x_m; \quad y_1, \ldots, y_n) \\
&\cdots\cdots\cdots\cdots\cdots\cdots\cdots\cdots\cdots\cdots\cdots \\
z_n &= F_n(x_1, \ldots, x_m \quad y_1, \ldots, y_n)
\end{aligned}
\tag{3.59}
$$

oder in vektorieller Schreibweise

$$
\mathbf{z} = \mathbf{F}(\mathbf{x}, \mathbf{y}) \tag{3.58'}
$$

mit $\mathbf{z} = \begin{bmatrix} z_1 \\ \vdots \\ z_n \end{bmatrix}; \mathbf{x} = \begin{bmatrix} x_1 \\ \vdots \\ x_m \end{bmatrix}; \mathbf{y} = \begin{bmatrix} y_1 \\ \vdots \\ y_n \end{bmatrix}$. Uns interessiert die Frage, ob die Gleichung

$$
\mathbf{F}(\mathbf{x}, \mathbf{y}) = 0 \tag{3.58''}
$$

eine Auflösung in der Form

$$
\mathbf{y} = \mathbf{f}(\mathbf{x})
$$

besitzt; mit anderen Worten, ob das Gleichungssystem

$$
\begin{aligned}
F_1(x_1, \ldots, x_m; \quad y_1, \ldots, y_n) &= 0 \\
F_n(x_1, \ldots, x_m; \quad y_1, \ldots, y_n) &= 0
\end{aligned}
\tag{3.60}
$$

sich nach den Variablen $y_1, \ldots, y_n$ in der Form

$$
\begin{aligned}
y_1 &= f_1(x_1, \ldots, x_m) \\
y_n &= f_n(x_1, \ldots, x_m)
\end{aligned}
\tag{3.61}
$$

auflösen läßt. Ist dies möglich, so nennen wir (3.60) ein *Lösungssystem* für das Gleichungssystem (3.59) oder ein System von durch die Gleichungen (3.59) *implizit definierter Funktionen mehrerer Variabler*. Ohne Beweis geben wir zur Beantwortung dieser Frage den folgenden Satz an, der den entsprechenden Satz 3.7 (in Abschnitt 3.7.1) verallgemeinert.

**Satz 3.8**    *Es sei $x_1^{(0)}, \ldots, x_m^{(0)}; y_1^{(0)}, \ldots, y_n^{(0)}$ ein System von Werten, welches die Gleichungen (3.59) erfüllt. Die Funktionen $F_j(x_1, \ldots, x_m; y_1, \ldots, y_n)$ $(j = 1, \ldots, n)$ seien in einer Umgebung des Punktes*

$$P_0 = P(x_1^{(0)}, \ldots, x_m^{(0)}; \ y_1^{(0)}, \ldots, y_n^{(0)}) \ \text{in } \mathbb{R}^{m+n} \ \text{nach allen Variablen}$$

*$x_1, \ldots, x_m; y_1, \ldots, y_n$ stetig partiell differenzierbar. Die Matrix*

*$\left[\frac{\partial F_j}{\partial y_k}(P_0)\right]_{1 \le j,k \le n}$, die aus den ersten partiellen Ableitungen der Funktionen $F_j$ nach den Variablen $y_1, \ldots, y_n$ an der Stelle $P_0 = P(x_1^{(0)}, \ldots, x_m^{(0)}; y_1^{(0)}, \ldots, y_n^{(0)})$ gebildet wird, sei nichtsingulär (d. h., ihre Determinante sei von null verschieden).*

*Dann gibt es eine Umgebung des Punktes $P_0$ in $R^{m+n}$, in der ein einziges Lösungssystem*

$$y_1 = f_1(x_1, \ldots, x_m)$$
$$\vdots$$
$$y_n = f_n(x_1, \ldots, x_m)$$

(3.62)

*des Gleichungssystems (3.60) existiert. Dieses Lösungssystem hat die folgenden Eigenschaften (die Eigenschaft 2. drückt die Eigenschaft „Lösungssystem zu sein" formelmäßig aus).*

1.

$$y_1^{(0)} = f_1(x_1^{(0)}), \ldots, x_m^{(0)})$$
$$\vdots$$
$$y_n^{(0)} = f_n(x_1^{(0)}, \ldots, x_m^{(0)});$$

(3.63)

2. *es gilt*

$$F_1(x_1, \ldots, x_m; \ f_1(x_1, \ldots, x_m), \ldots, f_n(x_1, \ldots, x_m)) = 0$$
$$\vdots$$
$$F_n(x_1, \ldots, x_m; \ f_1(x_1, \ldots, x_m), \ldots, f_n(x_1, \ldots, x_m)) = 0;$$

(3.64)

   *für alle $x_1, \ldots, x_m$ aus einer Umgebung des Punktes $P(x_1^{(0)}, \ldots, x_m^{(0)})$ in $\mathbb{R}^m$;*

3. *die Funktionen $f_1(x_1, \ldots, x_m), \ldots, f_n(x_1, \ldots, x_m)$ sind nach den Variablen $x_1, \ldots, x_m$ in einer Umgebung des Punktes $P(x_1^{(0)}, \ldots, x_m^{(0)})$ in $\mathbb{R}^m$ stetig partiell differenzierbar.*

### 3.7.4 Die Differentiation implizit definierter Funktionen mehrerer Variabler

Die Differentiation implizit definierter Funktionen mehrerer Variabler erweist sich als eine Anwendung der verallgemeinerten Kettenregel. Wir gehen hierbei aus von der Eigenschaft 2., Satz 3.8 (3.7.3) für ein Lösungssystem

$$y_1 = f_1(x_1,\ldots,x_m) \qquad y_1^{(0)} = f_1(x_1^{(0)},\ldots,x_m^{(0)})$$
$$\text{mit}$$
$$y_n = f_n(x_1,\ldots,x_m) \qquad y_n^{(0)} = f_n(x_1^{(0)},\ldots,x_m^{(0)})$$

eines Gleichungssystems

$$F_1(x_1,\ldots,x_m; \quad y_1,\ldots,y_n) = 0$$
$$\cdots\cdots\cdots\cdots\cdots\cdots\cdots\cdots\cdots\cdots\cdots$$
$$F_n(x_1,\ldots,x_m; \quad y_1,\ldots,y_n) = 0.$$

Es gelten nämlich (für alle $x_1,\ldots,x_m$ aus einer Umgebung von $P(x_1^{(0)},\ldots,x_m^{(0)})$ in $\mathbb{R}^m$) die Gleichungen

$$F_1(x_1,\ldots,x_m; \quad f_1(x_1,\ldots,x_m),\ldots,f_n(x_1,\ldots,x_m)) = 0$$
$$\cdots\cdots\cdots\cdots\cdots\cdots\cdots\cdots\cdots\cdots\cdots\cdots\cdots\cdots\cdots\cdots \qquad (3.65)$$
$$F_n(x_1,\ldots,x_m; \quad f_1(x_1,\ldots,x_m),\ldots,f_n(x_1,\ldots,x_m)) = 0.$$

Es seien auch die übrigen Voraussetzungen des Satzes 3.8 (stetige Differenzierbarkeit, Matrix $\left[\frac{\partial F_j}{\partial y_k}(P_0)\right]$ nichtsingulär) erfüllt. Dann erhalten wir durch partielle Differentiation der $j$-ten Zeile von (3.65) nach der Variablen $x_k$ mittels der verallgemeinerten Kettenregel die folgenden Beziehungen:

$$0 \;=\; \frac{\partial F_j}{\partial x_k} + \frac{\partial F_j}{\partial y_1}\cdot\frac{\partial f_1}{\partial x_k} + \frac{\partial F_j}{\partial y_2}\cdot\frac{\partial f_2}{\partial x_k} + \ldots + \frac{\partial F_j}{\partial y_n}\cdot\frac{\partial f_n}{\partial x_k}$$

$$(j = 1,\ldots,n; \quad k = 1,\ldots,m). \qquad (3.66)$$

Bezeichnet man die Matrizen

$$\left[\frac{\partial F_j}{\partial x_k}\right] \begin{array}{l} 1 \le j \le n \\ 1 \le k \le m \end{array} \quad;\quad \left[\frac{\partial F_j}{\partial y_r}\right] \begin{array}{l} 1 \le j \le n \\ 1 \le r \le m \end{array} \quad \text{und} \quad \left[\frac{\partial f_r}{\partial x_k}\right] \begin{array}{l} 1 \le r \le n \\ 1 \le k \le m \end{array}$$

mit $\mathbf{D}_x\mathbf{F}$, $\mathbf{D}_y\mathbf{F}$ und $\mathbf{Df}$, so lautet das System (3.66) in Matrizenschreibweise ($\mathbf{0}$: Nullmatrix)

$$\mathbf{0} = \mathbf{D}_x\mathbf{F} + \mathbf{D}_y\mathbf{F}\cdot\mathbf{Df}, \qquad (3.67)$$

wobei für die Variablen $y_1,\ldots,y_n$ überall die Werte $f_1(x_1,\ldots,x_m),\ldots,$ $f_n(x_1,\ldots,x_m)$ einzusetzen sind. Nach Voraussetzung ist die Matrix $(\mathbf{D}_y\mathbf{F})\,(P_0)$ nichtsingulär. Wegen der Stetigkeit der partiellen Ableitungen erster Ordnung von $F_1,\ldots,F_n$ trifft dies auch für die Matrix $(\mathbf{D}_y\mathbf{F})$ für alle $P$ aus einer gewissen Umgebung von $P_0$ in $\mathbb{R}^{m+n}$ zu. Es existiert also die inverse Matrix $[(\mathbf{D}_y\mathbf{F})(P)]^{-1}$ für diese $P$. Daher können wir die Gleichung (3.67) nach $\mathbf{D}f$ auflösen. Es gilt zunächst

$$\mathbf{D}_y\mathbf{F}\cdot\mathbf{D}f = -\mathbf{D}_x\mathbf{F},$$

und nach Multiplikation beider Seiten mit der inversen Matrix von $\mathbf{D}_y\mathbf{F}$ von links her ergibt sich die Beziehung

$$\mathbf{D}f = -[\mathbf{D}_y\mathbf{F}]^{-1}\cdot\mathbf{D}_x\mathbf{F}, \tag{3.68}$$

die ausführlich geschrieben lautet

$$(\mathbf{D}f)(\mathbf{x}) = -[(\mathbf{D}_y\mathbf{F})(\mathbf{x},\mathbf{f}(\mathbf{x}))]^{-1}\cdot(\mathbf{D}_x\mathbf{F})(\mathbf{x},\mathbf{f}(\mathbf{x})). \tag{3.69}$$

In Koordinatenschreibweise kann die Gleichung (3.69) wie folgt geschrieben werden:

$$\left(\frac{\partial f_r}{\partial x_k}\right)_{1\le r\le n} = -\left[\left(\frac{\partial F_j}{\partial y_r}\right)\right]^{-1}_{\substack{1\le j\le n\\ 1\le r\le n}}\left(\frac{\partial F_j}{\partial x_k}\right)_{1\le j\le n} \quad (k=1,\ldots,m),$$

$$\tag{3.70}$$

womit eine formale Ähnlichkeit zur Formel für die Ableitung einer implizit definierten Funktion von einer Variablen hergestellt ist (s. 3.7.2).

**Aufgabe 3.8**    Man zeige, daß die Gleichung $u(x^2+y^2)-(z^3+u^3)-4=0$ die implizite Darstellung einer Funktion $u=u(x,y,z)$ in der Umgebung des Punktes $P_0(2|-3|2)$ mit $u(P_0)=1$ ist und berechne $\operatorname{grad}u|_{P_0}$!

**Aufgabe 3.9**    Man untersuche, nach welchen beiden Unbekannten $(x,y);(x,z)$ oder $(y,z)$ sich das Gleichungssystem

$$\begin{aligned}(x+y)^4 - xz(x^2-z^2)-1 &= 0\\ (x-z)^4 - xy(x^2+z^2) &= 0\end{aligned}$$

in der Umgebung des Punktes $P_0(0|1|0)$ gemäß der allgemeinen Theorie in 3.7.4 auflösen läßt. Man berechne dann die ersten Ableitungen dieser implizit dargestellten Funktionen an dieser Stelle.

### 3.7.5  Isolierte einfach-singuläre Punkte

In den Ingenieurwissenschaften sind gegenwärtig Untersuchungen von Ausnahmesituationen und Grenzfällen von Zuständen bzw. Prozessen, die in realen technischen Systemen auftreten, von wachsender Aktualität (vgl. [CAS]). Mathematisch bilden sich solche Grenzsituationen als Singularitäten derjenigen Mannigfaltigkeiten ab, die im Raum der Systemvariablen bzw. Parameter den realen physikalisch-technischen (oder biologischen) Zusammenhang beschreiben. Wir diskutieren hier den einfachsten Fall für zwei Systemvariablen. Es sei daher $F(x,y)$ eine zweimal stetig differenzierbare Funktion auf dem $\mathbb{R}^2$.

Ein Punkt $(x_0, y_0)$ heißt ein *isolierter einfach-singulärer Punkt* der Menge (Mannigfaltigkeit) $M = \{(x,y) \in \mathbb{R}^2 | F(x,y) = 0\}$, wenn die drei Gleichungen

$$F(x_0, y_0) = 0; \quad F_x(x_0, y_0) = 0; \quad F_y(x_0, y_0) = 0 \tag{3.71}$$

(gleichzeitig) bestehen, die Größen $F_{xx}(x_0, y_0)$; $F_{xy}(x_0, y_0)$; $F_{yy}(x_0, y_0)$ nicht sämtlich gleich null sind (mindestens einer dieser Werte ist ungleich null) und es in einer (hinreichend kleinen) Umgebung des Punktes $(x_0, y_0)$ keine weiteren Punkte $(x,y)$ gibt, in denen sowohl $F_x(x,y)$ als auch $F_y(x,y)$ gleich null ist.

Die Gleichungen (3.70) besagen, daß an der Stelle $(x_0, y_0) \in M$ die Voraussetzungen für die Anwendung des Satzes von der impliziten Funktion (s. Satz 3.7) weder für eine (lokale) Auflösung der Gleichung $F(x,y) = 0$ nach der Variablen $y$ noch für eine (lokale) Auflösung dieser Gleichung nach $x$ erfüllt sind.

Eine Übersicht über Mannigfaltigkeit $M = \{(x,y) | F(x,y) = 0\}$ in der Umgebung eines isolierten einfach-singulären Punktes liefert der folgende Satz.

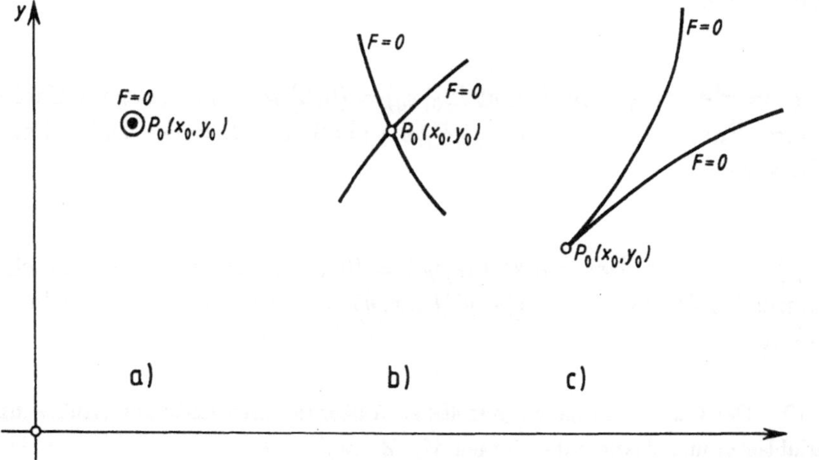


Bild 3.10

**Satz 3.9**    *Es sei $F : \mathbb{R}^2 \to \mathbb{R}$ eine zweimal stetig differenzierbare Funktion und $(x_0, y_0)$ ein isolierter einfach-singulärer Punkt der Menge $M = \{(x,y)|F(x,y) = 0\}$. Es sei die Größe (Diskriminante) definiert durch*

$$D = F_{xx}(x_0, y_0)F_{yy}(x_0, y_0) - (F_{xy}(x_0, y_0))^2.$$

*In Abhängigkeit vom Vorzeichen von $D$ gibt es folgende drei Fälle (vgl. Bild 3.11):*

a) *Ist $D > 0$, so ist der Punkt $(x_0, y_0)$ ein isolierter Punkt der Menge $M$ („Einsiedlerpunkt").*

b) *Ist $D < 0$, so zerfällt die Menge $M$ in einer Umgebung des Punktes $(x_0, y_0)$ in zwei Kurvenstücke, die sich im Punkt $(x_0, y_0)$ mit einem von Null verschiedenen Schnittwinkel kreuzen („Doppelpunkt").*

c) *Ist $D = 0$, so zerfällt die Menge $M$ in einer Umgebung des Punktes $(x_0, y_0)$ in zwei Kurvenstücke, die sich im Punkt $(x_0, y_0)$ berühren; Schnittwinkel null („Selbstberührung" bzw. „Spitze").*

**Beispiel 3.25**  Wir betrachten drei verschiedene Funktionen, die den im Satz 3.5 beschriebenen Möglichkeiten a), b), c) entsprechen.

1. $F_1(x,y) = x^3 - x^2 - y^2$. Der Punkt $(x_0, y_0) = (0,0)$ ist ein isolierter einfach-singulärer Punkt von $M_1 = \{(x,y)|F_1(x,y) = 0\}$ mit $D = 4$. Also liegt der Fall a) vor.

2. $F_2(x,y) = x^3 + x^2 - y^2$. Der Punkt $(x_0, y_0) = (0,0)$ ist ein isolierter einfach-singulärer Punkt von $M_2 = \{(x,y)|F_2(x,y) = 0\}$ mit $D = -4$. Daher liegt Fall b) vor.

3. $F_3(x,y) = x^3 - y^2$. Der Punkt $(x_0, y_0) = (0,0)$ ist ein isolierter einfach-singulärer Punkt von $M_3 = \{(x,y)|F_3(x,y) = 0\}$ mit $D = 0$. Somit liegt Fall c) vor.

**Aufgabe 3.10**  Der Leser bestätige die getroffenen Aussagen durch Rechnung (Auflösung nach der Variablen $y$) und skizziere die Mengen $M_1, M_2, M_3$!

## 3.8  Die Funktionaldeterminante  eines  Funktionensystems

### 3.8.1  Definition der Funktionaldeterminante. Satz von der lokalen Umkehrbarkeit

In neuerer Zeit setzt sich immer mehr die Auffassung durch, Abhängigkeit und Zusammenhänge, die durch Funktionen mehrerer Variabler beschrieben werden, als *Abbildungen* aus einem Raum $\mathbb{R}^m$ in einem Raum $\mathbb{R}^n$ aufzufassen. Wir haben von dieser Auffassung bereits an den verschiedensten Stellen Gebrauch gemacht (s. Abschnitt 3.6).

Die *Funktionaldeterminante* oder auch sogenannte *Jacobische Determinante* stellt ein weiteres Hilfsmittel dar, Abbildungseigenschaften auszudrücken. Zur besseren Verständlichkeit betrachten wir zunächst nur Abbildungen $\mathbf{f} : \mathbb{R}^2 \rightarrow \mathbb{R}^2$ bzw. $\mathbf{g} : \mathbb{R}^3 \rightarrow \mathbb{R}^3$. Es sei $\mathbf{x} \rightarrow \mathbf{f}(\mathbf{x}) = \begin{bmatrix} f_1(x_1, x_2) \\ f_2(x_1, x_2) \end{bmatrix}$ eine Abbildung eines Gebietes $G \subset \mathbb{R}^2$ in den $\mathbb{R}^2$.

Hierbei ist es zweckmäßig, von der Vorstellung auszugehen, daß die Werte $f_1(x_1, x_2); f_2(x_1, x_2)$ die Koordinaten des Bildpunktes $Q(u, v) \in \mathbb{R}^2$ des Original- oder Urbildpunktes $P(x_1, x_2) \in \mathbb{R}^2$ sind. Wir setzen also

$$
\begin{aligned}
u &= f_1(x_1, x_2) \\
v &= f_2(x_1, x_2)
\end{aligned}
\qquad ((x_1, x_2) \in G).
$$

Jedes Teilgebiet $G'$ von $G$ (allgemeiner: jede Teilmenge $M$ von $G$) wird dabei auf eine Teilmenge $\mathbf{f}(G')$ (bzw. $\mathbf{f}(M)$) abgebildet. Hierbei entstehen Fragen, wie z. B.

1. Ist $\mathbf{f}(G')$ wieder ein Gebiet?

2. Gibt es zu jedem Bildpunkt $Q(u, v)$ nur einen einzigen Originalpunkt $P(x_1, x_2) \in G$, dessen Bildpunkt er ist? Mit anderen Worten, läßt die Abbildung $\mathbf{f}$ eine Umkehrung zu, besitzt sie eine inverse Abbildung $(\mathbf{f})^{-1}$?

Setzt man voraus, daß $\mathbf{f}$ eine *differenzierbare Abbildung* ist (wir verwenden wieder diese Kurzbezeichnung für „total differenzierbar"; vgl. Definition 3.5), so lassen sich diese Fragen weitestgehend mittels der Funktionaldeterminante der gegebenen Abbildung beantworten.

**Definition 3.6**   *Es sei $G \subset \mathbb{R}^2$ ein Gebiet des $\mathbb{R}^2$ und $\mathbf{f} : G \to \mathbb{R}^2$ eine im Punkt $P_0 \in G$ differenzierbare Abbildung;* $\mathbf{f}(\mathbf{x}) = \begin{bmatrix} f_1(x_1, x_2) \\ f_2(x_1, x_2) \end{bmatrix} (\mathbf{x} \in G)$. *Dann heißt die Determinante der im Punkt $P_0$ gebildeten Funktionalmatrix $(f_{i|k})$ von $\mathbf{f}$ die* **Funktionaldeterminante** *von $\mathbf{f}$ in $P_0$. Sie wird mit den Symbolen $J(\mathbf{f})(P_0)$ oder $\dfrac{\partial(f_1, f_2)}{\partial(x_1, x_2)}$ bezeichnet; d. h.*

$$\frac{\partial(f_1, f_2)}{\partial(x_1, x_2)} = \det \begin{bmatrix} f_{1|1} & f_{1|2} \\ f_{1|2} & f_{2|2} \end{bmatrix} = \begin{vmatrix} f_{1|1} & f_{1|2} \\ f_{2|1} & f_{2|2} \end{vmatrix} = f_{1|1} f_{2|2} - f_{1|2} f_{2|1}. \tag{3.72}$$

*Bezeichnet man $f_1(x_1, x_2)$ mit $u$ und $f_2(x_1, x_2)$ mit $v$, so lautet der Ausdruck für die Funktionaldeterminante*

$$\frac{\partial(f_1, f_2)}{\partial(x_1, x_2)} = \frac{\partial(u, v)}{\partial(x_1, x_2)} = \frac{\partial u}{\partial x_1} \frac{\partial v}{\partial x_2} - \frac{\partial u}{\partial x_2} \frac{\partial v}{\partial x_1}. \tag{3.73}$$

**Beispiel 3.26**   Es sei $u = x_1^2 - x_2^2$ und $v = 2x_1 x_2$. Wie groß ist $\frac{\partial(u,v)}{\partial(x_1,x_2)}$ allgemein und speziell im Punkt $P(0; 1)$? Es gilt $\frac{\partial(u,v)}{\partial(x_1,x_2)} = \begin{vmatrix} u_{|1} & u_{|2} \\ v_{|1} & v_{|2} \end{vmatrix} = \begin{vmatrix} 2x_1 & -2x_2 \\ 2x_2 & 2x_1 \end{vmatrix} = 4(x_1^2 + x_2^2)$.

Speziell ist $\left. \frac{\partial(u,v)}{\partial(x_1,x_2)} \right|_{(0,1)} = 4$. Es liegt auf der Hand, wie die Definition der Funktionaldeterminante für den allgemeinen Fall einer Abbildung $\mathbf{f} : \mathbb{R}^n \to \mathbb{R}^n$ zu verallgemeinern ist.

**Definition 3.7**   *Es seien $G \subset \mathbb{R}^n$ ein Gebiet des $\mathbb{R}^n$ und $\mathbf{f} : G \to \mathbb{R}^n$ eine im Punkt $P_0 \in G$ differenzierbare Abbildung;* $\mathbf{f}(\mathbf{x}) = \begin{bmatrix} f_1(x_1, \ldots, x_n) \\ \ldots\ldots\ldots\ldots \\ f_n(x_1, \ldots, x_n) \end{bmatrix}$ *($\mathbf{x} \in G$). Dann heißt die Determinante der im Punkt $P_0$ gebildeten Funktionalmatrix $(f_{i|k})$ von $\mathbf{f}$ die* **Funktionaldeterminante** *von $\mathbf{f}$ in $P_0$. Sie wird mit den Symbolen $J(\mathbf{f})(P_0)$ oder $\dfrac{\partial(f_1, \ldots, f_n)}{\partial(x_1, \ldots, x_n)}$ bezeichnet, d. h.*

$$\frac{\partial(f_1, \ldots, f_n)}{\partial(x_1, \ldots, x_n)} = \det(f_{i|k})_{1 \le i, k \le n} = \begin{vmatrix} f_{1|1} \cdots f_{1|2} \\ \\ f_{n|1} \cdots f_{n|n} \end{vmatrix} = J(\mathbf{f})(P_0) \tag{3.74}$$

*(hierbei sind die partiellen Ableitungen im Punkt $P_0$ zu nehmen).*

Im folgenden betrachten wir Abbildungen $\mathbf{f} : G \to \mathbb{R}^2$ bzw. $\mathbf{g} : B \to \mathbb{R}^3$ ($G; B$ Gebiete in $\mathbb{R}^2$ bzw. $\mathbb{R}^3$), die in $G$ bzw. $B$ überall stetig differenzierbar sind. Man nennt solche Abbildungen *$C^1$-Abbildungen* oder *Abbildungen der Klasse $C^1$* in $G$ bzw. $B$. Beispielsweise ist die im Beispiel 3.26 angegebene Abbildung eine $C^1$-Abbildung im gesamten $\mathbb{R}^2$. Wir kommen nunmehr zur Beantwortung der eingangs gestellten Fragen über das Verhalten der Bildmengen von $C^1$-Abbildungen und formulieren dazu zwei Sätze. Es sind dies die Sätze von der *Gebietsinvarianz (Gebietstreue)* und der *lokalen Umkehrbarkeit*.

---

**Satz 3.10**  *(Gebietsinvarianz): Es sei $G$ ein Gebiet des $\mathbb{R}^2$ und $\mathbf{f} : G \to \mathbb{R}^2$ eine $C^1$-Abbildung in $G$ mit $J(\mathbf{f})(P) \neq 0$ für alle $P \in G$. Dann wird jedes Gebiet $G' \subset G$ durch die Abbildung $\mathbf{f}$ auf ein Gebiet des $\mathbb{R}^2$ abgebildet; d. h., $\mathbf{f}(G')$ ist ein Gebiet.*

---

**Satz 3.11**  *(Lokale Umkehrbarkeit): Es sei $G$ ein Gebiet des $\mathbb{R}^2$ und $\mathbf{f} : G \to R^2$ eine $C^1$-Abbildung in $G$ mit $J(\mathbf{f})(P_0) \neq 0$ für ein $P_0 \in G$. Dann gibt es eine Umgebung $U$ von $P_0$ so, daß $V = \mathbf{f}[U]$ eine Umgebung von $Q_0 = \mathbf{f}(P_0)$ enthält. Ferner ist die Abbildung $\mathbf{f}$, eingeschränkt auf $U$, eine eineindeutige Abbildung (d. h., jeder Bildpunkt besitzt genau einen Originalpunkt), und die inverse Abbildung $\mathbf{f}^{-1}$ dieser auf $U$ eingeschränkten Abbildung ist eine $C^1$-Abbildung auf $V$ und bildet $V$ auf $U$ ab.*

---

**Bemerkung 3.3**  Ist $G$ ein Gebiet des $\mathbb{R}^2$ und $\mathbf{f} : G \to \mathbb{R}^2$ eine $C^1$-Abbildung in $G$, so folgt aus der Eigenschaft

$$J(\mathbf{f})(P) \neq 0 \quad \text{für alle} \quad P \in G$$

nicht, daß $\mathbf{f}$ auch „im Großen" eineindeutig ist; d. h., der Satz 3.11 gibt nur die Eineindeutigkeit in der Umgebung eines Punktes $P$ von $G$ an. Die Größe dieser Umgebung hängt von $P$ ab. Zur Begründung betrachten wir nochmals das obige Beispiel: $u = x_1^2 - x_2^2; v = 2x_1x_2$ und $\dfrac{\partial(u,v)}{\partial(x_1,x_2)} = 4(x_1^2 + x_2^2)$. Im Ringgebiet $\{(x_1,x_2)\tfrac{1}{10} < x_1^2 + x_2^2 < 10\}$ ist überall $\dfrac{\partial(u,v)}{\partial(x_1,x_2)} > 0$. Trotzdem haben z. B. die beiden verschiedenen Punkte $P(1;0)$ und $P(-1;0)$ beide den gleichen Bildpunkt $Q(1;0)$ bezüglich der gegebenen Abbildung $\mathbf{f}(\mathbf{x}) = \begin{bmatrix} x_1^2 - x_2^2 \\ 2x_1x_2 \end{bmatrix}$.

Die Funktionaldeterminante einer Abbildung läßt sich auch als „*lokale lineare Volumenverzerrung*" auffassen und besitzt durch diese Eigenschaft große Bedeutung bei der Berechnung mehrfacher Integrale ([KPF]).

Zur Erklärung dieser Eigenschaft betrachten wir diejenige Abbildung $\mathbf{f}:\mathbb{R}^3\to\mathbb{R}^3$, die durch $\mathbf{f}=\begin{bmatrix} f_1 \\ f_2 \\ f_3 \end{bmatrix}$ mit

$$\begin{aligned} f_1(x_1,x_2,x_3) &= a_1x_1+b_1x_2+c_1x_3, \\ f_2(x_1,x_2,x_3) &= a_2x_1+b_2x_2+c_2x_3, \quad (a_i,b_i,c_i \text{ gegebene Konstanten,} \\ f_3(x_1,x_2,x_3) &= a_3x_1+b_3x_2+c_3x_3, \quad i=1,2,3) \end{aligned}$$

gegeben ist. Die Abbildung $\mathbf{f}$ ist linear, und es gilt

$$\mathbf{f}(\mathbf{e}_1)=\mathbf{a}, \quad \mathbf{f}(\mathbf{e}_2)=\mathbf{b}, \quad \mathbf{f}(\mathbf{e}_3)=\mathbf{c}$$

mit $\mathbf{a}=\begin{bmatrix} a_1 \\ a_2 \\ a_3 \end{bmatrix}, \mathbf{b}=\begin{bmatrix} b_1 \\ b_2 \\ b_3 \end{bmatrix}, \mathbf{c}=\begin{bmatrix} c_1 \\ c_2 \\ c_3 \end{bmatrix}.$

Auf Grund der Linearität von $\mathbf{f}$ wird der von den Basisvektoren $\mathbf{e}_1,\mathbf{e}_2,\mathbf{e}_3$ aufgespannte Würfel $W=\{(x_1,x_2,x_3)|0\le x_i\le 1; i=1,2,3\}$ auf den von den drei Vektoren $\mathbf{a},\mathbf{b},\mathbf{c}$ aufgespannten Spat $Q$ (Parallelflach; schiefer Quader) abgebildet:

$$\mathbf{f}[W]=Q.$$

(Man überlege sich die Richtigkeit dieser Behauptung!) Nun gilt

$$J(\mathbf{f})(\mathbf{x})=\begin{vmatrix} f_{1|1} & f_{1|2} & f_{1|3} \\ f_{2|1} & f_{2|2} & f_{2|3} \\ f_{3|1} & f_{3|2} & f_{3|3} \end{vmatrix}=\begin{vmatrix} a_1 & b_1 & c_1 \\ a_2 & b_2 & c_2 \\ a_3 & b_3 & c_3 \end{vmatrix}.$$

Die rechtsstehende Determinante ist andererseits gleich dem Spatprodukt $[\mathbf{abc}]$ der drei Vektoren $\mathbf{a},\mathbf{b},\mathbf{c}$, welches seinem Betrage nach gleich dem Rauminhalt des von $\mathbf{a},\mathbf{b},\mathbf{c}$ gebildeten Spates $Q$ ist. Also gilt in diesem Fall die Gleichheit

$$\text{Rauminhalt von} \quad \mathbf{f}[W]=|J(\mathbf{f})|\cdot\text{Rauminhalt von } W$$

(der zweite Faktor rechts hat den Wert 1), und es ist leicht zu sehen, daß diese Gleichung richtig bleibt, wenn man für $W$ einen Quader mit beliebigen Kantenlängen nimmt, dessen Kanten zu den Basisvektoren $\mathbf{e}_1,\mathbf{e}_2,\mathbf{e}_3$ parallel sind. Speziell gilt dies für einen Quader $\triangle W$ mit den Kanten $\triangle x, \mathbf{e}_1, \triangle x_2\mathbf{e}_2, \triangle x_3\mathbf{e}_3$; d. h., es gilt die Gleichung

$$\text{Rauminhalt von } \mathbf{f}[\triangle W]=\left|\frac{\partial(f_1,f_2,f_3)}{\partial(x_1,x_2,x_3)}\right|\triangle x_1, \triangle x_2, \triangle x_3. \qquad (3.75)$$

Geht man von der (bis jetzt erhobenen) Forderung der Linearität der Abbildung $f$ ab, so wird aus der Gleichung (3.74) eine nur näherungsweise gültige Gleichung, die umso genauer gilt, je kleiner der Ausdruck $|\triangle x_1| + |\triangle x_2| + |\triangle x_3|$ wird. Diese Näherungsbeziehung ist die Grundlage für die in [KPF] behandelten Transformationen mehrfacher Integrale.

### 3.8.2  Der Multiplikationssatz für Funktionaldeterminanten

Aus der verallgemeinerten Kettenregel (s. 3.6) läßt sich eine einfache Folgerung über die Funktionaldeterminante der zusammengesetzten Abbildung herleiten. Zur Vereinfachung der Darstellung behandeln wir diesen Sachverhalt für den Fall der Funktionen zweier Variabler. Es seien $h_1(x_1, x_2); h_2(x_1, x_2)$ zwei differenzierbare Funktionen, die in einem gewissen Gebiet des $\mathbb{R}^2$ definiert sind; desgleichen $g_1(u_1, u_2); g_2(u_1, u_2)$, wobei der Definitionsbereich von $g_1$ und $g_2$ die Menge der Bildpunkte der Abbildung $h(x) = \begin{bmatrix} h_1(x_1, x_2) \\ h_2(x_1, x_2) \end{bmatrix}$ enthält. Wir bilden zusammengesetzte Abbildungen

$$f_1(x_1, x_2) = g_1(h_1(x_1, x_2), h_2(x_1, x_2)) \quad f_2(x_1, x_2) = g_2(h_1(x_1, x_2), h_2(x_1, x_2)).$$

Nach der verallgemeinerten Kettenregel gelten die folgenden vier Gleichungen

$$
\begin{aligned}
f_{1|1} &= g_{1|1}h_{1|1} + g_{1|2}h_{2|1} \\
f_{1|2} &= g_{1|1}h_{1|2} + g_{1|2}h_{2|2} \\
f_{2|1} &= g_{2|1}h_{1|1} + g_{2|2}h_{2|1} \\
f_{2|2} &= g_{2|1}h_{1|2} + g_{2|2}h_{2|2},
\end{aligned}
$$

die wir, wie bereits in 3.6 durchgeführt, als Matrizengleichung schreiben können:

$$
\begin{bmatrix} f_{1|1} & f_{1|2} \\ f_{2|1} & f_{2|2} \end{bmatrix} = \begin{bmatrix} g_{1|1} & g_{1|2} \\ g_{2|1} & g_{2|2} \end{bmatrix} \begin{bmatrix} h_{1|1} & h_{1|2} \\ h_{2|1} & h_{2|2} \end{bmatrix},
$$

wobei als Argumente der Ableitungen $g_{i|k}$ die Punkte $(h_1(x_1, x_2); h_2(x_1, x_2))$ einzusetzen sind (s. 3.6, Formel 3.49). Aus der bekannten Determinanteneigenschaft $\det(\mathbf{AB}) = \det \mathbf{A} \det \mathbf{B}$ für zwei $(n, n)$-Matrizen $\mathbf{A}, \mathbf{B}$ folgt somit die Gleichung

$$
\frac{\partial(f_1, f_2)}{\partial(x_1, x_2)} = \left[ \left. \frac{\partial(g_1, g_2)}{\partial(u_1, u_2)} \right|_{\substack{u_1 = h_1(x_1, x_2) \\ u_2 = h_2(x_1, x_2)}} \right] \cdot \frac{\partial(h_1, h_2)}{\partial(x_1, x_2)}, \tag{3.76}
$$

die wir als *Multiplikationssatz für Funktionaldeterminanten* bezeichnen.

**Bemerkung 3.4**  Setzt man zur Abkürzung $h_1(x_1, x_2) = u_1, h_2(x_1, x_2) = u_2$, so kann man die letzte Gleichung in der (in älteren Lehrbüchern anzutreffenden, mathematisch ungenauen, aber leichter einzuprägenden) Form schreiben:

$$\frac{\partial(f_1, f_2)}{\partial(x_1, x_2)} = \frac{\partial(f_1, f_2)}{\partial(u_1, u_2)} \cdot \frac{\partial(u_1, u_2)}{\partial(x_1, x_2)}, \tag{3.77}$$

in der sich der Anteil „$\partial(u_1, u_2)$" gewissermaßen „herauskürzt".
Dieser Multiplikationssatz läßt sich ohne Schwierigkeiten formal auf den Fall einer zusammengesetzten Abbildung $\mathbf{f}(\mathbf{x}) = \mathbf{g}(\mathbf{h}(\mathbf{x}))$ zweier Abbildungen

$$\mathbf{h}(\mathbf{x}) = \begin{bmatrix} h_1(x_1, \ldots, x_n) \\ \\ h_n(x_1, \ldots, x_n) \end{bmatrix} \text{ und } \mathbf{g}(\mathbf{x}) = \begin{bmatrix} g_1(x_1, \ldots, x_n) \\ \ldots \ldots \ldots \ldots \\ g_n(x_1, \ldots, x_n) \end{bmatrix}$$ übertragen. Un-

ter den üblichen Voraussetzungen (die zusammengesetzte Abbildung läßt sich bilden; es existieren die erforderlichen partiellen Ableitungen) gilt der *Multiplikationssatz*

$$J(\mathbf{f})(\mathbf{x}) = J(\mathbf{g})(\mathbf{h}(\mathbf{x}))J(\mathbf{h})(\mathbf{x}). \tag{3.78}$$

Ein wichtiger Spezialfall ist der Fall, daß $\mathbf{f}(\mathbf{x}) = \mathbf{g}(\mathbf{h}(\mathbf{x})) = \mathbf{x}$ für alle $\mathbf{x}$ aus dem Definitionsbereich von $\mathbf{h}$ gilt. In diesem Fall gilt

$$J(\mathbf{f})(\mathbf{x}) = \det \begin{bmatrix} 1 & 0 & 0 & \ldots & 0 \\ 0 & 1 & 0 & \ldots & 0 \\ 0 & 0 & 1 & \ldots & 0 \\ \vdots & \vdots & \vdots & \ddots & \vdots \\ 0 & 0 & 0 & \ldots & 1 \end{bmatrix} = 1,$$

also ist dann $J(\mathbf{g})(\mathbf{h}(\mathbf{x})) = [J(\mathbf{h})(\mathbf{x})]^{-1}$. Dieser Fall tritt speziell dann ein, wenn $g$ die Umkehrabbildung einer differenzierbaren Abbildung $\mathbf{h}$ ist, die ein Gebiet des $\mathbb{R}^n$ in den $\mathbb{R}$ abbildet.
Es ist dann $\mathbf{g} = (\mathbf{h})^{-1}$, und somit gilt die Gleichung

$$J((\mathbf{h})^{-1})(\mathbf{h}(\mathbf{x})) = [J(\mathbf{h})(\mathbf{x})]^{-1}, \tag{3.79}$$

die man in Worten so ausdrücken kann:  „in einander zugeordneten Punkten sind die Werte der Funktionaldeterminanten der gegebenen Abbildung und ihrer Umkehrabbildung zueinander reziprok".

**Beispiel 3.27**  Es seien $u = h_1(x_1, x_2) = x_1 + x_2$ und $v = h_2(x_1, x_2) = x_1 + x_2$. Man erhält durch Auflösen nach $x_1$ und $x_2$ die Beziehungen: $x_1 = \frac{1}{2}u + \frac{1}{2}v$;

$x_2 = \frac{1}{2}u - \frac{1}{2}v$ und daraus weiter

$$\frac{\partial(u,v)}{\partial(x_1,x_2)} = \begin{vmatrix} 1 & 1 \\ 1 & -1 \end{vmatrix} = -1 \quad \text{sowie} \quad \frac{\partial(x_1,x_2)}{\partial(u,v)} = \begin{vmatrix} \frac{1}{2} & \frac{1}{2} \\ \frac{1}{2} & -\frac{1}{2} \end{vmatrix} = -\frac{1}{2}.$$

Durch direkte Rechnung bestätigt sich also die (allgemeingültige) Relation

$$\frac{\partial(u,v)}{\partial(x_1,x_2)} \cdot \frac{\partial(x_1,x_2)}{\partial(u,v)} = 1.$$

### 3.8.3  Die Transformation von Differentialausdrücken bei der Transformation der unabhängigen Variablen

Häufig entsteht bei Anwendungen die Aufgabe, für ein spezielles Problem geeignete, dem Problem angepaßte Koordinaten zu verwenden, die bereits gewisse Eigenschaften des zu untersuchenden Sachverhalts in einfacher Weise zum Ausdruck bringen. Zum Beispiel verwendet man für ebene Probleme, die nur vom Abstand vom Nullpunkt abhängen, zweckmäßigerweise nicht die kartesischen Koordinaten $x_1, x_2$, sondern die ebenen Polarkoordinaten $r, \varphi$, die mit $x_1$ und $x_2$ durch die Gleichungen $x_1 = r \cos\varphi, x_2 = r \sin\varphi$ zusammenhängen. Dabei ergibt sich zwangsläufig die Aufgabe, Differentialausdrücke, die in kartesischen Koordinaten gegeben sind, auf die neuen Koordinaten umzurechnen.[1] Es interessiert u. a., wie der Begriff einer harmonischen Funktion $U = U(x_1, x_2)$ der Variablen $x_1, x_2$, d. h. einer Funktion $U$, für die die Gleichung $\Delta U = U|_{11} + U|_{22} = 0$ gilt, in ebenen Polarkoordinaten zu beschreiben ist. Dazu muß der Differentialausdruck (Differentialoperator) $\Delta = \dfrac{\partial^2}{\partial x_1^2} + \dfrac{\partial^2}{\partial x_2^2}$ auf ebene Polarkoordinaten umgerechnet werden.

Entsprechende Fragen treten auf, wenn partielle Differentialgleichungen, deren Lösungen bestimmte gesuchte technisch wichtige Funktionen sind, in einem geeigneten Koordinatensystem betrachtet werden sollen (und vom Standpunkt der Anwendungen aus gesehen, dort betrachtet werden müssen).

### 3.8.3.1 Transformation auf ebene Polarkoordinaten

Liegen ebene, axialsymmetrische Probleme vor, wobei die Symmetrieachse auf der betrachteten Ebene senkrecht steht, ist es zweckmäßig, ebene Polarkoordinaten einzuführen (vg. auch Abschnitt 2.3). Neben der $x_1, x_2$-Ebene betrachten wir eine $r, \varphi$-Ebene und stellen den Zusammenhang zwischen beiden Ebenen

---

[1] Bei der Berechnung mehrfacher Integrale führt die Verwendung angepaßter Koordinaten zu wesentlichen Vereinfachungen (vgl. [KPF, Abschn. 4]).

dadurch her, daß wir fordern, daß $r$ der Abstand des Punktes $(x_1, x_2)$ vom Nullpunkt ist und $\varphi$ der im mathematisch positiven Sinn gemessene Winkel des Strahls vom Nullpunkt durch den Punkt $(x_1, x_2)$ gegen die positive $x_1$-Richtung (vgl. Abschnitt 2.3). Aus der Elementargeometrie ergibt sich unmittelbar der Zusammenhang $x_1 = r \cos\varphi, x_2 = r \sin\varphi$. Damit jeder Punkt in der Ebene, der nicht der Nullpunkt ist, nur ein einziges Mal durch die Polarkoordinaten $r, \varphi$ beschrieben wird, verlangt man das Bestehen der Ungleichung $-\pi < \varphi \leq \pi$. Durch diese Festsetzung erreichen wir, daß die Zuordnung $(x_1, x_2) \rightarrow (r, \varphi)$ eine (bis auf den Nullpunkt) eineindeutige Abbildung der $x_1, x_2$-Ebene auf einen Teil einer (rechtwinkligen) $r, \varphi$-Ebene wird. Dieser Teil ist der Halbstreifen $r \geq 0; \pi < \varphi \leq \pi$. Treten innerhalb einer Rechnung (z. B. durch Addition) Winkel gegen die positive $x_1$-Richtung auf, die größer als $\pi$ oder kleiner gleich $-\pi$ sind, so können sie stets durch Hinzufügen eines geeigneten Vielfachen von $2\pi$ in das Intervall $-\pi < \varphi \leq \pi$ transformiert werden. Sind $x_1$ und $x_2$ gegeben, so findet man die zugehörigen Werte $(r, \varphi)$ mittels der folgenden Formeln, die leicht zu beweisen sind:

$$r = \sqrt{x_1^2 + x_2^2} \qquad (x_1, x_2 \text{ beliebig}),$$

$$\varphi = \left\{ \begin{array}{ll} \arctan \dfrac{x_2}{x_1} & (x_1 > 0; x_2 \text{ beliebig}), \\[2ex] \left(\arctan \dfrac{x_2}{x_1}\right) + \pi & (x_1 < 0; x_2 \text{ beliebig}), \\[2ex] \dfrac{\pi}{2} & (x_1 = 0; x_2 > 0), \\[2ex] -\dfrac{\pi}{2} & (x_1 = 0; x_2 < 0). \end{array} \right\}$$

Für den Fall $x_1 = 0, ; x_2 = 0$ ist $\varphi$ nicht festgelegt und kann dann beliebige Werte aus dem Intervall $(-\pi, \pi]$ annehmen. Aus der verallgemeinerten Kettenregel folgt die Gleichheit

$$\begin{bmatrix} \dfrac{\partial x_1}{\partial r} & \dfrac{\partial x_1}{\partial \varphi} \\[2ex] \dfrac{\partial x_2}{\partial r} & \dfrac{\partial x_2}{\partial \varphi} \end{bmatrix} \begin{bmatrix} \dfrac{\partial r}{\partial x_1} & \dfrac{\partial r}{\partial x_2} \\[2ex] \dfrac{\partial \varphi}{\partial x_1} & \dfrac{\partial \varphi}{\partial x_2} \end{bmatrix} = \begin{bmatrix} 1 & 0 \\ 0 & 1 \end{bmatrix}$$

(s. 3.6, Formel (3.49)). Die Matrix der Ableitungen (Funktionalmatrix) von $x_1, x_2$ nach $r$ und $\varphi$ läßt sich sehr leicht berechnen; es gilt

$$\begin{bmatrix} \dfrac{\partial x_1}{\partial r} & \dfrac{\partial x_1}{\partial \varphi} \\[2ex] \dfrac{\partial x_2}{\partial r} & \dfrac{\partial x_2}{\partial \varphi} \end{bmatrix} = \begin{bmatrix} \cos\varphi & -r \sin\varphi \\ \sin\varphi & r \cos\varphi \end{bmatrix}.$$

Somit ist

$$\frac{\partial(x_1, x_2)}{\partial(r, \varphi)} = \begin{vmatrix} \cos\varphi & -r\sin\varphi \\ \sin\varphi & r\cos\varphi \end{vmatrix} = r. \tag{3.80}$$

Die Matrix der Ableitungen von $r, \varphi$ nach $x_1$ und $x_2$ erhalten wir nach den Betrachtungen im Punkt 3.8.2 als die zur eben berechneten inverse Matrix. Hat die Matrix $\begin{bmatrix} a & b \\ c & d \end{bmatrix}$ eine von null verschiedene Determinante $D = ad - bc$, so ist ihre inverse Matrix durch den Ausdruck $\frac{1}{D}\begin{bmatrix} d & -b \\ -c & a \end{bmatrix}$ gegeben (man überzeugt sich davon sofort durch Multiplikation beider Matrizen). Also gilt

$$\begin{bmatrix} \dfrac{\partial r}{\partial x_1} & \dfrac{\partial r}{\partial x_2} \\ \dfrac{\partial \varphi}{\partial x_1} & \dfrac{\partial \varphi}{\partial x_2} \end{bmatrix} = \frac{1}{r}\begin{bmatrix} r\cos\varphi & r\sin\varphi \\ -\sin\varphi & \cos\varphi \end{bmatrix} = \begin{bmatrix} \cos\varphi & \sin\varphi \\ -\frac{1}{r}\sin\varphi & \frac{1}{r}\cos\varphi \end{bmatrix}$$

aus der die gesuchten Ableitungen abgelesen werden können. Als Anwendung behandeln wir die Umrechnung des (zweidimensionalen) *Laplace-Operators*[1] $\Delta = \dfrac{\partial^2}{\partial x_1^2} + \dfrac{\partial^2}{\partial x_2^2}$ auf Polarkoordinaten. Hierzu werde durch Einsetzen von $x_1 = r\cos\varphi$ und $x_2 = r\sin\varphi$ in eine gegebene Funktion $U(x_1, x_2)$ eine zusammengesetzte Funktion $V(r, \varphi) = U(r\cos\varphi, r\sin\varphi)$ gebildet. Die Funktion $\Delta U = U_{|11} + U_{|22}$ wird nun durch $V$ und die partiellen Ableitungen von $V$ nach $r$ und $\varphi$ ausgedrückt. Mittels der Kettenregel erhalten wir die Beziehungen:

$$U_{|1} = V_r \cdot r_{|1} + V_\varphi \cdot \varphi_{|1} = V_r\cos\varphi - \frac{1}{r}V_\varphi\sin\varphi,$$

$$U_{|2} = V_r \cdot r_{|2} + V_\varphi \cdot \varphi_{|2} = V_r\sin\varphi - \frac{1}{r}V_\varphi\cos\varphi$$

und weiter mit Kettenregel und Produktregel

$$\begin{aligned} U_{|11} &= (V_{rr}r_{|1} + V_{r\varphi}\varphi_{|1})\cos\varphi - V_r(\sin\varphi)\varphi_{|1} + \frac{1}{r^2}r_{|1}V_\varphi\sin\varphi \\ &\quad - \frac{1}{r}(V_\varphi r_{|1} + V_{\varphi\varphi}\varphi_{|1})\sin - \frac{1}{r}V_\varphi(\cos\varphi)\varphi_{|1} \\ &= V_{rr}\cos^2\varphi - \frac{1}{2}V_{r\varphi}\cos\varphi\sin\varphi + \frac{V_r}{r}\sin^2\varphi + \frac{1}{r^2}V_\varphi\sin\varphi\cos\varphi \\ &\quad - \frac{1}{r}V_{r\varphi}\sin\varphi\cos\varphi + \frac{1}{r^2}V_{\varphi\varphi}\sin^2\varphi + \frac{1}{r^2}V_\varphi\cos\varphi\sin\varphi; \end{aligned}$$

---

[1] Pierre Simon Laplace, 1749 - 1827, französischer Mathematiker. Mit dem Symbol $\Delta$ wird also neben Zuwächsen (vgl. Abschnitt 3.2.1) auch der Laplace-Operator bezeichnet.

entsprechend

$$\begin{aligned}
U_{|22} &= (V_{rr}r_{|2} + V_{r\varphi} \cdot \varphi_{|2})\sin\varphi + V_r(\cos\varphi)\varphi_{|2} - \frac{1}{r^2}V_\varphi(\cos\varphi) \\
&\quad - \frac{1}{r}(V_{\varphi r}r_{|2} + V_{\varphi\varphi}\varphi_{|2})\cos\varphi - \frac{1}{r}V_\varphi(\sin\varphi)\varphi_{|2} \\
&= V_{rr}\sin^2\varphi + \frac{1}{r}V_{r\varphi}\cos\varphi\sin\varphi + \frac{1}{r}V_r\cos\varphi\sin\varphi \\
&\quad + \frac{1}{r}V_r\cos^2\varphi - \frac{1}{r^2}V_\varphi\cos\varphi\sin\varphi \\
&\quad + \frac{1}{r}V_{\varphi r}\cos\varphi\sin\varphi + \frac{1}{r^2}V_{\varphi\varphi}\cos^2\varphi - \frac{1}{r^2}V_\varphi\sin\varphi\cos\varphi.
\end{aligned}$$

Die Addition der erhaltenen Ausdrücke ergibt schließlich $\Delta U = U_{|11} + U_{|22} = V_{rr} + \frac{1}{r}V_r + \frac{1}{r^2}V_{\varphi\varphi}$. Der Laplace-Operator in ebenen Polarkoordinaten hat daher die Form

$$\Delta = \frac{\partial^2}{\partial r^2} + \frac{1}{r}\frac{\partial}{\partial r} + \frac{1}{r^2}\frac{\partial^2}{\partial\varphi^2}. \tag{3.81}$$

**Aufgabe 3.11**   Man überlege sich, daß der Laplace-Operator in ebenen Polarkoordinaten auch in der Form $\frac{1}{r}\frac{\partial}{\partial r}\left(r\frac{\partial}{\partial r}\right) + \frac{1}{r^2}\frac{\partial^2}{\partial\varphi^2}$ geschrieben werden kann.

### 3.8.3.2 Transformation auf Zylinderkoordinaten

Räumliche Probleme, die bezüglich einer festen Achse axialsymmetrisch sind, werden zweckmäßig mittels Zylinderkoordinaten $r, \varphi, z$ beschrieben. Die Symmetrieachse $P(x_1, x_2, x_3)$ kann beschrieben werden durch ihre $x_3$-Koordinate $z$, den Abstand $r$ von der $x_3$-Achse und den im mathematisch positiven Sinn gemessenen Winkel $\varphi$ des Strahls vom Nullpunkt durch den Punkt $P'(x_1, x_2, 0)$ gegen die positive $x_1$-Richtung (vgl. Abschnitt 2.4). Es ergeben sich die (elementargeometrischen) Beziehungen

$$x_1 = r\cos\varphi, \quad x_2 = r\sin\varphi, \quad x_3 = z.$$

Der gesamte Raum $\mathbb{R}^3$ der Punkte $P(x_1, x_2, x_3)$ wird hierbei auf einen Teil eines dreidimensionalen $(r, \varphi, z)$-Raumes abgebildet, wobei analoge Festsetzungen zu treffen sind wie im Fall ebener Polarkoordinaten. Man nennt $(r, \varphi, z)$ die Zylinderkoordinaten des Punktes $P(x_1, x_2, x_3)$ (vgl. Abschnitt 2.4). Die

Funktionalmatrix der $x_1, x_2, x_3$ bezüglich $r, \varphi, z$ hat die Form

$$
\begin{bmatrix}
\dfrac{\partial x_1}{\partial r} & \dfrac{\partial x_1}{\partial \varphi} & \dfrac{\partial x_1}{\partial z} \\[2mm]
\dfrac{\partial x_2}{\partial r} & \dfrac{\partial x_2}{\partial \varphi} & \dfrac{\partial x_2}{\partial z} \\[2mm]
\dfrac{\partial x_3}{\partial r} & \dfrac{\partial x_3}{\partial \varphi} & \dfrac{\partial x_3}{\partial z}
\end{bmatrix}
=
\begin{bmatrix}
\cos \varphi & -r \sin \varphi & 0 \\
\sin \varphi & r \cos \varphi & 0 \\
0 & 0 & 1
\end{bmatrix},
$$

so daß sich für die zugehörige Funktionaldeterminante der Wert

$$
\frac{\partial(x_1, x_2, x_3)}{\partial(r, \varphi, z)} =
\begin{vmatrix}
\cos \varphi & -r \sin \varphi & 0 \\
\sin \varphi & r \cos \varphi & 0 \\
0 & 0 & 1
\end{vmatrix}
= r \tag{3.82}
$$

ergibt. Bei der Umrechnung von Differentialausdrücken sind dieselben Rechnungen wie im Fall ebener Polarkoordinaten durchzuführen, wegen $x_3 = z$ können Ableitungen nach $x_3$ sofort als (dieselben) Ableitungen nach $z$ geschrieben werden. Zum Beispiel ergibt sich für den (dreidimensionalen) Laplace-Operator $\Delta = \dfrac{\partial^2}{\partial x_1^2} + \dfrac{\partial^2}{\partial x_2^2} + \dfrac{\partial^2}{\partial x_2^2}$ unter Benutzung des Ergebnisses von 3.8.3.1 in Zylinderkoordinaten sofort der Ausdruck

$$
\Delta = \frac{\partial^2}{\partial r^2} + \frac{1}{r}\frac{\partial}{\partial r} + \frac{1}{r^2}\frac{\partial^2}{\partial \varphi^2} + \frac{\partial^2}{\partial z^2}. \tag{3.83}
$$

### 3.8.3.3 Transformation auf Kugelkoordinaten

Räumliche Probleme, die nur vom Abstand der zu betrachtenden Punkte von einem festen Punkt abhängen (z. B. Einwirkung einer Zentralkraft) bzw. gewisse Symmetrieeigenschaften gegenüber Drehungen des Raumes um einen festen Punkt aufweisen, werden in *Kugelkoordinaten* beschrieben. Der feste Punkt sei der Nullpunkt des Koordinatensystems. Ein beliebiger Raumpunkt $P(x_1, x_2, x_3)$ kann beschrieben werden durch seinen Abstand $r$ vom Nullpunkt, den Winkel $\varphi$, den der Strahl vom Nullpunkt durch den Punkt $P'(x_1, x_2, 0)$ gegen die positive $x_1$-Richtung (im mathematisch positiven Sinn gemessen) besitzt und den Winkel $\vartheta$, den der Strahl vom Nullpunkt durch den gegebenen Punkt $P(x_1, x_2, x_3)$ gegen die positive $x_3$-Richtung hat.

Es gelten die Transformationsbeziehungen (vgl. 2.4)

$$
x_1 = r \cos \varphi \sin \varphi, \quad x_2 = r \sin \varphi \sin \vartheta, \quad x_3 = r \cos \vartheta.
$$

Der gesamte Raum $\mathbb{R}^3$ wird auf einen Teil des $(r, \vartheta, \varphi)$-Raumes abgebildet, wobei man aus der Forderung, eine (weitestgehend) eineindeutige Abbildung von $(x_1, x_2, x_3)$ auf die Werte $(r, \vartheta, \varphi)$ zu erhalten, die folgenden Vereinbarungen trifft:

$$0 \le r < +\infty, \quad 0 \le \vartheta \le \pi,$$

$$-\pi < \varphi \le \pi \quad (\text{oder} \quad 0 \le \varphi < 2\pi).$$

Die Funktionalmatrix der Transformation $(x_1, x_2, x_3) \to (r, \vartheta, \varphi)$ hat die Gestalt

$$\begin{bmatrix} \dfrac{\partial x_1}{\partial r} & \dfrac{\partial x_1}{\partial \vartheta} & \dfrac{\partial x_1}{\partial \varphi} \\[2mm] \dfrac{\partial x_2}{\partial r} & \dfrac{\partial x_2}{\partial \vartheta} & \dfrac{\partial x_2}{\partial \varphi} \\[2mm] \dfrac{\partial x_3}{\partial r} & \dfrac{\partial x_3}{\partial \vartheta} & \dfrac{\partial x_3}{\partial \varphi} \end{bmatrix} = \begin{bmatrix} \cos\varphi \sin\vartheta & r\cos\varphi\cos\vartheta & r\sin\varphi\sin\vartheta \\ \sin\varphi\sin\vartheta & r\sin\varphi\cos\vartheta & r\cos\varphi\sin\vartheta \\ \cos\vartheta & -r\sin\vartheta & 0 \end{bmatrix}.$$

Ihre Determinante, die Funktionaldeterminante $\dfrac{\partial(x_1, x_2, x_3)}{\partial(r, \vartheta, \varphi)}$, hat den Wert

$$\frac{\partial(x_1, x_2, x_3)}{\partial(r, \vartheta, \varphi)} = r^2 \sin\vartheta. \tag{3.84}$$

Der (dreidimensionale) Laplace-Operator hat in Kugelkoordinaten die Gestalt

$$\begin{aligned} \Delta \; &= \; \frac{\partial^2}{\partial x_1^2} + \frac{\partial^2}{\partial x_2^2} + \frac{\partial^2}{\partial x_3^2} \\[2mm] &= \; \frac{1}{r^2}\frac{\partial}{\partial r}\left(r^2\frac{\partial}{\partial r}\right) + \frac{1}{r^2\sin\vartheta}\frac{\partial}{\partial \vartheta}\left(\sin\vartheta\frac{\partial}{\partial \vartheta}\right) + \frac{1}{r^2\sin^2\vartheta}\frac{\partial^2}{\partial \phi^2}. \end{aligned} \tag{3.85}$$

# 4 Der Satz von Taylor und Extremwertaufgaben

## 4.1 Die Taylorformel für Funktionen zweier Variabler

Es sei $z = f(x, y)$ eine in einem Gebiet $G$ des $\mathbb{R}^2$ $n$-mal stetig (partiell) differenzierbare Funktion, und $P(x_0, y_0)$ sei ein fester Punkt aus $G$. Uns interessiert das Verhalten von $f$ in einer Umgebung von $P(x_0, y_0)$. Dazu betrachten wir den Punkt $P(x_0 + h, y_0 + k)$ für hinreichend kleine Werte von $|h|$ und $|k|$ und führen die folgende Funktion einer reellen Variablen ein:

$$\varphi(t) = f(x_0 + ht, y_0 + kt) \quad 0 \le t \le \alpha; \ \alpha > 0, \quad \text{hinreichend klein).}$$

Mit anderen Worten, wir setzen $x = x_0 + th = x(t)$ und $y = y_0 + tk = y(t)$ und bilden die zusammengesetzte Funktion $\varphi(t) = f(x(t), x(t))$. Die Funktion $\varphi(t)$ wird nach $t$ differenziert (Ableitungen nach $t$ sind durch „Strich oben" gekennzeichnet). Nach der verallgemeinerten Kettenregel erhalten wir

$$\varphi'(t) = f_{|1}x'(t) + f_{|2}y'(t) = f_x x' + f_y y'$$

und mit $x'(t) = (x_0 + th)' = h$, $y'(t) = (y_0 + kt)' = k$ weiter $\varphi'(t) = f_{|1}h + f_{|2}k = f_{|1}(x(t), y(t))h + f_{|2}(x(t), y(t))k$. Zweimalige Differentiation nach $t$ liefert entsprechend (der Leser überprüfe dies)

$$\varphi''(t) = f_{|1}h^2 + f_{|12}hk + f_{|21}kh + f_{|22}k^2 + f_{|11}h^2 + 2f_{|12}hk + f_{|22}k^2,$$

wobei die partiellen Ableitungen $f_{|ik}$ an der Stelle $(x(t), y(t))$ zu nehmen sind. Analog ergibt sich die dritte Ableitung

$$
\begin{aligned}
\varphi''' &= f_{|111}h^3 + f_{|112}h^2k + 2f_{|121}h^2k + 2f_{|122}hk^2 + f_{|221}k^2h + f_{|222}k^3 \\
&= f_{|111}h^3 + 3f_{|112}h^2k + 3f_{|122}hk^2 + f_{|222}k^3,
\end{aligned}
$$

wobei vom Satz von Schwarz (Vertauschbarkeit der Reihenfolge der partiellen Ableitungen) Gebrauch gemacht wurde. Um eine übersichtlichere Schreibweise zu erhalten, erinnern wir an die in 3.4 getroffenen Bezeichnungsvereinbarungen. Wenn wir nun $h$ anstelle von $dx$ und $k$ anstelle von $dy$ setzen und für die Bezeichnung der partiellen Ableitungen von $f$ die Symbole $f_{|1}, f_{|2}$ usw. verwenden, so erhalten wir

$$
\begin{aligned}
\varphi''(t) &= [f_{|1}h + f_{|2}k]^{(2)} = [f_x h + f_y k]^{(2)}, \\
\varphi'''(t) &= [f_{|1}h + f_{|2}k]^{(3)} = [f_x h + f_y k]^{(3)}.
\end{aligned}
$$

Anstelle der Potenzen von $f_{|1}$ bzw. $f_{|2}$ sind die entsprechenden Ableitungen einzusetzen; also ist z. B. $f_{|11}$ anstelle von $(f_{|1})^2$ und analog $f_{|112}$ anstelle von $(f_{|1})^2$ einzusetzen, während für $h$ und $k$ die üblichen Potenzen und die üblichen Koeffizienten zu benutzen sind. Diese Vereinbarung gilt auch allgemein für die $n$-te Ableitung, so daß wir erhalten

$$\varphi^{(n)}(t) = [f_{|1}h + f_{|2}k]^{(n)} \quad (n = 1, 2, \ldots),$$

wobei der Ausdruck rechts gemäß der allgemeinen binomischen Formel

$$(a + b)^n = \sum_{k=0}^{n} a^{n-k} b^k \binom{n}{k}$$

zu bilden ist (vgl. auch Abschnitt 3.4). Die auftretenden partiellen Ableitungen von $f$ sind dabei stets an der Stelle $x = x(t) = x_0 + th; y = y(t) = y_0 + tk$ einzusetzen. Nun bilden wir den Ausdruck der Taylorformel für die Funktion $\varphi(t)$ mit der Entwicklungsstelle $t_0 = 0$ mit dem Ziel, einen Taylor-Ausdruck für $f$ zu erhalten. Es gilt (s. [PFS, Abschnitt 5.2.3])

$$\varphi(t) = \varphi(0) + \frac{t}{1!}\varphi'(0) + \frac{t^2}{2!}\varphi''(0) + \ldots + \frac{t^{n-1}}{(n-1)!}\varphi^{(n-1)}(0) + R_{n-1}(t)$$

mit $R_{n-1}(t) = \frac{1}{n!}t^n\varphi^{(n)}(\vartheta t)$ $(0 < \vartheta < 1)$. Speziell erhalten wir für $t = 1$ die Beziehung

$$\varphi^{(1)} = \varphi(0) + \frac{t}{1!}\varphi'(0) + \frac{1}{2!}\varphi''(0) + \ldots + \frac{1}{(n-1)!}\varphi^{(n-1)}(0) + R_{n-1}(1)$$

mit $R_{n-1}(1) = \frac{1}{n!}\varphi^{(n)}(\vartheta)(0 < \vartheta < 1)$. Zur Bestimmung der einzelnen Ausdrücke $\varphi'(0), \ldots$ verwenden wir die oben eingeführte Schreibweise und erhalten (man beachte, daß jetzt $t = 0$ gilt)

$$\begin{aligned}
\varphi(0) &= f(x_0, y_0), \\
\varphi'(0) &= f_{|1}(x_0, y_0)h + f_{|2}(x_0, y_0)k = \mathrm{d}f
\end{aligned}$$

(vgl. Abschnitt 3.4),

$$\begin{aligned}
\varphi''(0) &= f_{|11}(x_0, y_0)h^2 + 2f_{|12}(x_0, y_0)hk + f_{|22}(x_0, y_0)k^2 \\
&= [f_{|1}(x_0, y_0)h + f_{|2}(x_0, y_0)k]^{(2)} = \mathrm{d}^2 f
\end{aligned}$$

und allgemein

$$\varphi^{(m)}(0) = [f_{|1}(x_0, y_0)h + f_{|2}(x_0, y_0)k]^{(m)} = \mathrm{d}^m f \quad (m = 1, 2, \ldots).$$

Andererseits ist

$$\begin{aligned}
\varphi(1) &= f(x_0 + h, y_0 + k) \quad \text{und} \\
\varphi^{(n)}(\vartheta) &= [f_{|1}(x_0 + \vartheta h, y_0 + \vartheta k)h + f_{|2}(x_0 + \vartheta h, y_0 + \vartheta k)k]^{(n)}.
\end{aligned}$$

Aus (4.1) folgt damit endgültig, wenn wir die zuletzt notierten Ausdrücke einsetzen

$$\begin{aligned}
f(x_0 \; + \; h, \; y_0 + k) &= f(x_0, y_0) + \frac{1}{1!}[f_{|1}(x_0, y_0)h + f_{|2}(x_0, y_0)k] \\
&\quad + \frac{1}{2!}[f_{|1}(x_0, y_0)h + f_{|2}(x_0, y_0)k]^{(2)} \\
&\quad + \ldots + \frac{1}{(n-1)!}[f_{|1}(x_0, y_0)h + f_{|2}(x_0, y_0)k]^{(n-1)} + R_{n-1}(h, k) \qquad (4.1) \\
&= f(x_0, y_0) + \frac{1}{1!}\mathrm{d}f + \frac{1}{2!}\mathrm{d}^2 f + \ldots + \frac{1}{(n-1)!}\mathrm{d}^{n-1} f + R_{n-1}(h, k) \qquad (4.1')
\end{aligned}$$

mit

$$R_{n-1}(h, k) = \frac{1}{n!}[f_{|1}(x_0 + \vartheta h, y_0 + \vartheta k)h + f_{|2}(x_0 + \vartheta h, y_0 + \vartheta k)k]^{(n)} \quad (0 < \vartheta < 1).$$
$$(4.2)$$

**Bemerkung 4.1**   Gelegentlich gibt man das *Restglied $R_{n-1}(h, k)$ in Integralform* an; es lautet dann

$$\begin{aligned}
R_{n-1}(h, k) &= \frac{1}{(n-1)!} \int_0^1 (1 - t)^{n-1}[f_{|1}(x_0 + th, y_0 + tk)h \\
&\quad + f_{|2}(x_0 + th, y_0 + tk)k]^{(n)}\mathrm{d}t.
\end{aligned} \qquad (4.3)$$

Die Formel (4.1) bzw. (4.1') heißt die *Taylorformel* für $f(x, y)$ mit der *Entwicklungsstelle* $(x_0, y_0)$ und dem *Restglied der Ordnung $n$*. Für Funktionen von mehr als zwei Variablen gilt eine analoge Taylorformel, die man sich leicht aus der Beziehung (4.2) durch Verallgemeinerung herstellt.

*Bemerkungen und Beispiele*

1. Setzen wir in dem Ausdruck (4.1) für $n$ speziell den Wert $n = 1$ ein, so erhalten wir die Beziehung

$$f(x_0 + h, y_0 + k) = f(x_0, y_0) + R_0(h, k)$$

   oder

$$f(x_0 + h, y_0 + k) - f(x_0, y_0) = f_{|1}(x_0 + \vartheta h, y_0 + \vartheta k)h+$$

$$+f_{|2}(x_0 + \vartheta h, y_0 + \vartheta k)k \quad (0 < \vartheta < 1),$$

mit anderen Worten, für $n = 1$ geht die Taylorformel in den Mittelwertsatz 3.3 für Funktionen mehrerer Variabler (hier: zweier Variabler) über.

2. Setzt man $x_0 + h = x, y_0 + k = y$, so gilt $h = x - x_0, k = y - y_0$, und aus (4.2) wird die Beziehung

$$
\begin{aligned}
f(x,y) \;=\; & f(x_0,y_0) + \frac{1}{1!}[f_{|1}(x_0,y_0)(x - x_0) + f_{|2}(x_0,y_0)n(y - y_0)] \\
& + \frac{1}{2!}[f_{|1}(x_0,y_0)(x,x_0) + f_{|2}(x_0,y_0)(y - y_0)]^{(2)} \\
& + \ldots + \frac{1}{(n-1)!}[f_{|1}(x_0,y_0)(x,x_0) + f_{|2}(x_0,y_0)(y - y_0)]^{(n-1)} \\
& + R_{n-1}(x - x_0, y - y_0)
\end{aligned}
$$

mit

$$
R_{n-1}(x - x_0, y - y_0) = \frac{1}{n!}[f_{|1}(x_0 + \vartheta(x - x_0), y_0 + \vartheta(y - y_0))(x - x_0)
$$

$$
+ f_{|2}(x_0 + \vartheta(x - x_0), y_0 + \vartheta(y - y_0))(y - y_0)]^{(n)} \quad (0 < \vartheta < 1). \quad (4.4)
$$

Wählt man speziell $x_0 = 0, y_0 = 0$, so entsteht aus der letzteren Beziehung die *Formel von MacLaurin* (zur Vereinfachung der Schreibweise arbeiten wir mit dem Summenzeichen)

$$
f(x,y) = f(0,0) + \sum_{k=1}^{n-1} \frac{1}{k!}[f_{|1}(0,0)x + f_{|2}(0,0)y]^{(k)} + R_{n-1}(x,y)
$$

mit

$$
R_{n-1}(x,y) = \frac{1}{n!}[f_{|1}(\vartheta x, \vartheta y)x + f_{|2}(\vartheta x, \vartheta y)y]^{(n)} \quad (0 < \vartheta < 1). \quad (4.5)
$$

In dieser letzten Form wird die Taylorformel sehr häufig verwendet.

3. Bricht man die Taylorformel (in der Form unter 2. oben) nach den Gliedern mit den ersten Ableitungen ab, so erhält man eine lineare Näherungsfunktion $f_l(x,y)$ für $f(x,y)$, $f_l(x,y) = f(x_0,y_0) + f_{|1}(x_0,y_0)(x - x_0) + f_{|2}(x_0,y_0)(y - y_0)$. Faßt man (vgl. Abschnitt 2.1) $z = f(x,y)$ als Darstellung einer Fläche im $x, y, z$-Koordinatensystem auf, so liefert $z = f_l(x,y)$ die Darstellung der **Tangentialebene** dieser Fläche im Punkt $(x_0, y_0, z_0)$ mit $z_0 = f(x_0,y_0)$ (vgl. Kap. 3).

Mit Benutzung des vollständigen Differentials gilt die Gleichung

$$
f_l(x,y) = f(x_0,y_0) + \mathrm{d}f.
$$

4. Bricht man die Taylorformel (in der Form unter 2. oben) nach den Gliedern mit den zweiten Ableitungen ab, so erhält man eine quadratische Näherungsfunktion $f_q(x, y)$ für $f(x, y)$,

$$
\begin{aligned}
f_q(x, y) \;=\; & f(x_0, y_0) + f_{|1}(x_0, y_0)(x - x_0) + f_{|2}(x_0, y_0)(y - y_0) \\
& + \frac{1}{2!} f_{|11}(x_0, y_0)(x - x_0)^2 + 2 f_{|12}(x_0, y_0)(x - x_0)(y - y_0) \\
& + f_{|22}(x_0, y_0)(y - y_0)^2 = f_l(x, y) + \frac{1}{2!} \mathrm{d}^2 f.
\end{aligned}
$$

Die Gleichung $z = f_q(x, y)$ liefert die Darstellung einer Fläche zweiter Ordnung, die die gegebene Fläche $z = f(x, y)$ im Punkt $(x_0, y_0, f(x_0, y_0))$ berührt und lokal approximiert. Im folgenden Beispiel 4.1 ist diese Fläche ein hyperbolisches Paraboloid; im Beispiel 4.2 erhalten wir ein (zweischaliges) Rotationshyperboloid.

Das Verhalten der quadratischen Näherungsfunktion $f_q(x, y)$ ist vor allem für die Diskussion von Extremwertaufgaben wesentlich (s. Abschnitt 4.2).

**Beispiel 4.1**     Als Beispiel betrachten wir die Funktion $f(x, y) = \sin x \cdot \sin y$ und entwickeln diese Funktion an der Stelle $(0, 0)$ bis zum Restglied $R_2$. Wir legen uns eine Tabelle der partiellen Ableitungen von $f$ bis zur 3. Ordnung einschließlich an:

$$
\begin{aligned}
& f_{|1}(x, y) = f_{|1} = \cos x \sin y; && f_{|2} = \sin x \cos y; && f_{|12} = \cos x \cos y; \\
& f_{|11} = -\sin x \sin y; && f_{|22} = -\sin x \sin y; && f_{|112} = -\sin x \cos y; \\
& f_{|111} = -\cos x \sin y; && f_{|222} = -\sin x \cos y; && f_{|122} = -\cos x \sin y.
\end{aligned}
$$

Die speziellen Werte der Funktion $f$ und ihrer ersten und zweiten (partiellen) Ableitungen an der Entwicklungsstelle $(0, 0)$ lauten:

$$
\begin{aligned}
f(0, 0) = 0; \quad & f_{|1}(0, 0) = 0; \quad f_{|2}(0, 0) = 0; \quad f_{|12}(0, 0) = 1; \\
f_{|11}(0, 0) = 0; \quad & f_{|22}(0, 0) = 0.
\end{aligned}
$$

Damit erhalten wir mittels der Formel (4.6) für $n = 3$ die Entwicklung

$$
\begin{aligned}
\sin x \cdot \sin y \;=\; & f(0, 0) + \frac{1}{1!} [f_{|1}(0, 0)x + f_{|2}(0, 0)y] \\
& + \frac{1}{2!} [f_{|11}(0, 0)x^2 + 2 f_{|22}(0, 0)y^2] + R_3(x, y) \\
\;=\; & \frac{1}{2!} \cdot 2xy + R_2 = xy + R_2
\end{aligned}
$$

mit

$$
\begin{aligned}
R_2 &= \frac{1}{3!}[f_{|1}(\vartheta x, \vartheta y)x + f_{|2}(\vartheta x, \vartheta y)y)^{(3)} \\
&= \frac{1}{6}[f_{|111}(\vartheta x, \vartheta y)x^3 + 3f_{|112}(\vartheta x, \vartheta y)x^2 y + 3f_{|122}(\vartheta x, \vartheta y)xy^2 \\
&\quad + f_{|222}(\vartheta x, \vartheta y)y^3] \\
&= \frac{1}{6}[-x^3 \cos \vartheta x \sin \vartheta y + 3x^2 y(-\sin \vartheta x \cos \vartheta y) \\
&\quad -3xy^2 \cos \vartheta x \sin \vartheta y - y^3 \sin \vartheta y] \\
&= -\frac{1}{6}[(x^3 + 3xy^2)\cos \vartheta x \sin \vartheta y + (3x^2 y + y^3)\sin \vartheta x \cos \vartheta y](0 < \vartheta < 1).
\end{aligned}
$$

Das Restglied $R_2$ läßt sich wegen $|\cos \vartheta x| \leq 1; |\sin \vartheta x| \leq 1$ betragsmäßig wie folgt abschätzen (Anwendung der Dreiecksungleichung):

$$
|R_2| \leq \frac{1}{6}(|x|^3 + 3|x||y|^2 + 3|x|^2|y| + |y|^3) = \frac{1}{6}(|x| + |y|)^3.
$$

Für kleine Werte von $|x| + |y|$ wird daher $|R_2|$ von 3. Ordnung klein, d. h., für nahe beim Nullpunkt gelegene Punkte $P(x,y)$ verhält sich die Funktion $f(x,y) = \sin x \cdot \sin y$ wie die Funktion $g(x,y) = xy$. Bei der Darstellung von $f(x,y)$ als Fläche im Raum $\mathbb{R}^3$ der Punkte $P(x,y,z)$ mit $z = f(x,y) = (\sin x)(\sin y)$ können wir daher näherungsweise diese Fläche durch die Fläche 2. Ordnung $z = xy$ (hyperbolisches Paraboloid) ersetzen.

**Beispiel 4.2**   Als weiteres Beispiel betrachten wir das Potential einer Punktladung, die sich im Punkt $(0,0,0)$ befindet, und entwickeln dieses in einen Taylorausdruck an der Stelle $(1,0,0)$. Dieses Potential ist (bis auf einen hier weggelassenen Zahlenfaktor, s. auch Beispiel 5.1) gleich der Funktion

$$
\varphi(x,y,z) = \frac{1}{r} = \frac{1}{\sqrt{x^2 + y^2 + z^2}};
$$

d. h., es liegt eine Funktion von drei Veränderlichen vor. Wir wollen diesmal so vorgehen, daß wir die Entwicklung mit dem Restglied $R_2$ abbrechen, dieses Restglied aber nicht näher berechnen, sondern an einzelnen Zahlenbeispielen uns ein Bild von der Güte der Approximation der Funktion $\varphi(x,y,z)$ durch die ersten Glieder der Taylorformel (ohne das Restglied) verschaffen. Zunächst berechnen wir die partiellen Ableitungen von $\varphi(x,y,z)$ allgemein und anschließend an der interessierenden Stelle $(1,0,0)$. Es gelten die Beziehungen (s. auch Abschnitt

3.6) $(r = \sqrt{x^2 + y^2 + z^2})$

$$\varphi_{|1} = -\frac{x}{r^3} \qquad \varphi_{|2} = -\frac{y}{r^3}; \qquad \varphi_{|3} = -\frac{z}{r^3};$$

$$\varphi_{|11} = \frac{3x^2}{r^5} - \frac{1}{r^3}; \quad \varphi_{|12} = \varphi_{|21} = \frac{3xy}{r^5}; \quad \varphi_{|22} = \frac{3y^2}{r^5} - \frac{1}{r^5};$$

$$\varphi_{|13} = \varphi_{|31} = \frac{3xz}{r^5}; \quad \varphi_{|23} = \varphi_{|32} = \frac{3yz}{r^5}; \quad \varphi_{|33} = \frac{3z^2}{r^5} - \frac{1}{r^3}.$$

Diese Funktionen haben an der Stelle $(1, 0, 0)$ in der obigen Reihenfolge die Werte $-1; 0; 0; 2; 0; -1; 0; 0; -1$, und ferner gilt noch $\varphi(1, 0, 0) = 1$. Die Taylorformel lautet allgemein mit dem Restglied $R_2$ und dann mit den speziellen Werten

$$\begin{aligned}
\varphi(x, y, z) \;=\; & \varphi(1, 0, 0) + \frac{1}{1!}[\varphi_{|1} \cdot (x - 1) + \varphi_{|2} \cdot y + \varphi_{|3} \cdot z] \\
& + \frac{1}{2!}[\varphi_{|11}(x - 1)^2 + 2\varphi_{|12} \cdot (x - 1)y + \varphi_{|22} \cdot y^2 \\
& + 2\varphi_{|13} \cdot (x - 1)z + 2\varphi_{|23} \cdot yz + \varphi_{|33} \cdot z^2] + R_2,
\end{aligned}$$

wobei die partiellen Ableitungen an der Stelle $(1, 0, 0)$ einzusetzen sind. Es gilt also

$$\begin{aligned}
\varphi(x, y, z) \;=\; & 1 + (-1)(x - 1) + \frac{1}{2!}[2(x - 1)^2 + (-1)y^2 + (-1)z^2] + R_2 \\
=\; & 3 - 3x + x^2 - \frac{y^2}{2} - \frac{z^2}{2} + R_2.
\end{aligned}$$

Den ersten Anteil auf der rechten Seite der letzten Gleichung bezeichnen wir mit $\varphi^*(x, y, z)$, wir setzen also

$$\varphi^*(x, y, z) = 3 - 3x + x^2 - \frac{y^2}{2} - \frac{z^2}{2}.$$

Es gilt (s. o.)

$$\varphi(x, y, z) = \varphi^*(x, y, z) + R_2.$$

In dieser letzteren Schreibweise sehen wir den formelmäßig einfacheren Ausdruck (keine Wurzeln) $\varphi^*$ als eine Näherung von $\varphi$ an. Die Funktion $\varphi^*(x, y, z)$ ist ein Polynom zweiten Grades in $x, y, z$ und rechnerisch in ihren Eigenschaften leicht zu überschauen. Wir verzichten hier auf eine Restgliedabschätzung und stellen nur einige Funktionswerte (Zahlenwerte) von $\varphi$ und $\varphi^*$ gegenüber:

| $(x,y,z)$ | $\varphi(x,y,z)$ | $\varphi^*(x,y,z)$ | $R_2$ |
|---|---|---|---|
| $(1,0,0)$ | $1$ | $1$ | $0$ |
| $(\frac{1}{2},0,0)$ | $2$ | $1,75$ | $0,25$ |
| $(\frac{3}{2},0,0)$ | $\frac{2}{3} \approx 0,67$ | $0,75$ | $-0,08$ |
| $(1,1,0)$ | $\frac{1}{2}\sqrt{2} \approx 0,7071$ | $0,5000$ | $0,2071$ |
| $(1,1,1)$ | $\frac{1}{3}\sqrt{3} \approx 0,5774$ | $0$ | $0,5774$ |

Man erkennt aus dieser Tabelle, daß die Funktion $\varphi^*$ die Werte der Funktion $\varphi$ in einer gewissen Umgebung der Entwicklungsstelle $(1,0,0)$ relativ gut annähert oder approximiert, so daß wir in einer solchen Umgebung die Funktion $\varphi^*$ als einen Ersatz, als eine Approximation für die Funktion $\varphi$ benutzen können. In größerer Entfernung von der Entwicklungsstelle wird die Genauigkeit der Annäherung von $\varphi$ durch $\varphi^*$ zunehmend schlechter.

Ergänzend werde noch auf den folgenden einfachen geometrischen Sachverhalt hingewiesen.

Die Äquipotentialfläche $\varphi(x,y,z) = 1$ enthält den Punkt $(1,0,0)$, um welchen wir die Funktion $\varphi(x,y,z)$ entwickelt haben.

Die Niveauflächen

$$2 - x = 1$$

bzw.

$$(\varphi^*(x,y,z) \equiv)3 - 3x + x^2 - \frac{y^2}{2} - \frac{z^2}{2} = 1,$$

die sich als Näherungsflächen für die Äquipotentialfläche $\varphi(x,y,z) = 1$ ergeben, wenn die Taylorentwicklung bei den linearen bzw. quadratischen Gliedern in $x, y, z$ abgebrochen wird, liefern die Tangentialebene der Äquipotentialfläche $\varphi(x,y,z) = 1$ bzw. eine Fläche zweiten Grades (hier: ein zweischaliges Rotationshyperboloid mit dem einen Scheitel $(1,0,0)$ und der $x$-Achse als Drehachse), die die Äquipotentialfläche im Punkt $(1,0,0)$ berührt.

## 4.2  Extremwertaufgaben

Im Rahmen der Operationsforschung hat die Frage nach den bestmöglichen (weil wirtschaftlichsten) Lösungen bestimmter praktischer Probleme der Theorie der Extremwerte besonderen Aufschwung gegeben (vgl. z. B. [SMA], [KRS], [PZS]). Insbesondere sind Extremwertaufgaben mit Nebenbedingungen (Restriktionen) für die Anwendungen wichtig, weil in der Praxis gerade ein maximaler Nutzeffekt „bei Einhaltung gewisser Bedingungen" zu erzielen ist, z. B. die höchste Tagesproduktion in einem Betrieb bei vorgegebenem Energieverbrauch. Das

Kapitel über Extremwertaufgaben mit Nebenbedingungen verdient also besonderes Interesse und kann als ein Teilgebiet der Disziplin „Optimierung" angesehen werden. Bevor wir uns aber dieser Problematik zuwenden, müssen wir die Frage nach den Extremwerten schlechthin (also ohne Nebenbedingungen) diskutieren. Unsere Entwicklungen knüpfen dabei an die Ausführungen über Extremwerte in [PFS], an. Zur numerischen, automatisierten Berechnung von Extremwerten vgl. inbesondere [KRS].

## 4.2.1  Notwendige Bedingungen für Extremwerte

Wir behandeln die Frage nach der Bestimmung von Extremwerten von Funktionen mehrerer Variabler am Beispiel von Funktionen zweier Variabler und geben anschließend die Verallgemeinerung auf den Fall der Funktionen von $n \geq 2$ Variablen an (vgl. die entsprechenden Bemerkungen in [PFS]).

---

**Definition 4.1**  *Es seien $f(x_1, x_2)$ eine in einem Gebiet $G \subset \mathbb{R}^2$ definierte und dort differenzierbare reelle Funktionen und $P(x_1^{(0)}, x_2^{(0)})$ ein (innerer) Punkt von $G$. Der Punkt $P(x_1^{(0)}, x_2^{(0)})$ heißt S t e l l e eines (relativen oder lokalen) Maximums bzw. Minimums, wenn die Ungleichung*

$$f(x_1, x_2) \leq f(x_1^{(0)}, x_2^{(0)}) \tag{4.6}$$

*bzw.*

$$f(x_1, x_2) \geq f(x_1^{(0)}, x_2^{(0)}) \tag{4.7}$$

*für alle $P(x_1, x_2)$ aus einer punktierten Umgebung von $P(x_1^{(0)}, x_2^{(0)})$ gilt.*

---

**Ergänzung zu Definition 4.1**

Werden in der Ungleichung (4.6) bzw. (4.7) die Zeichen „$\leq$" bzw. „$\geq$" durch „$<$" bzw. „$>$" ersetzt, sprechen wir von einem (relativen) Maximum bzw. Minimum von $f(x_1, x_2)$ „im engeren Sinne". Hat $f(x_1, x_2)$ bei $P(x_1^{(0)}, x_2^{(0)})$ ein Maximum bzw. Minimum, so sagen wir, $f(x_1, x_2)$ hat bei $P(x_1^{(0)}, x_2^{(0)})$ einen (relativen) Extremwert bzw. Extremwert im weiteren Sinne. Gelten die Ungleichungen (4.7) bzw. (4.8) mit „$\leq$" bzw. „$\geq$" für a l l e Punkte $P(x_1, x_2) \in G$, so heißt $P(x_2^0, x_2^0)$ eine Stelle des *absoluten oder globalen* Maximums bzw. Minimums von $f(x_1, x_2)$ in $G$.

> **Satz 4.1**  *Es sei $f(x_1, x_2)$ eine in einem Gebiet $G \subset \mathbb{R}^2$ definierte und dort differenzierbare reelle Funktion. Ist $P(x_1^{(0)}, x_2^{(0)})$ eine Stelle eines relativen Maximums (bzw. Minimums), so gelten die Gleichungen*
>
> $$\begin{aligned} f_{|1}(x_1^{(0)}, x_2^{(0)}) &= 0, \\ f_{|2}(x_1^{(0)}, x_2^{(0)}) &= 0, \end{aligned} \qquad (4.8)$$
>
> *d. h., es gelten die Gleichungen $\frac{\partial f}{\partial x} = 0, \frac{\partial f}{\partial y} = 0$ an der Stelle P.*

*Beweis des Satzes* 4.1: Es sei z. B. $P(x_1^{(0)}, x_2^{(0)})$ eine Stelle eines relativen Maximums; es gilt also die Ungleichung (4.6). Wir betrachten die Funktionen $\varphi_1(x_1) = f(x_1, x_2^{(0)})$ und $\varphi_2(x_2) = f(x_1^{(0)}, x_2)$, die nur von einer Variablen abhängen. Die Funktion $\varphi_1(x_1)$ besitzt wegen (4.6) an der Stelle $x_1 = x_1^{(0)}$ ein (relatives) Maximum. Aus der Extremwerttheorie von Funktionen einer reellen Variablen ([PFS, Satz 7.5]) folgt, daß die Gleichung

$$\left. \frac{d\varphi_1}{dx_1} \right|_{x_1 = x_1^{(0)}} = 0$$

gilt. Es gilt aber $\dfrac{d\varphi_1}{dx_1} = \left( \dfrac{\partial f}{\partial x_1} \right)(x_1, x_2^{(0)})$. Somit folgt die erste der Gleichungen (4.8). Die zweite Gleichung ergibt sich entsprechend durch Betrachtung der Funktion $\varphi_2(x_2)$.

**Bemerkung 4.2**  Die Gleichungen (4.8) gelten auch dann, wenn $f(x_1, x_2)$ bei $P(x_1^{(0)}, x_2(0))$ einen (relativen) Extremwert im weiteren Sinne besitzt. Die Untersuchung konkreter Beispiele zeigt nun, daß die Bedingung (4.8) nur eine notwendige, aber keine hinreichende Bedingung für das Vorliegen eines Extremwertes an der Stelle $P(x_1^{(0)}, x_2^{(0)})$ ist.

**Beispiel 4.3**  Es sei $f(x_1, x_2) = x_1 x_2$ $(-\infty < x_1, x_2 < +\infty)$. Es gilt $f_{|1} = x_2, f_{|2} = x_1$.
Die Gleichung (4.8) ist (genau dann) erfüllt, wenn $x_1 = 0$ und $x_2 = 0$ gilt. Hat die Funktion $f(x_1, x_2) = x_1 x_2$ bei $P(x_1^{(0)}, x_2^{(0)}) = P(0, 0)$ einen Extremwert? Dazu betrachten wir die Funktion $f(x_1, x_2)$ auf der Geraden $g^+$ mit der Parameterdarstellung $x_1 = t, x_2 = t(-\infty < t < +\infty)$. Die Gerade $g^+$ geht durch den Punkt $P(0, 0)$, und es gilt auf $g^+$ die Gleichung [1]

$$f(x_1, x_2)|g^+ = f(t, t) = t^2 \quad (-\infty < t < +\infty).$$

---

[1] Es bezeichne $f|A$ die Einschränkung einer Funktion $f$ auf die Menge $A$ (vgl. [SSZ]).

Wegen $f(0,0) = 0$ ist $f(0,0) < f(t,t)$ für $0 < |t|$. In jeder Umgebung von $P(0,0)$ gibt es also Punkte mit größerem Funktionswert als an dieser Stelle. Andererseits betrachten wir die Funktion $f(x_1, x_2)$ auf der Geraden $g^-$ mit der Parameterdarstellung $x_1 = t, x_2 = -t(-\infty < t < +\infty)$. Die Gerade $g^-$ geht durch den Punkt $P(0,0)$, schneidet die Gerade $g^+$ unter rechtem Winkel, und es gilt auf $g^-$ die Gleichung $f(x_1, x_2)|g^- = f(t, -t) = -t^2$ $(-\infty < t < +\infty)$. Es gilt also $f(0,0) > f(t,-t)$ für $0 < |t|$. In jeder Umgebung von $P(0,0)$ gibt es also Punkte mit kleineren Funktionswerte als an dieser Stelle. (Der Leser orientiere sich auch an Beispiel 2.3 und an den Bildern 2.4 a und 2.4 b.) Die Stelle $P(0,0)$ kann daher weder eine Maximal- noch eine Minimalstelle (auch nicht im weiteren Sinne) der Funktion $f(x_1, x_2)$ sein, denn es gibt keine Umgebung von $P(0,0)$, in der alle Funktionswerte entweder größer (oder gleich) als $f(0,0)$ oder kleiner (oder gleich) als $f(0,0)$ sind. Es sind also zusätzliche Entscheidungsregeln über das tatsächliche Vorliegen eines Extremwertes erforderlich. Wir nennen einen Punkt $P(x_1^{(0)}, x_2^{(0)})$, für den die Gleichungen (4.8) gelten, einen *stationären* oder *kritischen Punkt* oder eine *kritische Stelle* der Funktion $f(x_1, x_2)$. Unsere Frage muß also lauten: Wann ist ein kritischer Punkt von $f(x_1, x_2)$ eine Extremalstelle?

### 4.2.2  Hinreichende Bedingungen für Extremwerte

---

**Satz 4.2**  *Es sei $f(x_1, x_2)$ eine in einem Gebiet $G \subset \mathbb{R}^2$ definierte reelle Funktion, die in $G$ zweimal stetig differenzierbar ist. Ferner sei $P(x_1^{(0)}, x_2^{(0)})$ ein kritischer Punkt von $f$ in $G$, und es sei $D$ die sogenannte $D\,i\,s\,k\,r\,i\,m\,i\,n\,a\,n\,t\,e$ von $f(x_1, x_2)$ im Punkt $P(x_1^{(0)}, x_2^{(0)})$, die durch die Gleichung*

$$D = f_{|11} f_{|22} - f_{|12}^2 \tag{4.9}$$

*definiert ist, wobei die auftretenden partiellen Ableitungen an der Stelle $x_1 = x_1^{(0)}, x_2 = x_2^{(0)}$ zu nehmen sind. Dann gelten die folgenden Entscheidungsregeln für das Vorliegen eines Extremwertes an der kritischen Stelle $P(x_1^{(0)}, x_2^{(0)})$:*

*a) Ist $D < 0$, so hat $f(x_1, x_2)$ an der Stelle $P(x_1^{(0)}, x_2^{(0)})$ keinen Extremwert.*[1]
*b) Ist $D > 0$ und $f_{|11}(x_1^{(0)}, x_2^{(0)}) > 0$, so hat $f(x_1, x_2)$ an der Stelle $P(x_1^{(0)}, x_2^{(0)})$ ein relatives Minimum.*
*c) Ist $D > 0$ und $f_{|11}(x_1^{(0)}, x_2^{(0)}) < 0$, so hat $f(x_1, x_2)$ an der Stelle $P(x_1^{(0)}, x_2^{(0)})$ ein relatives Maximum.*

---

[1] Die durch $z = f(x_1, x_2)$ dargestellte Fläche besitzt an der Stelle $(x_1^{(0)}, x_2^{(0)})$ einen Sattelpunkt.

**Bemerkung 4.3**  Ist unter den Voraussetzungen des Satzes 4.2 die Gleichung $D = 0$ an der Stelle $P(x_1^{(0)}, x_2^{(0)})$ erfüllt, so läßt sich auf Grund dieser Tatsache allein noch keine Entscheidung über das Vorliegen oder Nichtvorliegen eines Extremwertes treffen. Zum Beispiel hat die Funktion $f_1(x_1, x_2) = (x_1)^4 + (x_2)^4$ an der Stelle $x_1^{(0)} = 0; x_2^{(0)} = 0$ ein relatives Minimum; zum anderen hat die Funktion $f_2(x_1, x_2) = (x_1)^3 + (x_2)^3$ an der Stelle $x_1^{(0)} = 0; x_2^{(0)} = 0$ keinen Extremwert. Für beide Funktionen gilt an der kritischen Stelle $x_1^{(0)} = 0; x_2^{(0)} = 0$ die Gleichung $D = 0$. Stellt man also fest, daß an einer kritischen Stelle der Funktion $f(x_1, x_2)$ die Beziehung $D = 0$ gilt, so sind zusätzliche Untersuchungen über das Vorliegen eines Extremwertes erforderlich.

Für einen vollständigen Beweis des Satzes 4.2 verweisen wir auf [AUH].

Damit aber die Nützlichkeit der Taylorformel besser zum Ausdruck kommt, beweisen wir wenigstens die Teilaussage (Satz 4.2 b).

*Beweis* von Satz 4.2 b): Es sei $(x_0, y_0)$ eine kritische Stelle von $f(x, y)$, und es seien $h, k$ reelle Zahlen mit $h^2 + k^2 = \delta^2 (\delta > 0)$ sowie

$$\left. \begin{array}{c} x = x_0 + th \\ y = y_0 + tk \end{array} \right\}, \quad 0 \leq |t| \leq 1,$$

beliebige Punkte aus einer $\delta$-Umgebung von $(x_0, y_0)$, wobei über den Wert von $\delta$ weiter unten noch verfügt wird.

Die Taylorformel liefert bei Verwendung des Restgliedes zweiter Ordnung in jeder solchen (hinreichend kleinen) $\delta$-Umgebung

$$\begin{aligned} f(x, y) \;=\; & f(x_0, y_0) + \frac{1}{1!} f_{|1}((x_0, y_0)th + f_{|1}(x_0, y_0)tk) \\ & + \frac{1}{2!}(f_{|11}(x_0 + \vartheta th, +y_0 \vartheta tk)t^2 h^2 \\ & + 2f_{|12}(x_0 + \vartheta th, y_0 + \vartheta tk)t^2 hk + f_{|22}(x_0 + \vartheta th, y_0 + \vartheta tk)t^2 k^2) \\ & (0 < \vartheta < 1). \end{aligned}$$

Da $(x_0, y_0)$ ein kritischer Punkt von $f$ ist, verschwindet die erste Klammer, und wir erhalten

$$f(x, y) = f(x_0, y_0) + \frac{t^2}{2}(a_{11}h^2 + 2a_{12}hk + a_{22}k^2) = f(x_0, y_0) + \frac{t^2}{2}Q(h, k),$$

wobei zur Abkürzung

$$a_{11} = f_{|11}(x_0 + \vartheta th, y_0 + \vartheta tk); \quad a_{12} = f_{|12}(x_0 + \vartheta th, y_0 + \vartheta tk);$$

$$a_{22} = f_{|22}(x_0 + \vartheta th, y_0 + \vartheta tk); \quad Q(h, k) = a_{11}h^2 + 2a_{12}hk + a_{22}k^2$$

gesetzt wurde. Somit gilt

$$f(x,y) - f(x_0,y_0) = \frac{t^2}{2}Q(h,k). \qquad (*)$$

$Q(h,k)$ ist eine quadratische Form (vgl. [MSV], 4.1), deren Koeffizienten $a_{11}, a_{12}$, $a_{22}$ nach Voraussetzung ($f(x,y)$ zweimal stetig differenzierbar) stetig von $\vartheta, t, h, k$ abhängen. Speziell gelten für $t \to 0$ die Limesrelationen

$$\lim_{t\to 0} a_{11} = f_{|11}(x_0,y_0); \quad \lim_{t\to 0} a_{12} = f_{|12}(x_0,y_0);$$

$$\lim_{t\to 0} a_{22} = f_{|22}(x_0,y_0).$$

Es gelte nun $f_{|11}(x_0,y_0) > 0$ und $D = f_{|11}f_{|22} - f_{|12}^2 > 0$ (an der Stelle $(x_0,y_0)$). Aus Stetigkeitsgründen ($f(x,y)$ zweimal stetig differenzierbar) gilt dann

$$a_{11} > 0 \quad \text{und} \quad a_{11}a_{22} - a_{12}^2 > 0 \qquad (**)$$

für hinreichend kleines $\delta > 0$ und alle $\vartheta, t, h, k$ mit $0 < \vartheta < 1, |t| \le 1$, $h^2 + k^2 = \delta^2$.

Wir formen um (man beachte die Relation $a_{11} > 0$):

$$Q(h,k) = a_{11}\left(\left(h + \frac{a_{12}}{a_{11}}k\right)^2 + \frac{k^2}{a_{11}^2}(a_{11}a_{22} - a_{12}^2)\right).$$

Da wegen $h^2 + k^2 = \delta^2$ nicht gleichzeitig $h$ und $k$ gleich null sein können, ist $Q(h,k)$ wegen $(**)$ positiv. Folglich ergibt sich aus $(*)$ die Ungleichung

$$f(x,y) - f(x_0,y_0) > 0$$

für alle $(x,y) \ne (x_0,y_0)$, die in einer hinreichend kleinen $\delta$-Umgebung von $(x_0,y_0)$ liegen. Somit besitzt $f(x,y)$ an der Stelle $(x_0,y_0)$ ein relatives Minimum. Entsprechend wird die Aussage c) bewiesen.

**Beispiel 4.4**  Es sei $f(x,y) = \frac{1}{2}x^2 - 4xy + 9y^2 + 3x - 14y + \frac{1}{2}$. Gesucht sind die Extremwerte von $f(x,y)$. Es gilt $\dfrac{\partial f}{\partial x} = x - 4y + 3; \dfrac{\partial f}{\partial y} = -4x + 18y - 14$. Als notwendige Bedingung für eine kritische Stelle von $f(x,y)$ haben wir die beiden Gleichungen

$$\begin{aligned}
x \quad -4y \quad +3 &= 0, \\
-4x \quad +18y \quad -14 &= 0,
\end{aligned}$$

aus denen sich $x_0 = 1, y_0 = 1$ ergibt. Wegen $\frac{\partial^2 f}{\partial x^2} = 1; \frac{\partial^2 f}{\partial y^2} = 18; \frac{\partial^2 f}{\partial x \partial y} = -4$ erhalten wir

$$D = \left(\frac{\partial^2 f}{\partial x^2}\right)\left(\frac{\partial^2 f}{\partial y^2}\right) - \left(\frac{\partial^2 f}{\partial x \partial y}\right)^2 = 18 - 16 = 2;$$

also $D > 0$. Es ist also in $P(1,1)$ ein Extremwert von $f(x,y)$ vorhanden, der wegen $\frac{\partial^2 f}{\partial x^2} = 1 > 0$ ein Minimum ist. Der Wert von $f(x,y)$ beträgt dort $f(1,1) = -5$.

**Beispiel 4.5**   Die Summe $S = x+y+z$ der Kantenlängen $x, y, z$ eines Quaders sei gegeben. Wie lang sind diese Kanten zu wählen, damit der Oberflächeninhalt des Quaders maximal wird?

Es sei $A$ der Oberflächeninhalt des betrachteten Quaders, dann gilt bekanntlich $A = 2(xy + yz + xz)$. Wir eliminieren die Variable $z$ durch die Beziehung $z = S - x - y$ ($S$ ist konstant). Daher wird $A = f(x,y) = 2(xy + y(S - x - y) + x(S - x - y)) = 2(-x^2 - xy - y^2 + Sx + Sy)$. Als notwendige Bedingung für eine kritische Stelle von $f(x,y)$ erhalten wir durch Nullsetzen der ersten partiellen Ableitungen die Beziehungen

$$2 \ (-2x \quad -y \quad +S) = 0,$$
$$2 \ (-x \quad -2y \quad +S) = 0,$$

woraus sich $x = \frac{1}{3}S, y = \frac{1}{3}S$ und daher auch $z = \frac{1}{3}S$ ergibt. Wegen

$$\frac{\partial^2 f}{\partial x^2} = -4; \frac{\partial^2 f}{\partial y^2} = -4; \frac{\partial^2 f}{\partial x \partial y} = -2$$

gilt

$$D = \left(\frac{\partial^2 f}{\partial x^2}\right)\left(\frac{\partial^2 f}{\partial y^2}\right) - \left(\frac{\partial^2 f}{\partial x \partial y}\right) = 12;$$

d. h., $D$ ist positiv. Also liegt ein Extremwert für $A$ an der Stelle $x = \frac{1}{3}S; y = \frac{1}{3}S$, vor, der wegen $\frac{\partial^2 f}{\partial x^2} = -4 < 0$ ein Maximum ist. Der gesuchte Quader ist ein Würfel; die maximale Oberfläche $A_{\max}$ ist gleich $f(\frac{1}{3}S; \frac{1}{3}S) = \frac{2}{3}S^2$. Zum Abschluß dieses Abschnittes formulieren wir noch die einfachsten Kriterien für das Vorliegen eines relativen Extremwertes einer Funktion von $n$ Variablen. Alle Definitionen sind vom Fall der Funktionen zweier Variabler her sinngemäß zu übertragen.

---

**Satz 4.3**    *Es sei $f(x_1, \ldots, x_n)$ eine in einem Gebiet des $\mathbb{R}^n$ definierte und dort stetig differenzierbare Funktion mit reellen Werten. Besitzt $f(x_1, \ldots, x_n)$ an der Stelle $P(x_1^{(0)}, \ldots, x_n^{(0)})$ einen (relativen) Extremwert, so gilt notwendig*

$$f_{|1}(x_1^{(0)}, \ldots, x_n^{(0)}) = 0;\ f_{|2}(x_1^{(0)}, \ldots, x_n^{(0)}) = 0;\ \ldots;\ f_{|n}(x_1^{(0)}, \ldots, x_n^{(0)}) = 0 \tag{4.10}$$

$$\text{oder}\quad \text{kürzer}\quad \operatorname{grad} f(x_1^{(0)}, \ldots, x_n^{(0)}) = \mathbf{0}. \tag{4.11}$$

---

Zur Entscheidung über das Vorliegen eines (relativen) Extremwertes an einer kritischen Stelle einer zweimal stetig differenzierbaren Funktion untersucht man die quadratische Form der Matrix (sog. Hesse-*Matrix*)[1] der zweiten partiellen Ableitungen $\mathbf{H} = [a_{ik}]$ mit $a_{ik} = \frac{\partial^2 f}{\partial x_i \partial x_k}(x_1^{(0)}, \ldots, x_n^{(0)}) = f_{|ik}(x_1^{(0)}, \ldots, x_n^{(0)})$, d. h. die Form

$$Q(y_1, \ldots, y_n) = \sum_{k=1}^{n} \sum_{i=1}^{n} a_{ik} y_i y_k. \tag{4.12}$$

Dann gilt der folgende Satz:

---

**Satz 4.4**    *(Entscheidungsregel):*

1. *Ist die quadratische Form $Q = Q(y)$ (s. (4.12)) für alle von $\mathbf{o}$ verschiedenen Vektoren $\mathbf{y} = (y_1, \ldots, y_n)$ positiv (man sagt: $Q$ ist positiv definit), so hat $f(x_1, \ldots, x_n)$ an der Stelle $P(x_1^{(0)}, \ldots, x_n^{(0)})$ ein (relatives) Minimum.*

2. *Ist die quadratische Form $Q = Q(\mathbf{y})$ (s. (4.12)) für alle von $\mathbf{o}$ verschiedenen Vektoren $\mathbf{y} = (y_1, \ldots, y_n)$ negativ (man sagt: $Q$ ist negativ definit), so hat $f(x_1, \ldots, x_n)$ an der Stelle $P(x_1^{(0)}, \ldots, x_n^{(0)})$ ein (relatives) Maximum.*

3. *Nimmt die quadratische Form $Q = Q(\mathbf{y})$ (s. (4.12)) sowohl positive als auch negative Werte an (man sagt: $Q$ ist indefinit), so hat $f(x_1, \ldots, x_n)$ an der Stelle $P(x_1^{(0)}, \ldots, x_n^{(0)})$ keinen Extremwert.*

---

(Für die Beweise der Sätze 4.3 und 4.4 siehe z. B. [FHZ].)

---

[1] Ludwig Otto Hesse, 1811 - 1874, deutscher Mathematiker

*Bemerkungen:*

1. Für den Fall, daß die quadratrische Form $Q = Q(\mathbf{y})$ für alle Vektoren
   $\mathbf{y}$ nichtnegativ bzw. nichtpositiv ist, aber für gewisse $\mathbf{y} \neq \mathbf{o}$ gleich null
   ist (man sagt: $Q$ ist positiv bzw. negativ semidefinit), sind zusätzliche
   Untersuchungen erforderlich (der obige Satz liefert dann keine Entscheidung).

2. Für $n = 2$ sind die Aussagen der Sätze 4.2 und 4.4 gleichwertig. Dies zeigt
   eine einfache, hier übergangene Betrachtung.

3. In vielen praktischen Fällen ergibt sich das Vorliegen eines Extremwertes
   an der untersuchten kritischen Stelle nach folgendem einfachem Prinzip,
   das die Anwendung der Entscheidungsregel (Satz 4.4) erübrigt (und auf
   dem Weierstraßschen Satz über stetige Funktionen auf abgeschlossenen
   beschränkten Definitionsbereichen im $\mathbb{R}^n$ beruht):

   Ist $f(x_1, \ldots, x_n)$ auf der Abschließung $\overline{G}$ eines beschränkten Gebietes
   $G \subset \mathbb{R}^n$ definiert und stetig und in $G$ differenzierbar, besitzt ferner
   $f(x_1, \ldots, x_n)$ in $G$ einen einzigen kritischen Punkt $P_0$ und gilt die Ungleichung $f(P_0) < f(P)$ für alle Randpunkte $P$ von $G$ (d. h. für alle
   $P \in (\overline{G}\backslash G)$), so ist $P_0$ die Stelle des absoluten Minimums von $f(x_1, \ldots, x_n)$
   in $\overline{G}$ (d. h. $f(P_0) < f(Q)$ für alle $Q \in (\overline{G} \setminus \{P_0\})$). Eine entsprechende
   Aussage gilt für das absolute Maximum von $f(x_1, \ldots, x_n)$.

   Häufig gegebene Begründungen der Form „nach der Anschauung ist klar,
   daß $f(x_1, \ldots, x_n)$ an der gefundenen kritischen Stelle einen Extremwert
   besitzt" entbehren oft jeder Grundlage.

4. Zur praktischen Benutzung der Entscheidungsregel ist die folgende Tatsache nützlich: Die quadratische Form $Q(y)$ ist genau dann positiv (negativ)
   definit, wenn alle Eigenwerte der zugehörigen symmetrischen Matrix $[a_{ik}]$
   positiv (negativ) sind. (Auf diese Weise ergibt sich auch der Satz 4.2; vgl.
   hierzu auch [MSV; 4.1, 4.2.5.])

### 4.2.3   Extremwertaufgaben mit Nebenbedingungen

Extremwertbetrachtungen finden bei zahlreichen Problemen in den Natur-, Inge-
nieur- und Wirtschaftswissenschaften im Rahmen von Optimierungsaufgaben
vielfältige Anwendungen. Das Ziel besteht immer darin, unter allen möglichen
Varianten diejenige zu finden, die im Hinblick auf ein besonderes Merkmal (z. B.
Kosten; Energieverbrauch) eine bestmögliche Variante darstellt. Die bestmögliche oder, wie man sagt, „*optimale*" Variante realisiert unter den gegebenen

Bedingungen z. B. die geringsten (= minimalen) Kosten oder den geringsten
Energieverbrauch. Das betrachtete Merkmal heißt auch „*Zielfunktion*", wenn
es als eine Funktion der Variablen, die die möglichen Varianten beschreiben,
dargestellt werden kann. Rein äußerlich haben wir damit die folgende Problem-
stellung. Gegeben ist eine Funktion $f(x_1, \ldots, x_n)$, die in einer gewissen Menge
$G$ des $\mathbb{R}^n$ erklärt ist. Gesucht sind alle Punkte $P(\overline{x}_1, \ldots, \overline{x}_n)$ aus $G$, in denen $f(x_1, \ldots, x_n)$ einen minimalen (bzw. maximalen) Wert annimmt, d. h. für
welche die Ungleichung

$$f(\overline{x}_1, \ldots, \overline{x}_n) \leq f(x_1, \ldots, x_n) \tag{4.13}$$

für alle $P(x_1, \ldots, x_n)$ aus $G$ gilt. Ist die Menge $G$ ein beschränktes Gebiet des
$\mathbb{R}^n$, so liegt die in den vorangegangenen Abschnitten behandelte Problemstel-
lung der Bestimmung relativer Extremwerte vor: Zur Bestimmung der Punkte
$P(\overline{x}_1, \ldots, \overline{x}_n)$ ermittelt man alle Stellen eines relativen Minimums und nimmt
alle Punkte davon, in denen die Funktion $f(x_1, \ldots, x_n)$ den kleinsten Wert der
(endlich vielen) relativen Minimalwerte annimmt. Unter zusätzlichen Bedingungen (vgl. z. B. Abschnitt 4.2.2, Bem. 3) ist dieser kleinste Wert das absolute
Minimum von $f(x_1, \ldots, x_n)$ in $G$. In der Praxis liegt jedoch meist der Fall vor,
daß die Menge $G$ kein Gebiet ist, sondern u. U. sogar eine recht komplizierte
Struktur hat. Wir betrachten hier nur den Fall, in welchem die Menge $G$ durch
Gleichungen beschrieben werden kann. Ist z. B. die Menge $G$ eine Kugelo-
berfläche in $\mathbb{R}^3$ mit dem Mittelpunkt $(x_0, y_0, z_0)$ und dem Radius $a > 0$, so
lautet die Beschreibung der Menge $G$ in Gleichungsform:

$$G = \{(x, y, z) | (x - x_0)^2 + (y - y_0)^2 + (z - z_0)^2 = a^2\}$$

oder kurz

$$g : (x - x_0)^2 + (y - y_0)^2 + (z - z_0)^2 = a^2$$

oder auch

$$G : (x - x_0)^2 + (y - y_0)^2 + (z - z_0)^2 - a^2 = 0.$$

Gerade die letztgenannte Form der Beschreibung von $G$ erweist sich für die Behandlung von Extremwertaufgaben als zweckmäßig. Ist nun eine (Ziel-) Funktion gegeben, z. B. $f(x,y,z) = x + y + z$, die auf der Menge $G$ betrachtet werden soll, so stellt die Gleichung

$$(x - x_0)^2 + (y - y_0)^2 + (z - z_0)^2 - a^2 = 0$$

eine Zusatzbedingung oder *Nebenbedingung (Restriktion)* dar, die die Menge aller zum Vergleich zugelassenen Punkte festlegt. Die Funktion $f(x,y,z) = x + y + z$ ist also nicht schlechthin zu einem Minimum (bzw. Maximum) zu machen, sondern unter der Einhaltung von Nebenbedingungen. Dies führt auf folgende Definition:

---

**Definition 4.2**    *Es sei $f(x_1,\ldots,x_n)$ eine in einem Gebiet $G$ des $\mathbb{R}^n$ erklärte reelle Funktion. Die Menge $G_0 \subseteq \mathbb{R}^n$ sei die Menge aller Punkte $P(x_1,\ldots,x_n)$ aus $G$, für welche (gleichzeitig) die folgenden Gleichungen gelten $(m < n):$*

$$\varphi_1(x_1,\ldots,x_n) = 0$$
$$\cdots\cdots\cdots\cdots\cdots \qquad \text{(N)}$$
$$\varphi_m(x_1,\ldots,x_n) = 0,$$

*wobei die Funktionen $\varphi_1(x_1,\ldots,x_n),\ldots,\varphi_m(x_1,\ldots,x_n)$ reelle, in $G$ erklärte Funktionen sind. Die Aufgabe: ,,Man bestimme alle Punkte $P(\overline{x}_1,\ldots,\overline{x}_n)$ aus $G_0$ mit*

$$f(\overline{x}_1,\ldots,\overline{x}_n) \leq f(x_1,\ldots,x_n)$$

*für alle $P(x_1,\ldots,x_n)$ aus $G_0$" heißt das Minimumproblem für $f(x_1,\ldots,x_n)$ unter den N e b e n b e d i n g u n g e n (N) (bzw. R e s t r i k t i o n e n (N)).*

---

Ist anstelle des Minimums von $f(x_1,\ldots,x_n)$ das Maximum von $f(x_1,\ldots,x_n)$ gesucht, so sprechen wir von einem Maximumproblem mit Nebenbedingungen; beide Möglichkeiten zusammenfassend, sprechen wir von einem *Extremwertproblem mit Nebenbedingungen.*

Mittels der Differentialrechnung läßt sich eine einfache notwendige Bedingung dafür aufstellen, daß ein Punkt eine Extremalstelle eines Extremwertproblems mit Nebenbedingungen ist. Diese Bedingung ist die sogenannte *Multiplikatorenregel* von Lagrange, die wir im folgenden Satz formulieren:

---

**Satz 4.5** *(spezieller Fall): Es sei $f(x,y)$ eine im Gebiet $G \subseteq \mathbb{R}^2$ definierte (reelle) differenzierbare Funktion, ebenso sei $g(x,y)$ in $G$ definiert und differenzierbar. Wir setzen $H(x,y;\lambda) = f(x,y) + \lambda g(x,y)$ ($\lambda$ reell). Besitzt $f(x,y)$ an der Stelle $P(x_0,y_0)$ unter den Nebenbedingung $g(x,y) = 0$ einen (relativen) Extremwert (Maximum oder Minimum) und gilt $|g_x(x_0,y_0)| + |g_y(x_0,y_0)| > 0$, so gibt es ein $\lambda_0$ mit*

$$\frac{\partial H}{\partial x}(x_0,y_0;\lambda_0) = 0 \quad \text{und} \quad \frac{\partial H}{\partial y}(x_0,y_0;\lambda_0) = 0. \tag{4.14}$$

*Die Zahl $\lambda_0$ heißt ein $L\,a\,g\,r\,a\,n\,g\,e$ - $M\,u\,l\,t\,i\,p\,l\,i\,k\,a\,t\,o\,r$ des betrachteten Extremwertproblems.*

---

Die Gleichungen (4.14) sowie die Nebenbedingung $g(x_0,y_0) = 0$ bilden ein System von drei (im allgemeinen nichtlinearen) Gleichungen für die drei gesuchten Werte von $x_0, y_0, \lambda_0$. Im Beispiel 4.6 wird die Auflösung dieser Gleichungen an einem Spezialfall erläutert.

---

**Satz 4.6** *(allgemeiner Fall): Es sei $f(x_1,\ldots,x_n)$ eine im Gebiet $G \subseteq \mathbb{R}^n$ definierte (reelle) differenzierbare Funktion, ebenso seien $m < n$ (reelle) stetig differenzierbare Funktionen $\varphi_1(x_1,\ldots,x_n),\ldots,\varphi_m(x_1,\ldots,x_n)$ in $G$ gegeben. Es sei $H(x_1,\ldots,x_n;\lambda_1,\ldots,\lambda_m) = f(x_1,\ldots,x_n) + \sum_{k=1}^{m} \lambda_k \varphi_k(x_1,\ldots,x_n)$, wobei die $\lambda_k$ beliebige reelle Zahlen bezeichnen. Der Rang der Matrix $(\varphi_{i|k})$ sei an der Stelle $(x_1^{(0)},\ldots,x_n^{(0)})$ gleich m. Notwendig für das Eintreten eines Extremwertes (relatives Maximum oder Minimum) an der Stelle $(x_1^{(0)},\ldots,x_n^{(0)})$ für die Funktion $f(x_1,\ldots,x_n)$ unter den Nebenbedingungen $\varphi_1(x_1,\ldots,x_n) = 0,\ldots,\varphi_m(x_1,\ldots,x_n) = 0$ ist das Bestehen der Gleichungen*

$$\frac{\partial H}{\partial x_1} = 0, \frac{\partial H}{\partial x_2} = 0,\ldots, \frac{\partial H}{\partial x_n} = 0 \tag{4.15}$$

*an der Stelle $(x_1^{(0)},\ldots,x_n^{(0)})$ für gewisse $\lambda_1,\ldots,\lambda_n$ sowie die Gültigkeit der Beziehungen*

$$\varphi_1(x_1^{(0)},\ldots,x_n^{(0)}) = 0,$$

$$\varphi_m(x_1^{(0)},\ldots,x_n^{(0)}) = 0. \tag{4.16}$$

---

Die Gleichungssysteme (4.14'), (4.15) bilden ein System von insgesamt

$n + m$ Gleichungen für die $n + m$ Unbekannten $x_1^{(0)}, \ldots, x_n^{(0)}; \lambda_1, \ldots, \lambda_m$.

**Beispiel 4.6**    Welche Punkte der Ellipse $4x^2 + y^2 - 4 = 0$ haben vom Punkt $P(2;0)$ extremalen Abstand (relative Extremwerte)?

*Lösung:* Wir betrachten zur Vereinfachung der Rechnung das Quadrat des Abstandes des Punktes $P(2,0)$ von einem beliebigen Ellipsenpunkt $P(x,y)$. Hat dieser Abstand ein Maximum (Minimum) an einer bestimmten Stelle, so gilt das gleiche für sein Quadrat. Wir betrachten daher die Funktion

$$f(x,y) = (x - 2)^2 + y^2.$$

Als Nebenbedingung (Restriktion) kommt hinzu, daß der Punkt $P(x,y)$ auf der Ellipse liegen soll. Es muß daher die Gleichung

$$\varphi(x,y) = 0$$

gelten mit $\varphi(x,y) = 4x^2 + y^2 - 4$. Nach Satz 4.5 bilden wir die Funktion

$$H(x,y;\lambda) = f(x,y) + \lambda\varphi(x,y),$$

also

$$H(x,y;\lambda) = (x - 2)^2 + y^2 + \lambda(4x^2 + y^2 - 4),$$

und stellen das Gleichungssystem für $(x_0, y_0; \lambda)$

$$\frac{\partial H}{\partial x} = 0, \quad \frac{\partial H}{\partial y} = 0, \quad \varphi(x,y) = 0$$

auf. Im Beispiel lautet dieses System

$$2(x - 2) + 8\lambda x = 0, \quad 2y + 2\lambda y = 0, \quad 4x^2 + y^2 - 4 = 0.$$

Die zweite dieser Gleichungen kann in der äquivalenten Form

$$y(1 + \lambda) = 0$$

geschrieben werden. Es ist also entweder $\lambda = -1$ oder $\lambda \neq -1$ und im letzteren Falle $y = 0$. Im Fall $\lambda = -1$ erhalten wir aus der ersten Gleichung den Wert $x = -\frac{2}{3}$ und damit aus der letzten Gleichung die Werte $y = \frac{2}{3}\sqrt{5}$ und $y = -\frac{2}{3}\sqrt{5}$. Für $\lambda \neq -1$ erhalten wir wegen $y = 0$ aus der letzten Gleichung den Wert $x = 1$ oder $x = -1$. Aus der ersten Gleichung ergebens sich die zugehörigen Werte von $\lambda$ zu $\lambda = \frac{1}{4}$ bzw. $\lambda = -\frac{3}{4}$.

Wir erhalten also die folgenden Lösungssysteme

$$x_1 = 1; \quad y_1 = 0; \quad \lambda_1 = \tfrac{1}{4};$$

$$x_2 = -1; \quad y_2 = 0; \quad \lambda_2 = -\tfrac{3}{4};$$

$$x_3 = -\tfrac{2}{3}; \quad y_3 = \tfrac{2}{3}\sqrt{5}; \quad \lambda_3 = -1;$$

$$x_4 = -\tfrac{2}{3}; \quad y_4 = -\tfrac{2}{3}\sqrt{5}; \quad \lambda_4 = -1.$$

Zu diesen Lösungen gehören die folgenden Werte von $f(x,y)$: $f(x_1, y_1) = 1$; $f(x_2, y_2) = 9$; $f(x_3, y_3) = f(x_4, y_4) = \dfrac{84}{9}$. Wie man aus der Ungleichung $f(x_2, y_2) < f(x_3, x_3)$ erkennt und mittels Bild 4.1 begründen kann, gelten die folgenden Feststellungen:

$P(x_1, y_1)$ ist ein Punkt, für den der Abstand ein relatives Minimum (hier sogar das absolute Minimum) hat;

$P(x_2, y_2)$ ist ein Punkt, für den der Abstand ein relatives Minimum hat;

$P(x_3, y_3); P(x_4, y_4)$ sind Punkte, in denen der Abstand ein relatives Maximum (und sogar das absolute Maximum) annimmt.

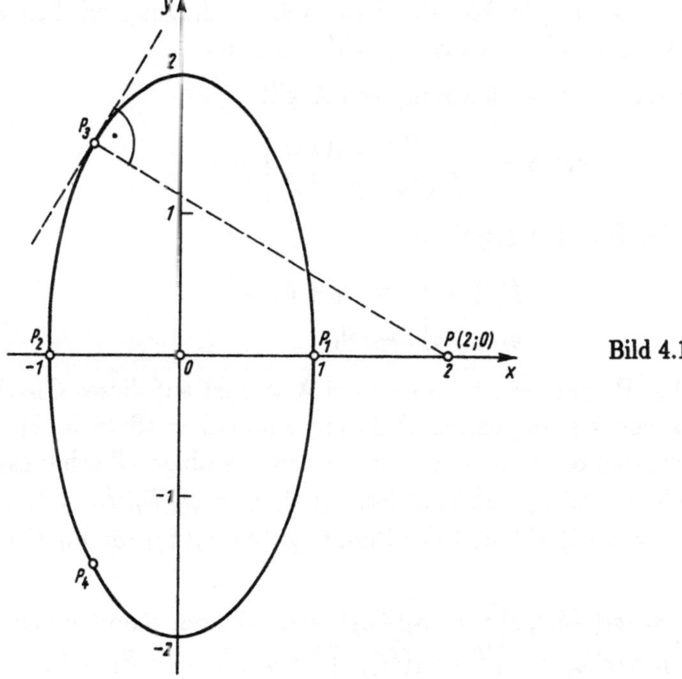


Bild 4.1

Es stellt sich natürlich sofort die Frage, ob es nicht möglich ist, gewisse hinreichende Kriterien dafür aufzustellen, daß eine mittels der Lagrange-Multiplikatorenmethode gefundene Stelle wirklich eine Extremalstelle ist. Im nächsten Abschnitt werden wir (ohne Beweis) eine solche Bedingung angeben und ihre Anwendbarkeit bei verschiedenen Beispielen zeigen. Den Beweis des Satzes 4.5 führen wir für den Spezialfall, daß eine Funktion $f(x_1, x_2)$ zweier unabhängiger Veränderlicher unter einer Nebenbedingung der Form $g(x_1, x_2) = 0$ auf Extremwerte hin zu untersuchen ist. Zur Vorbereitung des Beweises von Satz 4.5 beweisen wir einen Hilfssatz:

---

**Hilfssatz 4.1**  *Im Gebiet $G \subseteq \mathbb{R}^2$ seien die reellen Funktionen $f(x_1, x_2)$ und $g(x_1, x_2)$ stetig differenzierbar. Der Punkt $P_0 = P(x_1^{(0)}, x_2^{(0)})$ sei ein Punkt von $G$ mit $g(P_0) = g(x_1^{(0)}, x_2^{(0)}) = 0$ und $f(P_0) = f(x_1^{(0)}, x_2^{(0)}) = z_0$. Der Rang der Matrix $\mathbf{A} = \begin{bmatrix} f_{|1} & g_{|1} \\ f_{|2} & g_{|2} \end{bmatrix}$, gebildet an der Stelle $(x_1^{(0)}, x_2^{(0)})$, sei gleich 2. Dann besitzt die Funktion $f(x_1, x_2)$ unter den Nebenbedingungen $g(x_1, x_2) = 0$ an der Stelle $P_0 = P(x_1^{(0)}, x_2^{(0)})$ keinen relativen Extremwert.*

---

*Beweis* des Hilfssatzes 4.1: Es sei $U$ eine beliebige, in $G$ enthaltene Umgebung von $P_0$. Wir zeigen, daß in $U$ sowohl Punkte liegen, die die Nebenbedingung $g(x_1, x_2) = 0$ erfüllen und in denen $f(x_1, x_2)$ größere Werte als $z_0 = f(P_0)$ annimmt, als auch solche Punkte, die diese Nebenbedingung erfüllen und in denen $f(x_1, x_2)$ kleinere Werte als $z_0 = f(P_0)$ annimmt.

Nach der Voraussetzung über den Rang von $\mathbf{A}$ gilt

$$\det \mathbf{A} = \begin{vmatrix} f_{|1}(P_0) & g_{|1}(P_0) \\ f_{|2}(P_0) & g_{|2}(P_0) \end{vmatrix} \neq 0.$$

Wir betrachten das Gleichungssystem

$$
\begin{aligned}
f(x_1, x_2) &= z_0 + h, \\
g(x_1, x_2) &= 0,
\end{aligned}
$$

wobei $h$ ein reeller Parameter ist. Wegen $\det \mathbf{A} \neq 0$ ist auf dieses Gleichungssystem der Satz von der impliziten Funktion anwendbar (Satz 3.12). Nach diesem Satz folgt, daß es ein $\delta_1 > 0$ gibt, so daß das obige Gleichungssystem für $|h| \leq \delta_1$ nach $x_1$ und $x_2$ auflösbar ist; $x_1(h); x_2 = \varphi_2(h)(|h| \leq \delta_1)$, wobei $x_1^{(0)} = \varphi_1(0); x_2^{(0)} = \varphi_2(0)$ gilt und der Punkt $(\varphi_1(h), \varphi_1(h))$ für $|h| \leq \delta_1$ in $U$ liegt.

Wir setzen $x_1^{(1)} = \varphi_1(-\delta_1); x_2^{(1)} = \varphi_2(-\delta_1)$ und erklären damit einen Punkt $P_1 = P(x_1^{(1)}, x_2^{(1)})$, analog sei $x_1^{(2)} = \varphi_1(\delta_1); x_2^{(2)} = \varphi_2(\delta_1)$ und $P_2 = P(x_1^{(2)}, x_2^{(2)})$.

Die Punkte $P_1$ und $P_2$ liegen in $U$, und nach Definition der Auflösungsfunktionen $\varphi_1(h), \varphi_2(h)$ gelten die Beziehungen ($z_0 = f(P_0)$) :

$$f(P_1) \; = \; z_0 - \delta_1 < z_0 \quad \text{und} \quad g(P_1) = 0;$$
$$f(P_2) \; = \; z_0 - \delta_1 < z_0 \quad \text{und} \quad g(P_2) = 0$$

Damit ist der Hilfssatz bewiesen.

Zum Beweis des Satzes 4.5 (für unseren Spezialfall) ergibt sich mittel des eben bewiesenen Hilfssatzes 4.1 als notwendige Bedingung für einen Punkt $P_0$ aus $G$ mit $g(P_0) = 0$ als Stelle eines relativen Extremwertes von $f(x_1, x_2)$ unter der Nebenbedingung $g(x_1, x_2) = 0$ die Forderung, daß der Rang der Matrix $\mathbf{A} = \begin{bmatrix} f_{|1}(P_0) & g_{|1}(P_0) \\ f_{|2}(P_0) & g_{|2}(P_0) \end{bmatrix}$ kleiner ist als 2. Da der Rang von $\begin{bmatrix} g_{|1}(P_0) \\ g_{|2}(P_0) \end{bmatrix}$ nach der Voraussetzung (des Satzes 4.5) gleich 1 ist, muß der Rang von $\mathbf{A}$ ebenfalls gleich 1 sein. Daraus folgt, daß das homogene lineare Gleichungssystem für die Werte $\lambda_1$ und $\lambda_2$

$$\lambda_1 f_{|1}(P_0) + \lambda_2 g_{|1}(P_0) \; = \; 0,$$
$$\lambda_1 f_{|2}(P_0) + \lambda_2 g_{|2}(P_0) \; = \; 0$$

eine nichttriviale Lösung ($\lambda_1, \lambda_2$ nicht beide gleich null) besitzt. Da $g_{|1}(P_0)$ und $g_{|2}(P_0)$ nicht beide gleich null sind, ist $\lambda_1 \neq 0$. Teilen wir die beiden letzten Gleichungen durch $\lambda_1$ und setzen wir $\lambda = \lambda_2/\lambda_1$, so sehen wir, daß es eine reelle Zahl $\lambda$ gibt, für die die Gleichungen

$$f_{|1}(P_0) + \lambda g_{|1}(P_0) \; = \; 0,$$
$$f_{|2}(P_0) + \lambda g_{|2}(P_0) \; = \; 0$$

erfüllt sind. Damit ist die Behauptung des Satzes 4.5 (für den betrachteten Spezialfall) bewiesen.

### 4.2.4   Hinreichende Bedingungen für das Vorliegen relativer Extremwerte für Extremwertaufgaben mit Nebenbedingungen

Analog zu den hinreichenden Bedingungen, die wir für Extremwertaufgaben ohne Nebenbedingungen angegeben hatten (s. 4.2.2), lassen sich auch für Extremwertaufgaben mit Nebenbedingungen hinreichende Bedingungen mittels Verhaltens einer aus den zweiten Ableitungen gebildeten quadratischen Form formulieren. Die Besonderheit, welche neu hinzukommt, ist darin zu sehen, daß die zu betrachtende quadratische Form jetzt nur auf einem Teilraum des $\mathbb{R}^n$ auf (positive, negative) Definitheit zu untersuchen ist. Zur Verdeutlichung dieses

Sachverhaltes betrachten wir zunächst das Beispiel am Ende des vorangegangenen Abschnitts. Wir hatten festgestellt, daß die Funktion

$$f(x,y) = (x-2)^2 + y^2$$

mit der Nebenbedingung

$$\varphi(x,y) = 4x^2 + y^2 - 4 = 0$$

im Punkt $(x_1,y_1) = (1,0)$ ein Minimum annimmt. Bei der Untersuchung, ob die Funktion $f(x,y)$ dort tatsächlich ein Minimum (bei Einhaltung der Nebenbedingungen) annimmt, muß man die Funktionswerte von $f(x,y)$ mit dem Funktionswert $f(x_1,y_1) = 1$ für zu $(x_1,y_1)$ benachbarte $(x,y)$ vergleichen und zeigen, daß die Ungleichung $f(x,y) \geq f(x_1,y_1)$ für alle hinreichend nahe benachbarten $(x,y)$ gilt, die mit der Nebenbedingung genügen. Es ist sinnvoll, diese zu $(x_1,y_1)$ benachbarten Werte $(x,y)$ in der Form $x = x_1 + h_1, y = y_1 + h_2$ zu schreiben. Es interessiert also das Vorzeichen der Differenz

$$f(x_1 + h_1, y_1 + h_2) - f(x_1,y_1)$$

für $|h_1| + |h_2| < \delta$ ($\delta$ hinreichend klein) bei Einhaltung der Nebenbedingung

$$4(x_1 + h_1)^2 + (y_1 + h_2)^2 - 4 = 0.$$

Die letzte Bedingung läßt sich aber wegen des Bestehens der Beziehung

$$4x_1^2 + y_1^2 - 4 = 0$$

auch in der Form $4(2x_1 h_1 + h_1^2) + (2y_1 h_2 + h_2^2) = 0$ schreiben. Division durch 2 ergibt schließlich

$$4x_1 h_1 + y_1 h_2 + \left(2h_1^2 + \frac{1}{2}h_2^2\right) = 0.$$

Da $h_1, h_2$ betragsmäßig kleine Werte sind, wird das Verhalten der linken Seite letzterer Gleichung hauptsächlich durch den linearen Anteil $(4x_1 h_1 + y_1 h_2)$ bestimmt. Man kann zeigen, daß man die Glieder höherer Ordnung tatsächlich vernachlässigen darf und daher mit solchen Änderungen $h_1, h_2$ arbeitet, für die $4x_1 h_1 + y_1 h_2 = 0$ gilt. Im Beispiel ($x_1 = 1; y_1 = 0$) lautet diese Bedingung $4h_1 = 0$ oder $h_1 = 0$.

Diese Gleichung legt in der $h_1, h_2$-Ebene einen linearen Teilraum fest, nämlich den Teilraum $E = \{(h_1, h_2) | h_1 = 0; h_2 \text{ beliebig}\}$, der mit der $h_2$-Achse identisch ist. Die geometrische Deutung dieses Teilraumes ist die folgende: durch Parallelverschiebung dieses Raumes derart, daß der Punkt $(x_1, y_1)$ in dem parallel verschobenen Teilraum liegt,   erhält   man   die   Tangente   an   die   Kurve

$4x^2 + y^2 - 4 = 0$ (Ellipse) im Punkt $(x_1, y_1)$. Die betrachteten Änderungen $x = x_1 + h_1, y = y_1 + h_2$ werden also durch solche ersetzt, für die der Punkt $(x, y)$ nicht die Nebenbedingung $\varphi(x, y) = 0$ (mit $\varphi(x, y) = 4x^2 + y^2 - 4$) erfüllt, sondern auf der Tangente an die Kurve $\varphi(x, y) = 0$ im Punkt $(x_1, y_1)$ liegt. Das Vorzeichen der interessierenden Differenz

$$f(x_1 + h_1, y_1 + h_2) - f(x_1, y_1)$$

wird daher durch das Verhalten einer mit den zweiten Ableitungen von $f(x, y)$ und $\varphi(x, y)$ gebildeten quadratischen Form auf dem zur Tangente durch den Punkt $(x_1, y_1)$ an die Kurve $\varphi(x, y) = 0$ parallelen linearen Teilraum $E$ (durch den Punkt $(0, 0)$) beschrieben. Die exakte allgemeine Formulierung dieser Aussage ist der Inhalt des folgenden Satzes, den wir, der besseren Lesbarkeit halber, für den Fall einer Zielfunktion zweier unabhängiger Variabler und einer zusätzlichen Nebenbedingung formulieren (ohne Beweis).

---

**Satz 4.7**  *Es seien $G$ ein Gebiet des $\mathbb{R}^2$ und $f(x, y)$ eine in $G$ definierte reellwertige zweimal stetig differenzierbare Funktion; ebenso sei die Funktion $g(x, y)$ in $G$ zweimal stetig differenzierbar. Das Gleichungssystem*

$$\frac{\partial H}{\partial x} = 0, \quad \frac{\partial H}{\partial y} = 0; \quad g(x, y) = 0,$$

*wobei $H(x, y; \lambda) = f(x, y) + \lambda g(x, y)$ ist, besitze die Lösung $(x_0, y_0; \lambda_0)$. An dieser Stelle sei $\left|\frac{\partial g}{\partial x}\right| + \left|\frac{\partial g}{\partial y}\right| > 0$. Dafür, daß die Stelle $(x_0, y_0)$ eine Stelle eines relativen Minimums (Maximums) der Funktion $f(x_0, y_0)$ unter der Nebenbedingung $g(x, y) = 0$ ist, ist hinreichend, daß die quadratische Form*

$$Q = Q(h_1, h_2) = \frac{\partial^2 H}{\partial x^2} h_1^2 + 2\frac{\partial^2 H}{\partial x \partial y} h_1 h_2 + \frac{\partial^2 H}{\partial y^2} h_2^2$$

*(wobei die zweiten partiellen Ableitungen von $H(x, y; \lambda)$ für $x = x_0$, $y = y_0; \lambda = \lambda_0$ einzusetzen sind) auf dem linearen Teilraum $E$ aller Vektoren $(h_1, h_2)$, die die Gleichung*

$$h_1 \frac{\partial g}{\partial x}(x_0, y_0) + h_2 \frac{\partial g}{\partial y}(x_0, y_0) = 0$$

*erfüllen, positiv (negativ) definit ist. Ist $Q$ auf $E$ indefinit, so liegt an der Stelle $(x_0, y_0)$ kein Extremwert der Funktion $f(x, y)$ unter der Nebenbedingung $g(x, y) = 0$ vor.*

Das Arbeiten mit der in Satz 4.6 formulierten hinreichenden Bedingung erläutern wir am Beispiel der am Ende von Abschnitt 4.2.3 behandelten Extremwertaufgabe. Die Funktion $H(x, y; \lambda)$ hat dort die (bereits früher angegebene) Form

$$H(x, y; \lambda) = (x - 2)^2 + y^2 + \lambda(4x^2 + y^2 - 4).$$

Es gelten daher die folgenden Beziehungen $H_{|11} = H_{xx} = 2 + 8\lambda, H_{|12} = H_{|21} = H_{xy} = H_{yx} = 0, H_{|22} = H_{yy} = 2 + 2\lambda$. Die quadratische Form $Q(h_1, h_2)$ hat also die Gestalt (für beliebige Punkte $(x, y; \lambda)$)

$$Q(h_1, h_2) = (2 + 8\lambda)h_1^2 + (2 + 2\lambda)h_2^2.$$

Wir erhielten bei der früheren Betrachtung dieser Extremwertaufgabe vier Lösungen. Für jede von diesen muß auf dem jeweils zugehörigen Teilraum $E$ die Definitheit der zugehörigen quadratischen Form $Q$ untersucht werden. Die Gleichung für den linearen Teilraum $E$ lautet allgemein

$$\varphi_{|1}(x, y)h_1 + \varphi_{|2}(x, y)h_2 = 0$$

mit $\varphi(x, y) = 4x^2 + y^2 - 4$, also

$$8xh_1 + 2yh_2 = 0.$$

Für $x, y; \lambda$ sind jweils die speziellen Werte der betrachteten Lösung einzusetzen. Wir erhalten also die folgenden Fälle für $E$ und $Q$ :

$$\text{Für}\quad (x_1, y_1; \lambda_1) \;=\; \left(1, 0; \frac{1}{4}\right)\quad \text{gilt}$$

$$E_1 : h_1 \;=\; 0, \qquad Q(h_1, h_2) = \frac{5}{2}h_2^2.$$

Für $(x_2, y_2; \lambda_2) = \left(-1, 0; \frac{3}{4}\right)$ gilt

$$E_2 : h_1 = 0, \qquad Q(h_1, h_2) = \frac{1}{2}h_2^2.$$

Für $(x_3, y_3; \lambda_3) = \left(-\frac{2}{3}, \frac{2}{3}\sqrt{5}; -1\right)$ gilt

$$E_3 : -\frac{16}{3}h_1 + \frac{4}{3}\sqrt{5}h_2 = 0, \qquad Q(h_1, h_2) = -6h_1^2.$$

Für $(x_4, y_4; \lambda_4) = \left(-\frac{2}{3}, -\frac{2}{3}\sqrt{5}; -1\right)$ gilt

$$E_4 : -\frac{16}{3}h_1 - \frac{4}{3}\sqrt{5}h_2 = 0, \qquad Q(h_1, h_2) = -6h_1^2.$$

Wir betrachten weiter den Fall der Lösung $(x_1, y_1; \lambda_1)$. Gilt $(h_1, h_2) \in E_1$ und $(h_1, h_2) \neq (0, 0)$, so muß wegen $h_1 = 0$ notwendig $h_2 \neq 0$ gelten. dann ist aber $Q(h_1, h_2) = \frac{5}{2}h_2^2$ eine positive Zahl, $Q(h_1, h_2) > 0$. Mit anderen Worten, $Q(h_1, h_2)$ ist auf $E_1$ positiv definit, nach Satz 4.6 liegt bei $(x_1, y_1)$ ein Minimum der Funktion $f(x, y)$ (unter der Nebenbedingung $\varphi(x, y) = 0$) vor. Man beachte, daß die quadratische Form $Q(h_1, h_2) = \frac{5}{2}h_2^2$, wenn wir sie auf den gesamten $\mathbb{R}^2$ betrachten (also für $(h_1, h_2)$ sämtliche Werte und nicht nur die mit $h_1 = 0$ zulassen), keineswegs positiv definit, sondern nur positiv semidefinit ist. Denn für alle Vektoren der Form $(h_1, h_2) = (a, 0)$ ist $Q(h_1, h_2)$ gleich null (ohne daß $(a, 0) = (0, 0)$ gilt). Durch eine entsprechende Diskussion erhält man für die anderen Fälle die folgenden Aussagen:

1. Für $(x_1, y_2; \lambda_2)$ ist $Q(h_1, h_2)$ auf $E_2$ positiv definit.

2. Für $(x_3, y_3; \lambda_3)$ ist $Q(h_1, h_2)$ auf $E_3$ negativ definit.

3. Für $(x_4, y_4; \lambda_4)$ ist $Q(h_1, h_2)$ auf $E_4$ negativ definit.

Es sind also $(x_3, y_3), (x_4, y_4)$ Stellen relativer Maxima; $(x_2, y_2)$ eine Stelle eines relativen Minimums von $f(x, y) = (x - 2)^2 + y^2$ unter der Nebenbedingung $4x^2 + y^2 - 4 = 0$. Damit sind die auf mehr anschaulichen Wege erhaltenen Ergebnisse am Ende von Abschnitt 4.2.3 bestätigt.

**Aufgabe 4.1**  Man führe die Diskussion der Lösungen $(x_2, y_2; \lambda_2); (x_3, y_3; \lambda_3); (x_4, y_4; \lambda_4)$ der oben behandelten Aufgabe mittels der quadratischen Form $Q(h_1, h_2)$ vollständig durch.

### 4.2.5  Beispiele für Extremwertaufgaben

#### 4.2.5.1 Standortproblem, Steiner-Weber-Problem

Unter einem *Standortproblem* versteht man eine Aufgabe des folgenden Typs: Gegeben sind $n$ Betriebe, die sich (in einer ebenen Darstellung) an den Orten $P(x_1, y_1), \ldots, P(x_n, y_n)$ befinden. Gesucht ist die Lage $S(x, y)$ einer Versorgungseinrichtung (eines gemeinsamen Zulieferbetriebes usw.) derart, daß die Kosten für die Transporte zwischen $S(x, y)$ und den Betrieben an den Stellen $P(x_1, y_1), \ldots, P(x_n, y_n)$ insgesamt minimal werden. Sieht man die Kosten von $S(x, y)$ zu $P(x_k, y_k)$ proportional zum Abstand (bzw. zum Abstandsquadrat) dieser beiden Punkte an, was in vielen Fällen zutrifft, so haben diese Kosten die Form

$$a_k[(x_k - x)^2 + (y_k - y)^2]^{\frac{1}{2}},$$

wobei $a_k$ ein geeigneter Proportionalitätsfaktor ist $(k = 1, \ldots, n)$. Die Gesamtkosten

$$f(x,y) = \sum_{k=1}^{n} a_k[(x_k - x)^2 + (y_k - y)^2]^{\frac{1}{2}} \qquad (4.17)$$

sollen minimal werden. Wir erhalten somit die Aufgabe, die Funktion $f(x,y)$ (das sogenannte „*Zielfunktional*") auf ihre Minimalstellen hin zu untersuchen, ein Problem, das wir mit den in Abschnitt 4.2.4 entwickelten Methoden im Prinzip (d. h. abgesehen von Schwierigkeiten bei der numerischen Auswertung) lösen können.

Anstelle der Funktion (4.17) betrachtet man zur Vereinfachung auch häufig die Funktion

$$g(x,y) = \sum_{k=1}^{n} a_k^2[(x_k - x)^2 + (y_k - y)^2]. \qquad (4.18)$$

Aufgaben, bei denen eine Funktion vom Typ (4.17) oder vom Typ (4.18) auf Extremwerte hin zu untersuchen ist, bezeichnet man auch als Aufgaben vom Typ des „*Steiner-Weber-Problems*" (s. [WEB]).

Wir behandeln zur Veranschaulichung eine auf den Ansatz (4.18) begründete *Standortaufgabe mit Restriktionen*, d. h., der gesuchte Punkt $S(x,y)$ unterliegt noch zusätzlichen Nebenbedingungen. Solche Nebenbedingungen können zustande kommen, wenn z. B. gewisse Gebiete für die Lage von $S(x,y)$ auszuschließen sind (infolge ungünstigen Baugrundes usw.) oder der Punkt $S(x,y)$ an einer bestimmten Straße, Eisenbahnlinie usw. liegen soll.

**Beispiel 4.7**   An den Orten $P_1(0;0)$,    $P_2(0;1)$,    $P_3(0;2)$ befinden sich Großbaustellen, die durch ein gemeinsames Betonwerk mit Fertigteilen zu versorgen sind (s. Bild 4.2). Das Betonwerk $S(x,y)$ soll an der Bahnlinie mit der Kurvendarstellung $y^2 - x^2 + 1 = 0$ $(x < 0)$ errichtet werden, und zwar so, daß die Gesamttransportkosten (pro Tag) möglichst gering werden.

Zur Lösung dieser Aufgaben benutzen wir den Ansatz mit (4.18) $a_k = 1$ (Transportkosten nur abhängig von der Entfernung). Es ist also die Funktion $g(x,y) = x^2 + y^2 + x^2 + (y - 1)^2 + x^2 + (y - 2)^2$ zum Minimum zu machen unter der Nebenbedingung $\varphi(x,y) = 0$ mit $\varphi(x,y) = y^2 - x^2 + 1 (x < 0)$. Es gilt $g(x,y) = 3x^2 + 3y^2 - 6y + 5$, und damit ist $H(x,y;\lambda) = 3x^2 + 3y^2 - 6y + 5 + \lambda(y^2 - x^2 + 1)$. Zugehörige Gleichungen:

$$H_x = 0; H_y = 0, \varphi(x,y) = 0$$

oder

$$2x(3 - \lambda) \; = \; 0,$$

$$2y(3 + \lambda) = 6,$$
$$y^2 - x^2 = -1.$$

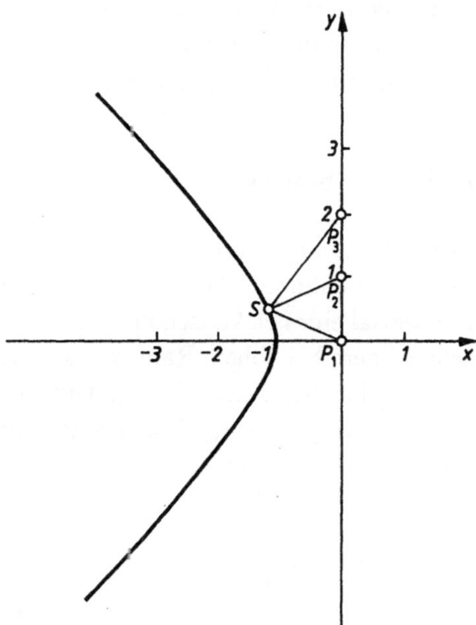

Bild 4.2

Aus der ersten Gleichung folgt, daß $x = 0$ oder $\lambda = 3$ gelten muß. Da für die Punkte der Bahnlinie $x < 0$ gilt, entfällt die ersten Möglichkeit, und es gilt $\lambda = 3$. Damit folgt aus der zweiten Gleichung $12y = 6$ oder $y = \frac{1}{2}$, womit sich aus der dritten Gleichung (wegen $x < 0$) die Lösung $x = -\frac{1}{2}\sqrt{5}$ ergibt. Diese Werte $(x, y; \lambda) = (-\frac{1}{2}\sqrt{5}, \frac{1}{2}; 3)$ sind die einzige Lösung des betrachteten Gleichungssystems. Die Diskussion der zugehörigen quadratischen Form auf dem entsprechenden linearen Teilraum zeigt, daß ein relatives Minimum vorliegt. Da mit $x \to -\infty, y \to +\infty$ (bzw. $y \to -\infty$) auch $g(x,y) \to +\infty$ gilt, ist der gefundene Punkt $S(x,y) = S(-\frac{1}{2}\sqrt{5}; \frac{1}{2})$ die Stelle des absoluten Minimums von $g(x,y)$ unter der Nebenbedingung $y^2 - x^2 + 1 = 0$.

**Bemerkung 4.4**  Gehen wir nicht von $g(x,y) = 3x^2 + 3y^2 - 6y + 5$, sondern von $f(x,y) = \sqrt{x^2 + y^2} + \sqrt{x^2 + (y-1)^2} + \sqrt{x^2 + (y-2)^2}$ aus, so erhalten wir eine Lösung $S(x,y)$, die in der Nähe der oben gefundenen Lösung liegt, deren rechnerische Ermittlung jedoch wesentlich schwieriger ist. Die obige Lösung kann als eine für die Zwecke der Praxis ausreichende Näherung für die Lösung der Extremwertaufgabe für $f(x,y)$ unter denselben Nebenbedingungen angesehen werden.

### 4.2.5.2  Kritische Punkte des elektrischen Feldes

**Beispiel 4.8**  Gegeben seien zwei Punktladungen $Q_1 = 1, Q_2 = 1$, die sich an den Orten $P_1(1,1,1)$ bzw. $P_2(-1,-1,-1)$ befinden. Die beiden Punktladungen erzeugen ein elektrisches Feld. Als Potential eines elektrischen Feldes bezeichnet man die elektrische Spannung zwischen einem beliebigen Raumpunkt und einem festen Bezugspunkt. Die Feldstärke ergibt sich dann als negativer Gradient des Potentials. In der Elektrizitätslehre wird gezeigt, daß das Potential der beiden Punktladungen gegen Unendlich durch den Ausdruck

$$U(x,y,z) = \frac{Q_1}{4\pi\varepsilon_0 r_1} + \frac{Q_2}{4\pi\varepsilon_0 r_2}$$

($r_1, r_2$ Abstand zwischen $P(x,y,z)$ und $P_1$ bzw. $P_2$; $\varepsilon_0$ Influenzkonstante) gegeben ist. Man weise nach, daß der Punkt $P(0,0,0)$ ein kritischer Punkt des von den beiden Punkten erzeugten Potentials $U(x,y,z)$ ist, daß aber $U(x,y,z)$ an dieser Stelle weder ein relatives Maximum noch ein relatives Minimum hat. Ein solcher Punkt heißt, da die Feldstärke (- grad $U$) dort verschwindet, ein sogenannter *Gleichgewichtspunkt* des elektrischen Feldes [1].
Wir betrachten anstelle von $U(x,y,z)$ die Funktion $V(x,y,z) = 4\pi\varepsilon_0 U(x,y,z)$. Dann gilt

$$V(x,y,z) = \frac{1}{r_1} + \frac{1}{r_2} \qquad (r_1, r_2 \neq 0)$$

mit $r^2 = (x-1)^2 + (y-1)^2 + (z-1)^2$ und $r_2^2 = (x+1)^2 + (y+1)^2 + (z+1)^2$. Ferner ist

$$V_{|1} = \frac{(-1)}{r_1^3}(x-1) + \frac{(-1)}{r_2^3}(x+1),$$

---

[1] Bezüglich der Operation *grad* vgl. Def. 3.2

$$V_{|2} = \frac{(-1)}{r_1^3}(y-1) + \frac{(-1)}{r_2^3}(y+1),$$

$$V_{|3} = \frac{(-1)}{r_1^3}(z-1) + \frac{(-1)}{r_2^3}(z+1).$$

Für $x = y = z = 0$ gilt $r_1 = r_2 = \sqrt{3}$, und daher ist dort $V_{|1} = V_{|2} = V_{|3} = 0$; somit ist $P(0,0,0)$ tatsächlich ein kritischer Punkt von $V$ (und auch von $U$). An dieser Stelle gilt

$$V_{|11} = -\left(\frac{r_1^3 - 3(x-1)^2 r_1}{r_1^6} + \frac{r_2^3 - 3(x+1)^2}{r_2^6}\right)\Bigg|_{(0,0,0)}$$

$$= 0; \quad V_{|22} = V_{|33} = 0;$$

$$V_{|12} = -\left((x-1)\frac{r_1^3 \cdot 0 - 3(y-1)r_1}{r_1^6} + (x+1)\frac{r_2^3 \cdot 0 - 3(y+1)r_2}{r_2^6}\right)\Bigg|_{(0,0,0)}$$

$$= \frac{2}{3\sqrt{3}}; V_{|13} = V_{|23} = \frac{2}{3\sqrt{3}}.$$

Die Matrix $\mathbf{A}$ der zweiten partiellen Ableitungen von $V$, die Hessesche Matrix, hat also die Form

$$\mathbf{A} = a \begin{bmatrix} 0 & 1 & 1 \\ 1 & 0 & 1 \\ 1 & 1 & 0 \end{bmatrix} \quad \text{mit} \quad a = \frac{2}{3}\sqrt{3}.$$

Die zugehörige quadratische Form lautet (s. 4.2.4)

$$Q(h_1, h_2, h_3) = \mathbf{h}^T \mathbf{A} \mathbf{h} = a(h_1, h_2, h_3) \begin{bmatrix} 0 & 1 & 1 \\ 1 & 0 & 1 \\ 1 & 1 & 0 \end{bmatrix} \begin{bmatrix} h_1 \\ h_2 \\ h_3 \end{bmatrix}$$

$$= a(h_1, h_2, h_3) \begin{bmatrix} h_2 + h_3 \\ h_1 + h_3 \\ h_1 + h_2 \end{bmatrix} = 2a(h_1 h_2 + h_2 h_3 + h_1 h_3).$$

Diese quadratische Form ist indefinit. Also liegt kein Extremwert vor. Dieses Verhalten ist für elektrostatische Potentiale typisch (vgl. [MWA]).

### 4.2.5.3 Ein geometrisches Beispiel

**Beispiel 4.9** Im dreidimensionalen Raum $\mathbb{R}^3$ sei ein Punkt $P(u, v, w)$ gegeben mit $u > 0, v > 0, w > 0$. Gesucht ist diejenige Ebene durch den Punkt $P(u, v, w)$, für die das von den Koordinatenebenen und der gesuchten Ebene im ersten Oktanten ($x \geq 0, y \geq 0, z \geq 0$) gebildete Tetraeder einen kleinstmöglichen Rauminhalt hat.

Zur Lösung verwenden wir die Abschnittsgleichung der Ebene, die die Koordinatenachsen in den Punkten $P(a, 0, 0); P(0, b, 0); P(0, 0, c)$ schneidet. Ist $P(x, y, z)$ der laufende Punkt dieser Ebene, so gilt

$$\frac{x}{a} + \frac{y}{b} + \frac{z}{c} = 1 \quad (a, b, c > 0).$$

Das Volumen des von dieser Ebene vom ersten Oktanten abgeschnittenen Körpers ist $V = V(a, b, c) = \frac{1}{6}abc$. Da der Punkt $P(u, v, w)$ auf dieser Ebene liegen soll, erhalten wir als Nebenbedingung die Gleichung

$$\frac{u}{a} + \frac{v}{b} + \frac{w}{c} = 1.$$

Zur Behandlung der Aufgabe sind die ersten partiellen Ableitungen der Funktion $H(a, b, c; \lambda) = \frac{1}{6}abc + \lambda\left(\frac{u}{a} + \frac{v}{b} + \frac{w}{c} - 1\right)$ nach $a, b, c$ gleich null zu setzen. Das ergibt folgende Gleichungen:

$$\frac{1}{6}bc - \frac{\lambda u}{a^2} = 0, \quad \frac{1}{6}ac - \frac{\lambda v}{b^2} = 0, \quad \frac{1}{6}ab - \frac{\lambda w}{c^2} = 0, \quad \frac{u}{a} + \frac{v}{b} + \frac{w}{c} = 1.$$

Durch Auflösen der ersten drei Gleichungen jeweils nach $\left(\frac{1}{\lambda}\right)$ und Addition der so erhaltenen Gleichungen ergibt sich unter Verwendung der Nebenbedingung (vierte Gleichung) die Beziehung $\frac{3}{\lambda} = \frac{3}{abc}$, aus der schließlich die Gleichungen $a = 3u, b = 3v, c = 3w, \lambda = \frac{27}{2}uvw$ sowie $V(3u, 3v, 3w) = \frac{9}{2}uvw$ folgen. Man kann zeigen, daß tatsächlich das (absolute) Minimum von $V(a, b, c)$ vorliegt. Die gesuchte Ebene hat die Gleichung $\frac{x}{u} + \frac{y}{v} + \frac{z}{w} = 3$.

## 4.3   Die Methode der kleinsten Quadrate

Die Methode der kleinsten Quadrate wird vor allem bei Problemen der Ausgleichsrechnung (Ausgleich von Fehlern) und bei der Approximation von Funktionen mittels *einfacher* Funktionen angewandt. Sie kann wahrscheinlichkeitstheoretisch begründet werden (s. [LUD]). Da die Anwendung dieser Methode auf eine Extremwertaufgabe für Funktionen mehrerer Variabler führt, wollen wir sie im Rahmen dieses Bandes behandeln. Wir werden feststellen, daß man genauer von einer „Methode der kleinsten Quadratsumme" sprechen müßte.

Wir erläutern dieses Methode am Beispiel des Mittelwertes einer Beobachtungsreihe. Dabei folgen wir im wesentlichen den Betrachtungen in [LUD]. Die einzelnen Meßwerte für eine bestimmte interessierenden Größe, die als konstant anzusehen ist, werden infolge unvermeidbarer Meßfehler unterschiedlich ausfallen.

Die Ausgleichsrechnung hat die Aufgabe, einen „brauchbaren Ersatzwert" für den wahren, aber unbekannten Wert der gemessenen Größe zu definieren. Sind $x_1, \ldots, x_n$ die gemessenen Werte und $\overline{x}$ der Wert, der die wahre Größe ersetzen soll, so verlangt die Methode der kleinsten Quadrate, daß für die scheinbaren Fehler

$$r_i = x_i - x \quad (i = 1, \ldots, n)$$

die Quadratsumme

$$\sum_{i=1}^{n} r_1^2$$

ein Minimum werden soll. Die obige „Fehlerquadratsumme" hängt von den festen, gegebenen Größen $x_1, \ldots, x_n$ und der zunächst als variabel aufzufassenden Größe $\overline{x}$ ab. Wir ersetzen $\overline{x}$ formal durch den Buchstaben $x$ und bezeichnen danach mit $\overline{x}$ nur denjenigen Wert von $x$, der das gesuchte Mininum der Quadratsumme liefert. Wir untersuchen also die Funktion $F(x) = \sum_{i=1}^{n} r_1^2 = \sum_{i=1}^{n} (x_i - x)^2$ auf ihre Extremwerte. Diese Extremwertaufgabe für eine Funktion von nur einer Veränderlichen wird wie in [PFS] gelöst. Es gilt

$$F'(x) = -2 \sum_{i=1}^{n} (x_i - x) = -2 \left( \sum_{i=1}^{n} x_i - nx \right) \quad \text{und} \quad F''(x) = 2n.$$

$F'(x)$ wird gleich null nur für $x = \frac{1}{n} \sum_{i=1}^{n} x_i$. Da $F''(x)$ durchweg größer als null ist, liefert dieser Wert eine (und die einzige) Minimalstelle von $F(x)$ (absolutes Minimum). Die Zahl

$$\overline{x} = \frac{1}{n} \sum_{i=1}^{n} x_i, \tag{4.19}$$

bezeichnet man bekanntlich als den *Mittelwert der Beobachtungsreihe* $x_1, \ldots, x_n$ oder auch als *arithmetisches Mittel* dieser Werte. Der gewöhnliche Mittelwert liefert im Sinne der Methode der kleinsten Quadrate den „besten Ersatz" für den wahren Werte einer bobachteten Größe.

Eine weitere Anwendung der Methode der kleinsten Quadrate finden wir in der Ausgleichsrechnung bei der Aufgabe, die Werte nur indirekt zugänglicher Meßgrößen (*vermittelnde Beobachtungen*) bestmöglich zu bestimmen. Dabei können einerseits überschüssige Beobachtungen vorliegen oder andererseits zusätzliche Bedingungsgleichungen vorhanden sein (*bedingte Beobachtungen*). Beispielsweise kann sich die Messung einer Strecke zusammensetzen aus der Messung zweier Teilstrecken, deren Summe die Gesamtstrecke ist. Wird unabhängig davon die Gesamtstrecke auf eine andere Weise gemessen, so liegt eine überschüssige Messung vor. Die Messungen der Teilstrecken und der Gesamtstrecke sind notwendig fehlerbehaftet, und die Summe der Meßwerte der Teilstrecken wird vom Meßwert der Gesamtstrecke verschieden sein. Also ergibt sich die Frage nach der günstigsten Korrektur der Meßwerte der Teilstrecken und der Gesamtstrecke. Ein Beispiel für das Vorliegen zusätzlicher Bedingungsgleichungen liefert die Messung der drei Innenwinkel eines Dreiecks; als Gleichung haben wir die Forderung, daß die Summe dieser Winkel 180° betragen muß. Wird jeder Innenwinkel gemessen, so ist diese Forderung infolge der auftretenden Meßfehler sicher nicht erfüllt, also muß die Frage nach einer Korrektur, einem „Ausgleich" dieser Werte, gestellt werden.

Die allgemeine Verfahrensweise in jedem dieser Fälle besteht darin, *daß man geeignete Fehlergrößen definiert, die von den auszugleichenden Werten abhängen, und die ausgeglichenen Werte so festlegt, daß die Summe der Quadrate dieser Fehlergrößen minimal wird.* Zur Erläuterung dieses Prinzips betrachten wir das folgende Beispiel:

**Beispiel 4.10**    (vgl. [LUD]): Eine Strecke $AC$ (s. Bild 4.3) werde mit 165,21 m gemessen. Die Meßwerte der Teilstrecken $AB$ bzw. $BC$ seien 50,26 m bzw. 114,30 m. Die Summe dieser Meßwerte, 164,56 m, ist vom Meßwert für die Strecke $AC$ verschieden. Es ist also ein Ausgleich erforderlich. Die auszugleichenden Werte der Längen der Strecken $AB$ bzw. $BC$ bezeichnen wir mit $x_1$ bzw. $x_2$. Der Meßwert der Strecke $AC$ stellt also eine überschüssige Beobachtung für die Festlegung von $x_1$ und $x_2$ dar.

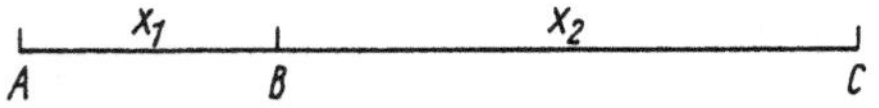

Bild 4.3

Wir betrachten die folgenden Fehlergrößen $v_1, v_2, v_3$ :

$$\begin{aligned}
v_1 &= x_1 & -50,26, \\
v_2 &= x_2 & -114,30, \\
v_3 &= x_1 + x_2 & -165,21.
\end{aligned}$$

Wir wählen die ausgeglichenen Werte $x_1 = \tilde{x}_1, x_2 = \tilde{x}_2$ so, daß die Summe $Q = Q(x_1, x_2) = v_1^2 + v_2^2 + v_3^2 = (x_1 - 50,26)^2 + (x_2 - 114,30)^2 + (x_1 + x_2 - 165,21)^2$ minimal wird. Dazu bilden wir die ersten partiellen Ableitungen von $Q$ nach

$x_1, x_2$ und setzen diese Ableitungen gleich null. Das entstehende Gleichungssystem hat als Lösung die gesuchten Werte $\tilde{x}_1, \tilde{x}_2$. Es gilt

$$\frac{\partial Q}{\partial x_1} = 2(x_1 - 50,26) + 2(x_1 + x_2 - 165,21),$$

$$\frac{\partial Q}{\partial x_2} = 2(x_2 - 114,30) + 2(x_1 + x_2 - 165,21).$$

Daher hat das Gleichungssystem $Q_{|1} = 0, Q_{|2} = 0$ die Form

$$2\tilde{x}_1 + \tilde{x}_2 = 215,47,$$
$$\tilde{x}_1 + 2\tilde{x}_2 = 279,51.$$

Man nennt diese Gleichungen auch die *Normalgleichungen* des gegebenen Ausgleichsproblems. Als (einzige) Lösung ergibt sich $\tilde{x}_1 = 50,49; \tilde{x}_2 = 114,52$ mit der Summe $\tilde{x}_1 + \tilde{x}_2 = 165,01$. Sie liefert, wie sich zeigen läßt, das (absolute) Minimum von $Q$.

**Aufgabe 4.2**  (vgl. [LUD]): für die Winkel eines Dreiecks ergeben sich die folgenden Meßwerte $\alpha = 45°16'$; $\beta = 30°10'$; $\gamma = 105°12'$. Sie sind so auszugleichen, daß die Summe der ausgeglichenen Winkel $180°$ beträgt. Diese Aufgabe ist als Extremwertproblem mit Nebenbedingungen zu behandeln.

Die Methode der kleinsten Quadrate wird schließlich sehr ausgiebig bei der Bestimmung von Ausgleichskurven und zur Approximation von Funktionen benutzt. Der Grundgedanke besteht darin, daß kompliziert zusammengesetzte Funktionen bzw. Funktionen, die nur näherungsweise durch Meßwerte gegeben sind, durch Funktionen von bekannter einfacher Bauart ersetzt bzw. angenähert werden.

Bei physikalischen und technischen Meßvorgängen werden Wertepaare $(x_i, y_i)$ $(i = 1, \ldots, n)$ gemessen. Man nimmt an, daß diese Wertepaare auf einer Kurve liegen, die einen bekannten, einfachen Funktionstyp beschreibt. Da man auch hier Meßfehler von vornherein nicht ausschließen kann, ermittelt man die gesuchte Kurve als sogenannte *Ausgleichskurve*, d. h. als eine Kurve, die sich dem vorliegenden Meßvorgang am besten anpaßt unter der Bedingung, daß sie einem gegebenen einfachen Kurventyp (Gerade, Parabel, ...) angehört.

Wir betrachten zur Verdeutlichung ein Beispiel für eine *Ausgleichsgerade*, die mit der Methode der kleinsten Quadrate bestimmt wird. Es seien die Werte $(x_i, y_i)$ $(i = 1, \ldots, n)$ gegeben. Gesucht ist eine Gerade $y(x) = ax + b$, für die der Ausdruck

$$Q = Q(a, b) = \sum_{i=1}^{n} (y_i - y(x_i))^2 \tag{4.20}$$

minimal wird. Man sucht also diejenige Gerade, die an den Stellen $x_i$ von den gegebenen Werten $y_i$ im Sinne der Summe der Fehlerquadrate am wenigsten abweicht. Die Bestimmung der Konstanten $a, b$ erfolgt in der üblichen Weise aus den Gleichungen

$$\frac{\partial Q}{\partial a} = 0, \qquad \frac{\partial Q}{\partial b} = 0$$

mit der gesuchten Lösung $a = \tilde{a}, b = \tilde{b}$. Zur Durchführung der Rechnung setzen wir in den Ausdruck (4.20) für $y(x_i)$ die Werte $y(x_i) = ax_i + b (i = 1, \ldots, n)$ ein und erhalten

$$Q(a, b) = \sum_{i=1}^{n} (y_1 - ax_i - b)^2.$$

Also wird

$$\frac{\partial Q}{\partial a} = -2 \sum_{i=1}^{n} (y_i - ax_i - b)x_i,$$

$$\frac{\partial Q}{\partial b} = -2 \sum_{i=1}^{n} (y_i - ax_i - b)$$

(man beachte die Kettenregel!). Die Gleichungen $\frac{\partial Q}{\partial a} = 0, \frac{\partial Q}{\partial b} = 0$ sind also gleichbedeutend mit den Gleichungen (den *Normalgleichungen*)

$$0 = \sum_{i=1}^{n} (y_i - ax_i - b)x_i = \sum_{i=1}^{n} x_i y_i - a \sum_{i=1}^{n} x_i^2 - b \sum_{i=1}^{n} x_i, \qquad (4.21)$$

$$0 = \sum_{i=1}^{n} (y_i - ax_i - b) = \sum_{i=1}^{n} y_i - a \sum_{i=1}^{n} x_i - nb,$$

aus denen man die gesuchten Werte $a = \tilde{a}, b = \tilde{b}$ berechnen kann. (4.21) stellt ein lineares Gleichungssystem für diese beiden Werte dar, welches für den Fall, daß nicht alle $x_i$ denselben Wert haben, eine von null verschiedene Koeffizientendeterminante und somit genau eine Lösung besitzt.

Die Gerade $\tilde{y}(x) = \tilde{a}x + \tilde{b}$ ist die sogenannte *Regressionsgerade*. Sie liefert das absolute Minimum von $Q(a, b)$.

**Aufgabe 4.3**  Die Meßpunkte $P(x_i, y_i)(i = 1, \ldots, n)$ sollen nach der Methode der kleinsten Quadrate durch eine Kurve der Form

$$f(x) = a + \frac{bx}{1 + x^2}$$

ausgeglichen werden. Es ist das System der Normalgleichungen zu bestimmen, und die gesuchten Werte $a, b$ sind speziell für die Punkte einer Meßreihe mit den Werte $P(-2; 15), P(-1; 5),$ $P(0; 1), P(1; 1), P(2; 3)$ zu ermitteln. Wie groß ist die minimale Summe der Fehlerquadrate, und wie groß ist das Maximum des absoluten Fehlers für die Meßpunkte?

Die Approximation von Funktionen mittels der Methode der kleinsten Quadrate ist eine weitere Anwendung dieses Prinzips, die es ermöglicht, eine gegebene komplizierte Funktion für einen gewissen Argumentbereich durch eine einfachere zu ersetzen. Im Unterschied zu den *Ausgleichskurven*, die die Fehlerquadrate an nur endlich vielen Bezugsstellen berücksichtigen, werden zur Bestimmung der *Approximationskurven* alle Argumentstellen bei der Bildung der Fehlerquadrate berücksichtigt; die bisher auftretende Summe über die Fehlerquadrate an endlich vielen Stellen wird durch ein entsprechendes Integral ersetzt. Ganz besonders wichtig ist dieses Gebiet durch die umfassende Nutzung von Computern geworden, wobei es darum geht, häufig benutzte Funktionen $(\sin, \cos, \ldots)$ durch *einfache Rechenvorschriften* darzustellen. Das Prinzip dieser Methode besteht darin, daß eine Funktion $f(x)$, die z. B. in einem Intervall $[x_1, x_2]$ gegeben ist, durch eine Funktion $\tilde{f}(x; a_1, \ldots, a_n)$ approximiert werden soll, die von einfacher Bauart (z. B. ein Polynom) ist und Parameter $a_1, \ldots, a_n$ enthält. Diese Parameter werden so bestimmt, daß das Integral über die Fehlerquadrate

$$Q = Q(a_1, \ldots, a_n) = \int_{x_1}^{x_2} [f(x) - \tilde{f}(x; a_1, \ldots, a_n)]^2 \mathrm{d}x \qquad (4.22)$$

ein Minimum wird. Man spricht daher auch von der *Approximation im Mittel*. Das folgende Beispiel verdeutlicht den allgemeinen Sachverhalt.

**Beispiel 4.11**   Welche Gerade $\tilde{f}(x; a_1, a_2) = a_1 x + a_2$ ersetzt die Kurve $f(x) = x^{3/2}$ im Intervall $(0, 1)$ im Sinne der Approximation im Mittel am besten? Wir berechnen zur Lösung das Integral

$$
\begin{aligned}
Q &= \int_c^1 [f(x) - \tilde{f}(x; a_1, a_2)]^2 \mathrm{d}x = \int_0^1 \left[ x^{\frac{3}{2}} - a_1 x - a_2 \right]^2 \mathrm{d}x \\
&= \frac{a_1^2}{3} + a_2^2 + a_1 a_2 - \frac{4}{7} a_1 - \frac{4}{5} a_2 + \frac{1}{4}.
\end{aligned}
$$

Die Extremwertaufgabe für $Q = Q(a_1, a_2)$ führt auf die Gleichungen $\dfrac{\partial Q}{\partial a_1} = 0, \dfrac{\partial Q}{\partial a_2} = 0$ oder

$$\frac{2}{3} a_1 + a_2 - \frac{4}{7} = 0,$$

$$a_1 + 2a_2 - \frac{4}{5} = 0$$

mit der (einzigen) Lösung $a_1 = \frac{36}{35}, a_2 = -\frac{4}{35}$. Die gesuchte Gerade lautet daher
$\tilde{f}\left(x; \frac{36}{35}, -\frac{4}{35}\right) = \frac{36x-4}{35}(0 \leq x \leq 1)$. (Skizze!)
Ein besonders wichtiger Fall der Approximation ist die Approximation durch
Systeme orthogonaler Funktionen. Hierzu geben wir erst die folgende Definition
an.

---

**Definition 4.3**  *Eine Folge $(\varphi_n(x))$ von Funktionen, die auf einem Inter-*
*vall $[a, b]$ definiert sind, heißt ein O r t h o g o n a l s y s t e m  bezüglich des*
*Intervalls $[a, b]$, wenn die Gleichung*

$$\int_a^b \varphi_i(x)\varphi_j(x)\mathrm{d}x = 0 \qquad (i \neq j) \tag{4.23}$$

*für alle $i, j$ mit $i \neq j$ besteht. Gilt zusätzlich die Gleichung*

$$\int_a^b (\varphi_i(x))^2\mathrm{d}x = 1 \qquad (i = 1, 2, \ldots), \tag{4.24}$$

*so heißt die Folge $(\varphi_n(x))$ ein O r t h o n o r m a l s y s t e m  auf $[a, b]$.*

---

Man stellt sich nun die Aufgabe, eine in $[a, b]$ gegebene Funktion $f(x)$ durch
eine Linearkombination

$$\begin{aligned}
\tilde{f}(x) &= \tilde{f}(x; a_1, \ldots, a_n) = a_1\varphi_1(x) + a_2\varphi_2(x) + \ldots + a_n\varphi_n(x) \\
&= \sum_{i=1}^n a_i\varphi_i(x)
\end{aligned}$$

im Sinne der Approximation im Mittel bestmöglich zu ersetzen. Ein bekanntes
Beispiel für ein Orthogonalsystem ist das System der trigonometrischen Funk-
tionen $1, \cos x, \cos 2x, \ldots, \cos nx, \ldots, \sin x, \sin 2x, \ldots, \sin nx, \ldots$, betrachtet auf
dem Intervall $[0, 2\pi]$. Es gelten die Gleichungen

$$\int_0^{2\pi} \cos mx \cos nx\, \mathrm{d}x = \left\{ \begin{array}{ll} 0 & \text{für} \quad m \neq n, \\ \pi & \text{für} \quad m = n \neq 0, \end{array} \right\}$$

$$\int_0^{2\pi} \cos mx \sin nx\, \mathrm{d}x = 0,$$

$$\int_0^{2\pi} \sin mx \sin nx\, \mathrm{d}x = \left\{ \begin{array}{ll} 0 & \text{für} \quad m \neq n, \\ \pi & \text{für} \quad m = n, \end{array} \right\}$$

die zeigen, daß das genannte System ein Orthogonalsystem ist. Man schreibt hier

$$\tilde{f}(x) = \frac{a_0}{2} + a_1 \cos x + \ \ldots \ + a_n \cos nx + b_1 \sin x + b_2 \sin 2x$$
$$+ \ \ldots \ + b_n \sin nx$$

und nennt diesen Ausdruck ein *trigonometrisches Polynom* vom Gerade $n$. Der Vorteil der Orthogonalsysteme bei der Approximation liegt in folgendem Sachverhalt.

---

**Satz 4.8**   *Ist $(\varphi_n(x))$ ein Orthogonalsystem auf $[a,b]$, ferner $f(x)$ eine auf $[a,b]$ definierte (integrierbare) Funktion, so wird das (absolute) Minimum der quadratischen Abweichung*

$$Q = Q(a_1, \ldots, a_n) = \int_a^b \left( f(x) - \sum_{i=1}^n a_i \varphi_i(x) \right)^2 dx \qquad (4.25)$$

*für die Werte*

$$a_i = \tilde{a}_i = \frac{\int_a^b f(x)\varphi_i(x)dx}{\int_a^b (\varphi_i(x))^2 dx} \quad (i = 1, \ldots, n) \qquad (4.26)$$

*und nur für diese angenommen. Das (absolute) Minimum von $Q$ hat den Wert*

$$\tilde{Q} = Q(\tilde{a}_1, \ldots, \tilde{a}_n) = \left[ \int_y^b (f(x))^2 dx \right] - \sum_{i=1}^n \left( \tilde{a}_i^2 \int_a^b (\varphi_i(x))^2 dx \right).$$

---

Für das Beispiel der trigonometrischen Funktionen auf dem Intervall $[0, 2\pi]$ erhalten wir die Formeln von Euler [1]) und Fourier [2]):

$$\left. \begin{aligned} \tilde{a}_k &= \frac{1}{\pi} \int_0^{2\pi} f(x) \cos kx\, dx \ (k = 0, \ldots, n) \\ \tilde{b}_k &= \frac{1}{\pi} \int_0^{2\pi} f(x) \sin kx\, dx \ (k = 1, \ldots, n). \end{aligned} \right\} \qquad (4.27)$$

Für sogenannte vollständige Orthogonalsysteme $(\varphi(x))$ gilt $\lim\limits_{n \to \infty} Q(\tilde{a}_1, \ldots, \tilde{a}_n) = 0$, d. h., mit wachsenden $n$ wird die Approximation von $f(x)$ durch die Summe

---

[1]) Leonhard Euler, 1707 - 1783, deutscher Mathematiker.
[2]) Jean-Baptiste-Joseph Fourier, 1768 - 1830, französischer Mathematiker.

$\sum\limits_{k=1}^{n} \tilde{a}_k \varphi_k(x)$ immer besser. Man gelangt auf diesem Wege zur *Theorie der Orthogonalreihen* und, da die trigonometrischen Funktionen $1, \cos x$, $\cos 2x, \ldots$ ein vollständiges Orthogonalsystem auf $[0, 2\pi]$ bilden, zur Theorie der trigonometrischen Reihen oder *Fourier-Reihen* (vgl.[SCE]).

**Aufgabe 4.4**  Die Funktion $f(x) = x^2$ ist im Intervall $[0, 2\pi]$ im Sinne der Approximation im Mittel bestmöglich durch einen Ausdruck der Form

$$f(x) = \frac{a_0}{2} + a_1 \cos x + a_2 \cos 2x + b_1 \sin x + b_2 \sin 2x$$

zu approximieren.

**Aufgabe 4.5**  Es sind die Koeffizienten der Regressionsgeraden $\tilde{y}(x) = \tilde{a}x + \tilde{b}$ aus den Gleichungen (4.22) zu ermitteln. Wie groß ist die minimale Summe der Fehlerquadrate $Q(\tilde{a}; \tilde{b})$?

**Aufgabe 4.6**  Ist $f(x_1, \ldots, x_n)$ auf dem gesamten $\mathbb{R}^n$ definiert und differenzierbar, und besitzt $f(x_1, \ldots, x_n)$ in $\mathbb{R}^n$ nur einen einzigen kritischen Punkt $P_0$ und gilt ferner $\lim f(x_1, \ldots, x_n) = +\infty$ für $(x_1^2 + x_2^2 \ldots + x_n^2) \to +\infty$, so ist $P_0$ Stelle des absoluten Minimums von $f(x_1, \ldots, x_n)$ in $\mathbb{R}^n$.

## 4.4  Das  Newton-Verfahren  zur Lösung nichtlinearer Gleichungssysteme

Die genauere Erfassung realer technischer, physikalischer, biologischer usw. Sachverhalte erfordert in wachsendem Maße die Lösung nichtlinearer Aufgaben und speziell im Stadium der numerischen Bearbeitung die Lösung nichtlinearer Gleichungssysteme mit endlich vielen Unbekannten.

Da bereits nichtlineare Gleichungen für eine Unbekannte, z. B. die Ermittlung von Nullstellen für ein Polynom mit einem Grad $N, N \geq 5$, nicht allgemein formelmäßig aufgelöst werden können [1]), ist die Orientierung auf Näherungsverfahren von vornherein gegeben.

Eines der bekanntesten solcher Näherungsverfahren, das wegen seiner einfachen Gestalt und seiner raschen Konvergenz für viele Aufgaben verwendet werden kann, ist das Newtonsche Näherungsverfahren zur Nullstellenermittlung für nichtlineare Gleichungssysteme in $\mathbb{R}^n$. (Für die Behandlung des Newton-Verfahrens in $\mathbb{R}^1$ siehe [PFS, Abschnitt 7.3]).

---

[1]) Das heißt, es gibt keine geschlossenen Lösungsformeln, die sich aus rationalen Ausdrücken und Wurzelausdrücken (Radikalen) zusammensetzen. Der norwegische Mathematiker Niels Henrik Abel (1802 - 1829) bewies diese Tatsache im Jahre 1824.

Zwecks vereinfachter Darstellung behandeln wir dieses Verfahren für Gleichungssysteme im $\mathbb{R}^2$, d. h., für die Auflösung zweier nichtlinearer Gleichungen mit zwei Unbekannten.

Daher betrachten wir ein nichtlineares Gleichungssystem

$$f(x,y) = 0$$
$$g(x,y) = 0 \tag{4.28}$$

mit zwei auf einer offenen Teilmenge des $\mathbb{R}^2$ definierten, stetig differenzierbaren Funktionen $f(x,y)$ und $g(x,y)$.

Es sei bekannt: eine *Näherungslösung* oder *Startnäherung*, d. h., ein Ausgangspunkt $P_0(x_0, y_0)$. Das Paar $(x_0, y_0)$ erfüllt das Gleichungssystem (4.28) im allgemeinen nicht, d. h., es ist

$$f(x_0, y_0) \neq 0 \quad \text{oder} \quad g(x_0, y_0) \neq 0.$$

Liegt die Startnäherung vor, suchen wir die exakte Lösung des Gleichungssystems (4.28) in der Form

$$x = x_0 + h$$
$$y = y_0 + k$$

mit zwei *Korrekturgrößen*: $h = x - x_0, k = y - y_0$. Das Gleichungssystem (4.28) lautet dann

$$f(x_0 + h, y_0 + k) = 0$$
$$g(x_0 + h, y_0 + k) = 0. \tag{4.29}$$

Eine explizite Auflösung des Gleichungssystems (4.29) nach $h$ und $k$ ist im allgemeinen nicht möglich. Der Grundgedanke des Newton-Verfahrens besteht in der Ersetzung der Ausdrücke auf der linken Seite von (4.29) durch ihre *linearen Näherungen* aus der Taylor-Formel (vgl. 4.1, Bemerkungen und Beispiele, Punkt 3.), d. h.,

$$f(x_0 + h, y_0 + k) \approx f(x_0, y_0) + f_{|1}(x_0, y_0)h + f_{|2}(x_0, y_0)k$$
$$g(x_0 + h, y_0 + k) \approx g(x_0, y_0) + g_{|1}(x_0, y_0)h + g_{|2}(x_0, y_0)k,$$

und man fordert, daß diese Näherungsausdrücke beide gleichzeitig verschwinden sollen:

$$f(x_0, y_0) + f_{|1}(x_0, y_0)h + f_{|2}(x_0, y_0)k = 0$$
$$g(x_0, y_0) + g_{|1}(x_0, y_0)h + g_{|2}(x_0, y_0)k = 0. \tag{4.30}$$

(4.30) ist ein *lineares* Gleichungssystem für die jetzt genäherten Korrekturgrößen $h$ und $k$ (die nicht mehr mit den exakten Korrekturgrößen übereinstimmen).

Beachtet man die in den Abschnitten 3.5 bzw. 3.8 eingeführten Begriffe der Funktionalmatrix bzw. -determinante, so erkennt man, daß die Koeffizientenmatrix des Gleichungssystems (4.31) mit der im Punkt $P_0(x_0, y_0)$ gebildeten Funktionalmatrix der Abbildung $(x, y) \to (f(x, y); g(x, y))$ $((x, y) \in \mathbb{R}^2)$ übereinstimmt.

Ist also deren Determinante, die Funktionaldeterminante

$$J_0 = \frac{\partial(f, g)}{\partial(x, y)}(x_0, y_0) = \begin{vmatrix} f_{|1}(x_0, y_0) & f_{|2}(x_0, y_0) \\ g_{|1}(x_0, y_0) & g_{|2}(x_0, y_0) \end{vmatrix},$$

von Null verschieden, $J_0 \neq 0$, so besitzt das lineare Gleichungssystem (4.30) genau eine Lösung $h = h_1, k = k_1$ (genäherte Korrekturgrößen). Dann benutzt man den Punkt $(x_1, y_1)$ mit

$$x_1 = x_0 + h_1, \quad y_1 = y_0 + k_1$$

als neue Startnäherung und wiederholt (unter der Voraussetzung, daß $J_1 = \frac{\partial(f, g)}{\partial(x, y)}(x_1, y_1) \neq 0$ gilt) dieselbe Verfahrensweise mit dem Ausgangspunkt $(x_1, y_1)$ anstelle von $(x_0, y_0)$ und erhält einen weiteren Näherungspunkt $(x_2, y_2)$ usw.

Das beschriebene Verfahren zur Ermittlung genäherter Korrekturgrößen heißt das *Newton-Verfahren*. Es besteht geometrisch gesprochen darin, daß in der Umgebung des Startpunktes $(x_0, y_0)$ die Funktionenflächen $z = f(x, y)$ bzw. $z = g(x, y)$ durch ihre Tangentialebenen im Punkt $(x_0, y_0, f(x_0, y_0))$ bzw. $(x_0, y_0, g(x_0, y_0))$ ersetzt und beide Tangentialebenen mit der $x, y$-Ebene $(z = 0)$ zum Schnitt gebracht werden (der gemeinsame Schnittpunkt der drei Ebenen ist der Punkt $(x_1, y_1, 0)$); vgl. auch [PFS, Abschnitt 7.3 und Bild 7.4].

Bei wiederholter Anwendung liefert das Newton-Verfahren eine Punktfolge $\{(x_n, y_n)\}$, die unter bestimmten Voraussetzungen sehr rasch gegen eine exakte Lösung $(x^*, y^*)$ des gegebenen nichtlinearen Gleichungssystems (4.29) konvergiert. Diese Punktfolge ist durch die folgende Rekursionsformel gegeben, die man erhält, wenn man das lineare Gleichungssystem (4.30) für den Ausgangspunkt $(x_n, y_n)$ (anstelle von $(x_0, y_0)$) aufschreibt und nach den genäherten Korrekturgrößen $h = h_{n+1} = x_{n+1} - x_n, k = k_{n+1} - y_n$ auflöst:

$$
\begin{aligned}
x_{n+1} &= x_n - \frac{1}{J_n}(f(x_n, y_n)g_{|2}(x_n, y_n) - f_{|2}(x_n, y_n)g(x_n, y_n)) \\
y_{n+1} &= y_n - \frac{1}{J_n}(f_{|1}(x_n, y_n)g(x_n, y_n) - f(x_n, y_n)g_{|1}(x_n, y_n)) \quad (4.31) \\
&\quad (n = 0, 1, 2, \ldots)
\end{aligned}
$$

Dabei wird vorausgesetzt, daß der in (4.32) auftretende Nenner $J_n = \frac{\partial(f, g)}{\partial(x, y)}(x_n, y_n)$ ungleich Null ist für $n = 0, 1, 2, \ldots$ (Benutzt man anstelle des laufenden aktuellen Wertes $J_n$ in (4.31) den Wert $J_n = \frac{\partial(f,g)}{\partial(x,y)}(x_0, y_0)$ im Nenner, so heißt das damit realisierte Verfahren das *modifizierte* oder *vereinfachte* Newton-Verfahren.)

*Anmerkungen*

Unter speziellen Voraussetzungen, die in vielen Anwendungsaufgaben erfüllt sind, konvergiert das Newton-Verfahren (m. a. W. die Punktfolge $\{(x_n, y_n)\}$) sehr rasch gegen einen Lösungspunkt $(x^*, y^*)$. Die Konvergenz des Verfahrens hängt u. a. von der Wahl des Startpunktes $(x_0, y_0)$ ab. Einen Startpunkt findet man z. B. durch willkürliche (zufällige) Wahl eines Punktes oder durch systematisches Probieren bzw. durch zeichnerische Ermittlung einer Näherungslösung (die „Kurven" $f(x, y) = 0$ und $g(x, y) = 0$ werden zum Schnitt gebracht). Für höherdimensionale Aufgaben kann es bereits erforderlich sein, zur Ermittlung eines Startwertes ein Optimierungsverfahren einzusetzen. Für eine ausführliche Darstellung siehe vor allem das Buch [KRS].

Wir fassen den Ablauf des Newton-Verfahrens nochmals als Algorithmus zusammen .

Eingangsgrößen und Voraussetzungen:

Gegeben sind ein Gebiet $G$ des $\mathbb{R}^2$ und zwei stetig differenzierbare Funktionen $f : G \to \mathbb{R}; g : G \to \mathbb{R}$.
Die Funktionen $f$ und $g$ sowie ihre ersten partiellen Ableitungen seien über Unterprogramme abrufbar.

*Algorithmus:*

**Schritt 1.** Wähle einen Startpunkt $(x_0, y_0)$ sowie eine Abbruchschranke $\varepsilon = 0,5 \cdot 10^{-N}$ ($N$ hinreichend groß). Wähle $M > 0$, ganzzahlig und $\delta > 0$.

**Schritt 2.** Setze $n := 0$ sowie $x_n := x_0; y_n := y_0$.

**Schritt 3.** Berechne $J_n = \frac{\partial(f,g)}{\partial(x,y)}$ an der Stelle $x = x_n; y = y_n$.

**Schritt 4.** Test $J_n = 0$? Ja: Stop. Nein: gehe zu Schritt 5.

**Schritt 5.** Berechne $x_{n+1}, y_{n+1}$ aus

$$x_{n+1} = x_n - \frac{1}{J_n}\left(f(x_n, y_n)g_{|2}(x_n, y_n) - f_{|2}(x_n, y_n)g(x_n, y_n)\right)$$

$$y_{n+1} = y_n - \frac{1}{J_n}\left(f_{|1}(x_n, y_n)g(x_n, y_n) - f_{|2}(x_n, y_n)g_{|1}(x_n, y_n)\right).$$

**Schritt 6.** Test $|f(x_n, y_n)| + |g(x_n, y_n)| + |y_{n+1} - y_n| + |x_{n+1} - x_n| \leq \varepsilon[|x_n| + |y_n| + \delta]$
Ja: Stop.   Nein: Gehe zu Schritt 7.

**Schritt 7.** Test $n > 10^M$? Ja: Stop. Nein: Setze $n := n+1$ und gehe zu Schritt 3. Dieser Algorithmus bricht (beachte Schritt 7) nach endlich vielen Schritten ab und liefert entweder eine (hinreichend genaue) Lösung oder ein irreguläres (z. B. oszillierendes) Verhalten der Iterationsfolge. Bricht der Algorithmus bei Schritt 6 ab, so ist $x^* = x_{n+1}$, $y^* = y_{n+1}$ eine geeignete Näherungslösung des Gleichungssystems $f(x,y) = 0$; $g(x,y) = 0$.

**Beispiel 4.12**   Es seien

$$
\begin{aligned}
f(x,y) &= x - e^x \cos y \qquad ((x,y) \in \mathbb{R}^2) \\
g(x,y) &= y - e^x \sin y
\end{aligned}
$$

dann gelten die Gleichungen

$$
\frac{\partial f}{\partial x}(x,y) = f_{|1}(x,y) = 1 - e^x \cos y; \quad \frac{\partial f}{\partial y}(x,y) = f_{|2}(x,y) = e^x \sin y
$$

$$
\frac{\partial g}{\partial x}(x,y) = g_{|1}(x,y) = -e^x \sin y; \quad \frac{\partial g}{\partial y}(x,y) = g_{|2}(x,y) = 1 - e^x \cos y
$$

und damit wird

$$
J = \frac{\partial(f,g)}{\partial(x,y)} = \begin{vmatrix} 1 - e^x \cos y & e^x \sin y \\ -e^x \sin y & 1 - e^x \cos y \end{vmatrix} = 1 - 2e^x \cos y + e^{2x}.
$$

Dieser Ausdruck verschwindet genau in den Punkten $(0; 2n\pi)$ ($n$ ganz). Daher ist der Punkt $(x_0, y_0) = (0; \frac{\pi}{2})$ ein möglicher Startwert. Die Abarbeitung des Algorithmus des Newton-Verfahrens liefert die folgende Punktfolge (vierstellige Rechnung mit dem Taschenrechner):

$$
\begin{aligned}
(x_1; y_1) &= (0.2854; 1.2854) \\
(x_2; y_2) &= (0.3193; 1.3401) \\
(x_3; y_3) &= (0.3181; 1.3372) \\
(x_4; y_4) &= (0.3181; 1.3372).
\end{aligned}
$$

Das heißt, nach 3 Iterationsschritten gelangt man zu einer (vierstellig) exakten Lösung $(x^*; y^*) = (0.3181; 1.3372)$. Ersichtlich ist eine weitere Lösung gegeben durch $(x^{**}; y^{**}) = (x^*; -y^*)$.

Für eine allgemeine Formulierung des Newton-Verfahrens siehe auch [GRI, Abschnitt 5.3.2.]

# 5 Skalare Felder und Vektorfelder

## 5.1 Allgemeine Betrachtungen zum Feldbegriff

Im Unterschied zur Betrachtungsweise der Punktmechanik, die davon ausgeht, daß die physikalischen Eigenschaften eines Teilchens, z. B. die Masse, (näherungsweise) in einem Punkt konzentriert sind, wird beim Feldbegriff die Vorstellung zugrunde gelegt, daß eine bestimmte physikalische Größe in jedem Punkt eines räumlichen Gebietes betrachtet werden kann. Man unterscheidet (mehr aus historischen Gründen) zwischen skalaren Feldern und Vektorfeldern (vgl. Abschnitt 2.2).

Ein *skalares Feld* ordnet jedem Punkt eines Gebietes des $\mathbb{R}^3$ einen Skalar, d. h. eine reelle Zahl, zu. Beispielweise sind die Temperaturverteilung in einem Gewächshaus oder die Größe des Luftdruckes in den verschiedenen Punkten der Erdoberfläche und der Atmosphäre Spezialfälle skalarer Felder. Zu einem festen Zeitpunkt kann ein skalares Feld durch eine (reelle) Funktion $U = U(r)$ mit $\mathbf{r} = x = x_1\mathbf{e}_1 + x_2\mathbf{e}_2 + x_3\mathbf{e}_3$ beschrieben werden, die in einem gewissen Gebiet des $\mathbb{R}^3$ definiert ist. Ändert sich das betrachtete skalare Feld zeitlich nicht (*stationäres Feld*), so genügt seine Kenntnis zu einem festen Zeitpunkt. Im allgemeinen muß jedoch eine zeitliche Änderung des Feldes berücksichtigt werden (*instationäres Feld*), d. h., das skalare Feld $U$ ist sowohl eine Funktion des Ortes $\mathbf{r}$ als auch der Zeit $t : U = U(\mathbf{r}, t)$. Bei der Untersuchung grundlegender Eigenschaften eines Feldes geht man zunächst so vor, daß ein fester (aber beliebiger) Zeitpunkt betrachtet wird.

Eine anschauliche Vorstellung eines skalaren Feldes $U(\mathbf{r})$ (die Zeitabhängigkeit wird, wie vereinbart, nicht hervorgehoben) erhält man durch die Einführung der Flächen, auf denen $U(\mathbf{r})$ einen jeweils konstanten Wert annimmt. Diese Flächen heißen *Niveau-* oder *Äquipotentialflächen* von $U$. Sie sind (als Mengen) erklärt durch

$$H(c) = \{\mathbf{r}|U(\mathbf{r}) = c\} \qquad (c \quad \text{beliebig, reell}).$$

Als Beispiel betrachten wird das durch die Gleichung $U(\mathbf{r}) = 1/r(r = |\mathbf{r}| \neq 0)$ gegebene skalare Feld in $\mathbb{R}^3$. Genau dann gilt für eine reelle Zahl $c > 0$ die Gleichheit $U(\mathbf{r}) = c$, wenn die Beziehung $|\mathbf{r}| = 1/c$ besteht (der Fall „$c \leq 0$" kann ersichtlich ausgeschlossen werden). Alle Punkte $\mathbf{r} \in R^3$, für die die Gleichung $|\mathbf{r}| = 1/c$ ($c$ fest) gilt, liegen auf der Oberfläche der Kugel mit dem Nullpunkt als Mittelpunkt und dem Radius $1/c$, und für jeden Punkt dieser Kugeloberfläche ist diese Gleichung erfüllt. Die Äquipotentialflächen von $U(\mathbf{r})$ sind daher konzentrische Kugelflächen mit dem Nullpunkt als Mittelpunkt.

Durchläuft die Zahl $c$ alle positiven reellen Zahlen, so durchläuft auch die Zahl $1/c$ alle positiven reellen Zahlen. Die Gesamtheit aller Niveauflächen der gegebenen Funktion $U(\mathbf{r}) = 1/c$ besteht also aus allen Kugeloberflächen mit dem Mittelpunkt 0.

Das skalare Feld $U(\mathbf{r})$ heiße ein *ebenes Feld*, wenn (bei geeigneter Koordinatenwahl) $U(\mathbf{r}) = U(x_1, x_2)$ gilt, also $U$ nicht von $x_3$ abhängt. Setzt man $f(x_1, x_2) = U(x_1, x_2)$ und stellt die Funktion $f$ in der Form $x_3 = f(x_1, x_2)$ als (krumme) Fläche über der $x_1, x_2$-Ebene $R^2$ dar, so sind die Schnittkurven der Niveauflächen von $U$ mit der $x_1, x_2$-Ebene gleichzeitig die *Höhenlinien* von $f(x_1, x_2)$ (s. 2.1).

Man bezeichnet diese auch als *Niveaulinien* von $U(x_1, x_2)$. Ist z. B. $U(\mathbf{r}) = U(x_1, x_2) = x_1 x_2$, so erhält man die Gleichung einer Niveaulinie durch die Beziehung (s. Beispiel 2.3 in Abschnitt 2)

$$U(x_1, x_2) = x_1 x_2 = c \qquad (c \text{ reell, fest}),$$

die bekanntlich die Gleichung für eine Hyperbel (mit den Koordinatenachsen als Asymptoten) darstellt. Für $c < 0$ liegen die Hyperbeläste im ersten und dritten Quadranten, für $c > 0$ im zweiten und vierten Quadranten, der Fall $c = 0$ liefert die beiden Koordinatenachsen.

Ein Vektorfeld ordnet jedem Punkt des Raumes bzw. eines Gebietes des $\mathbb{R}^3$ einen Vektor zu. Beispiele für Vektorfelder sind das Magnetfeld der Erde, das elektrische Feld zwischen Ladungsverteilungen, das Geschwindigkeitsfeld einer Flüssigkeitsströmung (jedem Raumpunkt wird hierbei der Geschwindigkeitsvektor des dort befindlichen Flüssigkeitsteilchens zugeordnet). Zu einem festen Zeitpunkt kann ein Vektorfeld durch eine Vektorfunktion $\mathbf{v} = \mathbf{v}(\mathbf{r})$ (vgl. Abschnitt 2.6) angegeben werden, die in einem gewissen Gebiet des $\mathbb{R}^3$ erklärt ist. Wie bei skalaren Feldern unterscheiden wir zwischen stationären (zeitunabhängigen) und instationären (zeitlich veränderlichen) Vektorfeldern. Die letztgenannten Vektorfelder sind in der Form $v = v(r, t)$ zu beschreiben. Eine anschauliche Vorstellung eines Vektorfeldes zu einem festen Zeitpunkt ergibt die Einführung seiner *Feldlinien (Stromlinien)*, das sind diejenigen Kurven $\mathbf{r} = \mathbf{r}(r)$ ($\tau \in \mathbb{R}$, Kurvenparameter), deren Tangentenrichtung $\dot{\mathbf{r}}(\tau)\frac{\mathrm{d}\mathbf{r}}{\mathrm{d}\tau}$ in jedem Raumpunkt mit der Richtung des Feldes $v(r)$ übereinstimmt. Daher muß das vektorielle Produkt $\dot{\mathbf{r}} \times \mathbf{v}(\mathbf{r})$ verschwinden, wenn für $\mathbf{r}$ die Punkte der Feldlinien $\mathbf{r}(\tau)$ eingesetzt werden. Somit ergibt sich als eine notwendige Bedingung für den Verlauf von $\mathbf{r}(\tau)$ die *Differentialgleichung der Feldlinien*

$$\dot{\mathbf{r}}(\tau) \times \mathbf{v}(\mathbf{r}(\tau)) = 0. \tag{5.1}$$

Die Gleichung (5.1) stellt ein nichtlineares gewöhnliches Differentialgleichungssystem erster Ordnung dar. Seine Lösung (die entweder geschlossen angebbar ist oder näherungsweise gefunden werden muß) enthält drei feste Konstanten, die durch die Vorgabe eines Punktes, durch den eine Feldlinie gehen soll, bestimmt werden können (s. [WME]). Häufig kann man durch geeignete Wahl des Parameters $\tau$ erreichen, daß das Differentialgleichungssystem für die Feldlinien die folgende (einfachere) Gestalt besitzt:

$$\dot{\mathbf{r}}(\tau) = \mathbf{v}(\mathbf{r}(\tau)). \qquad (5.2)$$

Diese Form ist zur praktischen Berechnung besser geeignet als das Differentialgleichungssystem (5.1). Als Beispiel betrachten wir das *homogene Feld*, das durch einen konstanten, ortsunabhängigen Vektor

$$\mathbf{v} = \mathbf{a} = a_1\mathbf{e}_1 + a_2\mathbf{e}_2 + a_3\mathbf{e}_3$$

gegeben ist. Das Differentialgleichungssystem (5.3) lautet hier

$$\dot{\mathbf{r}}(\tau) = \mathbf{a}$$

oder in Koordinatenschreibweise $\dot{x}_1 = a_1$, $\dot{x}_2 = a_2$, $\dot{x}_3 = a_3$. Es besitzt als Lösung (Kontrolle durch Differenzieren!) die Funktionen

$$x_1(\tau) = a_1\tau + b_1, \quad x_2(\tau) = a_2\tau + b_2, \quad x_3(\tau) = a_3\tau + b_3$$

mit beliebigen Konstanten $b_j$  $(j = 1, 2, 3)$. Vektoriell geschrieben lautet diese Lösung (es sei $\mathbf{b} = b_1\mathbf{e}_1 + b_2\mathbf{e}_2 + b_3\mathbf{e}_3$)

$$\mathbf{r}(\tau) = \tau\mathbf{a} + \mathbf{b} \quad (-\infty < \tau < +\infty),$$

das ist die Gleichung einer Geraden mit dem Richtungsvektor $\mathbf{a}$. Die Feldlinien sind also zu $\mathbf{a}$ parallele Geraden.

Ein weiteres einfaches Beispiel erhalten wir mittels

$$\mathbf{v} = \frac{1}{|\mathbf{r}|}\mathbf{r}.$$

Dieses Feld besitzt überall die Richtung des Ortsvektors $\mathbf{r}$, ist also radial vom Nullpunkt weg gerichtet. Die Feldlinien sind (beliebige) Geraden durch den Ursprung, $\mathbf{v}$ stellt also ein sogenanntes *radiales Feld* dar.

Die Vorstellung eines Feldes bietet die Möglichkeit, die unserer Anschauung ungewohnten Fernwirkungen als Nahwirkungen darzustellen. So kann man sich erklären, daß das Gravitationsfeld der Sonne die Kraft auf die Planeten überträgt und direkt am Körper angreift. Das Wesentliche bei der Beschreibung physikalischer Vorgänge durch Felder besteht darin, daß man die Eigenschaften der untersuchten Größe an irgendeinen Raumpunkt in Zusammenhang bringt mit den Eigenschaften in benachbarten Raumpunkten und zu benachbarten Zeiten. Dazu bedarf es insbesondere der Differentialrechnung in Vektorfeldern, der der folgende Abschnitt gewidmet ist.

**Beispiel 5.1**    In den Punkten $P_1$ und $P_2$ sind elektrische Punktladungen $Q_1 = Q > 0$ bzw. $Q_2 = -2Q$ angebracht. Es ist die zugehörige Äquipotentialfläche mit dem Potential Null zu bestimmen (im Unendlichen gehe das Potential der Ladungen gegen Null). Die Ortsvektoren der Punkte $P_1$ und $P_2$ im $(x_1, x_2, x_3)$-System seien $\mathbf{r}_1$ bzw. $\mathbf{r}_2$. Die Superposition (Überlagerung) der Coulomb-Potentiale beider Ladungen ergibt das resultierende Potential $\varphi(r) = \frac{1}{4\pi\varepsilon_0} \left( \frac{Q_1}{|r-r_1|} + \frac{Q_2}{|r-r_2|} \right) (r \neq r_{1,2})$. Die Punkte $\mathbf{r}$ der Potentialfläche $\varphi(\mathbf{r}) = 0$ genügen daher der Gleichung

$$\frac{|\mathbf{r} - \mathbf{r}_1|}{|\mathbf{r} - \mathbf{r}_2|} = -\frac{Q_1}{Q_2} = \frac{1}{2}.$$

Wir denken uns durch die Punkte $P_1$ und $P_2$ eine Gerade $g$ gelegt. Alle Punkte, die von $P_1$ und gleichzeitig von $P_2$ einen festen Abstand $\rho_1$ bzw. $\rho_2$ besitzen, liegen auf der Schnittkurve der Kugelflächen um $P_1$ mit dem Radius $\rho_1$ und um $P_2$ mit dem Radius $\rho_2$. Diese Schnittkurve ist ein Kreis, dessen Mittelpunkt auf $g$ liegt und dessen Ebene auf $g$ senkrecht steht. Auf diesem Kreis ändert sich der Wert von $\varphi$ ersichtlich nicht. Jede Potentialfläche enthält mit jedem ihrer Punkte auch den gesamten Kreis, der durch diesen Punkt geht, dessen Mittelpunkt auf $g$ liegt und dessen Ebene auf $g$ senkrecht steht. Alle Potentialflächen sind somit axialsymmetrisch bezüglich der Achse $g$. Es reicht daher aus, die Schnittkurven der Potentialflächen mit einer beliebigen durch die Gerade $g$ gehenden Ebene zu bestimmen. Die Potentialflächen ergeben sich dann durch Rotation dieser Schnittkurven um die Achse $g$. Wir wählen eine solche Ebene $E$ aus und führen in ihr ein zusätzliches rechtwinkliges $x, y$-Koordinatensystem ein, dessen Ursprung der Mittelpunkt $M$ der Strecke $P_1 P_2$ sei, dessen $x$-Achse die Gerade $g$ mit positiver Richtung von $M$ nach $P_1$ und dessen $y$-Achse beliebig orientiert sei (s. Bild 5.1).

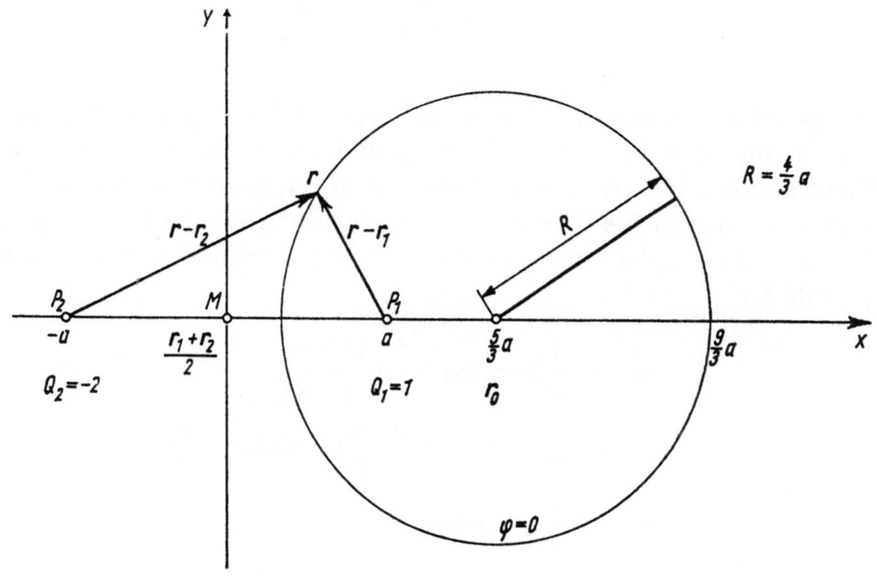


Bild 5.1

In diesem Koordinatensystem hat $P_1$ die Koordinaten $(a, 0)$, $P_2$ die
Koordinaten $(-a, 0)$, wobei $a = \frac{1}{2}|r_1 - r_2|$. Es gelten die Beziehungen ($\mathbf{r} \in E$)

$$|\mathbf{r} - \mathbf{r}_1| = \sqrt{(x - a)^2 + y^2}$$
$$|\mathbf{r} - \mathbf{r}_2| = \sqrt{(x + a)^2 + y^2}.$$

Auf der gesuchten Niveaufläche gilt daher

$$\sqrt{(x - a)^2 + y^2} = \frac{1}{2}\sqrt{(x + a)^2 + y^2}$$

oder (quadrieren!)

$$4x^2 - 8ax + 4a^2 + 4y^2 = x^2 + 2ax + a^2 + y^2,$$

d. h. (umstellen!)

$$x^2 - \frac{10}{3}ax + a^2 + y^2 = 0$$

oder (quadratische Ergänzung bilden!)

$$\left(x - \frac{5}{3}a\right)^2 + y^2 = \frac{16}{9}a^2.$$

Die gesuchte Schnittkurve ist also ein Kreis mit dem Mittelpunkt $(\frac{5}{3}a, 0)$ und dem Radius $R = \frac{4}{3}a$. Gehen wir zur räumlichen Betrachtung im $(x_1, x_2, x_3)$-System zurück und beachten die Definition von $a$, so erhalten wir das folgende Ergebnis: Die gesuchte Potentialfläche ist eine Kugel vom Radius $R = \frac{2}{3}|\mathbf{r}_1 - \mathbf{r}_2|$. Der Ortsvektor $\mathbf{r}_0$ des Mittelpunktes dieser Kugel ergibt sich aus der Gleichung (s. Bild 5.1)

$$\begin{aligned} \mathbf{r}_0 &= \frac{1}{2}(\mathbf{r}_1 + \mathbf{r}_2) + \frac{5}{3}a\frac{\mathbf{r}_1 - \mathbf{r}_2}{|\mathbf{r}_1 - \mathbf{r}_2|} \\ &= \frac{1}{2}(\mathbf{r}_1 + \mathbf{r}_2) + \frac{5}{3}\cdot\frac{1}{2}|\mathbf{r}_1 - \mathbf{r}_2|\frac{\mathbf{r}_1 - \mathbf{r}_2}{|\mathbf{r}_1 - \mathbf{r}_2|} \\ &= \frac{4}{3}\mathbf{r}_1 - \frac{1}{3}\mathbf{r}_2. \end{aligned}$$

Wir stellen noch die folgende Eigenschaft fest (einsetzen!):

$$|\mathbf{r}_1 - \mathbf{r}_2| \cdot |\mathbf{r}_2 - \mathbf{r}_0| = \frac{4}{9}|\mathbf{r}_1 - \mathbf{r}_2|^2 = R^2. \tag{5.3}$$

**Bemerkung 5.1**   Es sei $B$ eine Kugel im dreidimensionalen Raum mit dem Mittelpunkt $\mathbf{r}_0$ und dem Radius $R > 0$ und $\mathbf{r}_1$ der Ortsvektor eines weiteren von $\mathbf{r}_0$ verschiedenen Punktes. Dann gibt es auf dem Strahl (Halbgerade) von $\mathbf{r}_0$ durch $\mathbf{r}_1$ genau einen Punkt $\mathbf{r}_2$, für den die Gleichung

$$|\mathbf{r}_1 - \mathbf{r}_0| \cdot |\mathbf{r}_2 - \mathbf{r}_0| = R^2$$

gilt. Man sagt: „$\mathbf{r}_2$ ist der zu $\mathbf{r}_1$ bezüglich $B$ *spiegelbildlich* liegende Punkt" bzw. „$\mathbf{r}_2$ geht aus $\mathbf{r}_1$ durch die *Kelvin-Transformation* hervor (bezüglich $B$)" oder man erhält $\mathbf{r}_2$ aus $\mathbf{r}_1$ mittels der *Transformation durch reziproke Radien.* Die Gleichung (5.4) des Beispiel 5.1 zeigt, daß die Ladungspunkte $P_1$ und $P_2$ bezüglich der Potentialfläche $\varphi = 0$ spiegelbildlich liegen.

**Aufgabe 5.1**   Unter den übrigen Voraussetzungen des Beispiel 5.1 gelte für das Verhältnis der Ladungen $Q_1$ und $Q_2$ jetzt $\frac{Q_1}{Q_2} = -k$ mit $0 < k < 1$. Man zeige, daß die Potentialfläche mit dem Potential Null (ebenfalls) eine Kugel ist, die den Punkt $P_1$ im Inneren enthält und deren Mittelpunkt auf der Verbindungsgeraden von $P_1$ und $P_2$ liegt. Man bestimme den Mittelpunkt $\mathbf{r}_0$ und den Radius $R$ dieser Kugel und zeige, daß auch im vorliegenden Fall die Beziehung $|\mathbf{r}_1 - \mathbf{r}_0| \cdot |\mathbf{r}_2 - \mathbf{r}_0| = R^2$ erfüllt ist.

**Aufgabe 5.2**  Bestimmen Sie die Feldlinien der folgenden Vektorfelder durch einfache geometrische Überlegungen:

a) $\mathbf{v} = \dfrac{\mathbf{r}}{|\mathbf{r}|^3}$,   b)  $\mathbf{v} = \omega \times \mathbf{r}$  ($\omega \neq \mathbf{o}$  konstanter Vektor).

## 5.2  Die Differentialoperatoren der Vektoranalysis

### 5.2.1  Richtungsableitung und Gradient

Außer den in Abschnitt 3.2.1 eingeführten vollständigen Ableitungen haben wir bisher nur Ableitungen (gewöhnliche oder partielle) betrachtet, in denen eine skalare Funktion nach einer skalaren Variablen differenziert wird. Es ist aber auch erforderlich, Ableitungen nach vektoriellen Variablen zu betrachten, um die Änderungen eines Feldes nach beliebigen Richtungen hin zu verfolgen. Wir betrachten zunächst den Fall eines skalaren Feldes $U(\mathbf{r}) = U(x_1, x_2, x_3)$.

---

**Definition 5.1**  *Es sei* s *ein Vektor der Länge* $1(|\mathbf{s}| = 1)$. *Wir untersuchen die Funktionen* $U(\mathbf{r})$ *auf der Geraden durch den Punkt* r *und betrachten die Änderung*

$$\delta(U) = U(\mathbf{r} + t\mathbf{s}) - U(\mathbf{r}) \quad (-\infty < t < +\infty)$$

*von* $U(\mathbf{r})$ *auf dieser Geraden. Der Grenzwert des Quotienten*

$$\frac{\delta(U)}{t}$$

*für* $t \to 0$ *heißt, falls er existiert, die* R i c h t u n g s a b l e i t u n g *von* U *im Punkt* r *in Richtung* s *und wird mit* $\frac{\partial U}{\partial s}$ *bezeichnet. In Formeln lautet dies*

$$\frac{\partial U}{\partial s} = \lim_{t \to 0} \frac{1}{t}[U(\mathbf{r} + t\mathbf{s}) - U(\mathbf{r})]. \tag{5.4}$$

---

**Bemerkung 5.2**  In verschiedenen Lehrbüchern wird bei der Definition der Richtungsableitung auf die Forderung, daß $|\mathbf{s}| = 1$ gilt, verzichtet. Wenn wir $\mathbf{s} = s_1\mathbf{e}_1 + s_2\mathbf{e}_2 + s_3\mathbf{e}_3$ setzen, so sehen wir, daß

$$\frac{\partial U}{\partial s} = \frac{\mathrm{d}}{\mathrm{d}t}(U(x_1 + ts_1, x_2 + ts_2, x_3 + ts_3))|_{t=0}$$

gilt, falls die rechte Seite existiert. Im weiteren besitze $U(\mathbf{r}) = U(x_1, x_2, x_3)$ stetige partielle Ableitungen erster Ordnung. Nach der verallgemeinerten Kettenregel (3.6.2) gilt somit

$$\frac{\partial U}{\partial s} = U_{|1}s_1 + U_{|2}s_2 + U_{|3}s_3 \tag{5.5}$$

(denn es ist z. B. $\frac{\partial(x_1+ts_1)}{\partial t}\Big|_{t=0} = s_1, \ldots$), oder, wenn wir die rechte Seite letzterer Gleichung als Skalarprodukt auffassen: $\frac{\partial U}{\partial s} = (\text{grad}\, U) \cdot \mathbf{s} = \mathbf{s} \cdot \text{grad}\, U$. Nach der Definition des Skalarprodukts gilt weiter $\frac{\partial U}{\partial s} = |\mathbf{s}| \cdot |\text{grad}\, U| \cos(\text{grad}\, U, s) = |\text{grad}\, U| \cos(\text{grad}\, U, s)$. Aus dieser Beziehung entnehmen wir, daß (wegen $|\cos \alpha| \leq 1$ für jedes reelle $\alpha$ ) stets die Ungleichung

$$-|\text{grad}\, U| \leq \frac{\partial U}{\partial s} \leq |\text{grad}\, U|$$

gilt. Stimmt die Richtung von grad $U$ mit $s$ überein, gilt also $s = \frac{\text{grad}\, U}{|\text{grad}\, U|}$, so ist $\cos(\text{grad}\, U, s) = 1$, und daher gilt dann

$$\frac{\partial U}{\partial s)} = |\text{grad}\, U| \quad \left( s = \frac{\text{grad}\, U}{|\text{grad}\, U|} \right).$$

In Worten lautet dieses Ergebnis: *Die Richtung des Gradienten ist die Richtung des größten Anstieges des Funktion $U(r)$ (d. h. die Richtung der größten Richtungsableitung im Vergleich zu allen Richtungen vom Punkt r aus); dieser größte Anstieg hat den Wert* $|\text{grad}\, U|$.

Es sei weiter $\mathbf{r}(t)$ eine Raumkurve, die in der Niveaufläche $U(\mathbf{r}) = C$ liegt. Es gilt somit $U(\mathbf{r}(t)) = C(a \leq t \leq b)$. Differentiation beider Seiten letzterer Gleichung nach $t$ liefert mit $\mathbf{r}(t) = x_1(t)\mathbf{e}_1 + x_2(t)\mathbf{e}_2 + x_2(t)\mathbf{e}_3$ (Kettenregel)

$$U_{|1}\dot{x}_1 + U_{|2}\dot{x}_2 + U_{|3}\dot{x}_3 = 0$$

oder

$$\dot{r}(t) \cdot \text{grad}\, U = 0. \tag{5.6}$$

Mit anderen Worten, der Gradient von $U$ steht senkrecht auf den Tangentenrichtungen aller in der betrachteten Niveaufläche verlaufenden Raumkurven, d. h., *er steht senkrecht auf der Niveaufläche.* Bildet man grad $U(\mathbf{r})$ für jeden Raumpunkt $\mathbf{r}$, so erhält man ein Vektorfeld $\mathbf{v}(\mathbf{r}) = \text{grad}\, U(\mathbf{r})$. Die Feldlinien dieses Vektorfeldes, die sogenannten *Gradientenlinien*, verlaufen überall senkrecht zu den Niveauflächen von $U(\mathbf{r})$. Ist z. B. $U(\mathbf{r}) = \psi(\mathbf{r})$ das elektrostatische Potential einer beschränkten Ladungsverteilung, so ergibt sich auf diese Weise, daß die Feldlinien des elektrischen Feldes $(\mathbf{E}(\mathbf{r}) = -\text{grad}\,\psi(\mathbf{r}))$ überall auf den Äquipotentialflächen senkrecht stehen.[1]

Das folgende Bild 5.2 veranschaulicht die Verhältnisse zwischen Niveaufläche $U(\mathbf{r}) = c$, dem Gradienten grad $U$ und der Richtungsableitung $\frac{\partial H}{\partial s}$ in einem festen Raumpunkt $P$.

---

[1] Diese Tatsache ist der Ausgangspunkt für zahlreiche numerische Verfahren der nichtlinearen Optimierung.

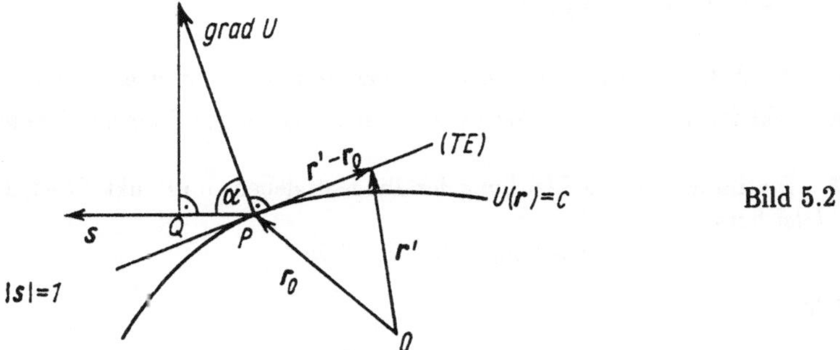


Bild 5.2

Für $|\alpha| \leq \frac{\pi}{2}$ gilt $\frac{\partial U}{\partial s} = \mathrm{d}(P,Q)$; für $|\alpha| = \frac{\partial U}{\partial s} = -\mathrm{d}(P,Q)$ ($\mathrm{d}(P,Q)$ bezeichnet den Abstand zwischen $P$ und $Q$, vgl. Abschnitt 1.1.1).

Hat ferner $P$ den Ortsvektor $\mathbf{r}_0$, so ist der (laufende) Ortsvektor $\mathbf{r}'$ der Tangentialebene (TE) an die Fläche $U(\mathbf{r}) = c$ im Punkt $P$ ersichtlich durch die folgende Gleichung gebunden (s. Bild 5.2):

$$(\mathbf{r}' - \mathbf{r}_0) \cdot \mathrm{grad}\, U = 0. \tag{TE}$$

In kartesischer Form lautet diese Gleichung ($(x',y',z')$ seien die Koordinaten des allgemeinen Punktes der TE):

$$(x' - x_0)\frac{\partial U}{\partial x}(x_0,y_0,z_0) + (y' - y_0)\frac{\partial U}{\partial y}(x_0,y_0,z_0) + (z' - z_0)\frac{\partial U}{\partial z}(x_0,y_0,z_0) = 0$$

(TE) ist die Gleichung der Tangentialebene in vektorieller Form.

**Beispiel 5.2**   Man berechne die Richtungsableitung des Potentials $U(\mathbf{r})$ zweier Punktladungen $Q_1 = Q > 0$ und $Q_2 = -2Q$, die sich in den Punkten $P_1$ bzw. $P_2$ mit den Ortsvektoren $\mathbf{r}_1$ und $\mathbf{r}_2$ befinden, an der Stelle $\mathbf{r}_3 = \frac{2}{3}\mathbf{r}_1 + \frac{1}{3}\mathbf{r}_2$ in Richtung des Vektors $\mathbf{s} = \frac{\mathbf{r}_1-\mathbf{r}_2}{|\mathbf{r}_1-\mathbf{r}_2|}$ (vgl. Beispiel 3.27).

*Lösung.* Es gilt $U(\mathbf{r}) = \frac{1}{4\pi\varepsilon_0}\left(\frac{Q_1}{|\mathbf{r}-\mathbf{r}_1|} + \frac{Q_2}{|\mathbf{r}-\mathbf{r}_2|}\right) = \frac{Q}{4\pi\varepsilon_0}\left(\frac{1}{|\mathbf{r}-\mathbf{r}_1|} - \frac{2}{|\mathbf{r}-\mathbf{r}_2|}\right)$. Somit ist grad $U$ gegeben durch die Beziehung grad $U = \frac{Q}{4\pi\varepsilon_0}\left(\frac{-(\mathbf{r}-\mathbf{r}_1)}{|\mathbf{r}-\mathbf{r}_1|^3} + \frac{2(\mathbf{r}-\mathbf{r}_2)}{|\mathbf{r}-\mathbf{r}_2|^3}\right)$. Für die betrachtete Stelle $\mathbf{r} = \mathbf{r}_3$ ergibt sich grad $U|_{\mathbf{r}=\mathbf{r}_2} = \frac{Q}{4\pi\varepsilon_0}\frac{(\mathbf{r}_1-\mathbf{r}_2)}{|\mathbf{r}_1-\mathbf{r}_2|^3}\left(9 + \frac{9}{2}\right) = \frac{27}{8}\cdot\frac{Q}{\pi\varepsilon_0}\cdot\frac{(\mathbf{r}_1-\mathbf{r}_2)}{|\mathbf{r}_1-\mathbf{r}_2|^3}$. Skalare Multiplikation mit $\mathbf{s}$ ergibt die gesuchte Richtungsableitung $\frac{\partial U}{\partial s} = \mathrm{grad}\, U|_{\mathbf{r}=\mathbf{r}_2}\cdot s = \frac{27}{8}\cdot\frac{Q}{\pi\varepsilon_0}\cdot\frac{1}{|\mathbf{r}_1-\mathbf{r}_2|^2}$.

**Aufgabe 5.3**   Bestimmen Sie die Richtungsableitung der Funktion $U(x,y,z) = e^{xyz} + 2xz^2$ im Punkt $P(1;1;-2)$ in der Richtung $\mathbf{n} = \frac{1}{3}(2\mathbf{e}_1 - \mathbf{e}_2 - 2\mathbf{e}_3)$.

**Aufgabe 5.4**   Bestimmen Sie den (spitzen) Winkel zwischen den Flächen $x^2 + y^2 + z^2 = 4$
und $x^2 - y^2 + z^2 = 1$ im Punkt $P(\frac{1}{2}\sqrt{6}; \frac{1}{2}\sqrt{6}; 1)$.

*Hinweis:* Der Winkel zwischen zwei (differenzierbaren) Flächen in einem beiden Flächen
gemeinsamen Punkt ist erklärt als Winkel zwischen den zugehörigen Tangentialebenen.

**Aufgabe 5.5**   Bestimmen Sie die Gleichung der Tangentialebene im Punkt $P(-1; 2; -3)$ an
die durch die Gleichung

$$x^2 y + x y^2 - 3 z^2 = z - 26$$

gegebene Fläche.

### 5.2.2   Divergenz

Zur Erläuterung des Begriffes der Divergenz eines Vektorfeldes $\mathbf{v}(x, y, z)$ gehen
wir von der Vorstellung aus, daß das Vektorfeld $\mathbf{v}(x, y, z)$ das Geschwindigkeitsfeld einer stationären Flüssigkeitsströmung darstellt. Ist nun $S$ irgendein
Flächenstück, das ganz im Definitionsbereich von $\mathbf{v}(x, y, z)$ liegt, so ist der *Fluß
von* $\mathbf{v}(x, y, z)$ *durch* $S$ *gegeben* durch das durch das Flächenstück $S$ pro Zeit-
einheit fließende Flüssigkeitsvolumen (eine genaue Definition wird in [KPF],
Integralrechnung für Funktionen mit mehreren Variablen, gegeben). Ist jetzt $G$
ein beschränktes Gebiet des $R^3$ und speziell $S$ gleich der Oberfläche (Rand) von
$G$, so heißt der Fluß von $\mathbf{v}(x, y, z)$ durch $S$ die *Quellung* von $\mathbf{v}(x, y, z)$ aus dem
Gebiet $G$. (Die Quellung ist positiv, wenn im Inneren von $G$ stets ein „Über-
schuß" an ausfließender Flüssigkeitsmenge erzeugt wird, anschaulich: wie von
einer Quelle; die Quellung ist negativ, wenn in $G$ Flüssigkeit abgeführt wird -
man spricht dann von einer Senke - und die Quellung ist gleich null, wenn sich
- wie häufig der Fall - die ein- bzw. ausfließende Flüssigkeitsmenge die Waage
halten, also stets gleich sind.) Der Quotient

$$q = q(G) = \frac{\text{Quellung von } \mathbf{v}(x, y, z) \text{ aus } G}{\text{Volumen von } G}$$

heißt die *mittlere Quelldichte* von $\mathbf{v}(x, y, z)$ in $G$. Durch einen Grenzübergang
kann man von der mittleren Quelldichte von $\mathbf{v}(x, y, z)$ zur Quelldichte von
$\mathbf{v}(x, y, z)$ in einem Punkt gelangen (analog zum Übergang von der mittleren
Geschwindigkeit zur Momentangeschwindigkeit bei der Bewegung eines Masse-
punktes). Diese *lokale Quelldichte* heißt die *Divergenz* von $\mathbf{v}(x, y, z)$. Sie wird
folgendermaßen definiert. Es sei $P(x_0, y_0, z_0)$ ein innerer Punkt aus dem Definitionsbereich von $v(x, y, z)$ und $(G_n)$ eine Folge von Würfeln mit dem Mittelpunkt $P(x_0, y_0, z_0)$, deren Kantenlängen gegen null gehen. Existiert der Grenzwert

$$\lim_{n \to \infty} q(G_n)$$

der mittleren Quelldichten von $\mathbf{v}(x,y,z)$ in $G_n$ für jede solche Folge von Würfeln $g_n$, so ist dieser Grenzwert von der speziell gewählten Folge $(G_n)$ unabhängig und heißt die Divergenz von $\mathbf{v}(x,y,z)$ in $P(x_0,y_0,z_0)$. Die Divergenz von $\mathbf{v}(x,y,z)$ in einem Punkt wird mit dem Symbol

$$\text{div }\mathbf{v}$$

bezeichnet. In der Integralrechnung der Funktionen mehrerer Veränderlicher wird gezeigt, daß die Divergenz eines Vektorfeldes

$$\mathbf{v}(x,y,z) = \begin{bmatrix} v_1(x,y,z) \\ v_2(x,y,z) \\ v_3(x,y,z) \end{bmatrix},$$

dessen kartesische Koordinaten $v_i(x,y,z)(i=1,2,3)$ stetige partielle Ableitungen erster Ordnung besitzen, durch den Ausdruck

$$\text{div }\mathbf{v} = v_{1|1} + v_{2|2} + v_{3|3} = \frac{\partial v_1}{\partial x} + \frac{\partial v_2}{\partial y} + \frac{\partial v_3}{\partial z} \tag{5.7}$$

gegeben ist. An dieser Stelle interessieren uns nur die Rechenregeln, die für die Operation

$$\text{div}\mathbf{v}$$

gelten.[1]

**Beispiel 5.3**   Man berechne die Divergenz des Vektorfeldes $\mathbf{v}(x,y,z) = x\mathbf{e}_1 + y\mathbf{e}_2 + z\mathbf{e}_3 = \mathbf{r}$. Wir erhalten mit $v_1 = x, v_2 = y, v_3 = z$ die Gleichungen $\text{div }\mathbf{v} = v_{1|1} + v_{2|2} + v_{3|3} = 1 + 1 + 1 = 3$, also gilt $\text{div }\mathbf{r} = 3$.

### 5.2.3   Rotation

Die Rotation eines Vektorfeldes leitet sich anschaulich aus dem Begriff der auf eine Flächeneinheit bezogene Zirkulation des betrachteten Vektorfeldes her. Da sich die exakte Herleitung dieses Begriffs nur mit Hilfsmitteln der Integralrechnung für Funktionen mehrerer Veränderlicher (s. [KPF, Abschnitt 7]) durchführen läßt, geben wir nur die formale Definition der Rotation eines Vektorfeldes für ein kartesisches Koordinatensystem.

---

[1] Vgl. [KPF, Abschnitt 7, Integralsätze].

---

**Definition 5.2**  *Es sei* $\mathbf{v}(x,y,z) = v_1(x,y,z)\mathbf{e}_1 + v_2(x,y,z)\mathbf{e}_2 + v_3(x,y,z)\mathbf{e}_3$ *ein in einem Gebiet G des $\mathbb{R}^3$ differenzierbares Vektorfeld. Die Differentialoperation* rot $\mathbf{v}$, *die R o t a t i o n von* $\mathbf{v}(x,y,z)$, *wird durch die Gleichung*

$$\text{rot}\ \mathbf{v} = \left(\frac{\partial v_3}{\partial y} - \frac{\partial v_2}{\partial z}\right)\mathbf{e}_1 + \left(\frac{\partial v_1}{\partial z} - \frac{\partial v_3}{\partial x}\right)\mathbf{e}_2 + \left(\frac{\partial v_2}{\partial x} - \frac{\partial v_1}{\partial y}\right)\mathbf{e}_3$$

$$= (v_{3|2} - v_{2|3})\mathbf{e}_1 + (v_{1|3} - v_{3|1})\mathbf{e}_2 + (v_{2|1} - v_{1|2})\mathbf{e}_3 \qquad (5.8)$$

*definiert.*

---

Zur übersichtlichen Schreibweise empfiehlt sich die Darstellung

$$\text{rot}\,\mathbf{v} = \begin{vmatrix} \mathbf{e}_1 & \mathbf{e}_2 & \mathbf{e}_3 \\ \frac{\partial}{\partial x} & \frac{\partial}{\partial y} & \frac{\partial}{\partial z} \\ v_1 & v_2 & v_3 \end{vmatrix}, \qquad (5.9')$$

wobei der Ausdruck rechts wie eine gewöhnliche Determinante ausgerechnet wird mit der Besonderheit, daß die Multiplikation mit einem der Differentiationssymbole $\frac{\partial}{\partial x}, \frac{\partial}{\partial y}, \frac{\partial}{\partial z}$ die Bildung der entsprechenden partiellen Ableitung bedeutet. (Durch die Entwicklung der obigen „Determinante" nach den Elementen der ersten Zeile stellt man sofort die Übereinstimmung mit dem in der Definition eingeführten Ausdruck für rot $\mathbf{v}$ fest.) Im Unterschied zur Divergenz von $\mathbf{v}$, einem Skalar, ist rot $\mathbf{v}$ wieder ein Vektor. Ein Vektorfeld $\mathbf{v} = \mathbf{v}(\mathbf{r})$ heißt *wirbelfrei*, wenn rot $\mathbf{v} = \mathbf{o}$ gilt.

**Beispiel 5.4**  Ein starrer Körper rotiere mit der konstanten Wirbelgeschwindigkeit $\omega > 0$ um eine feste Achse der Richtung $\mathbf{n}$ (mit $|\mathbf{n}| = 1$). Die Geschwindigkeitsvektoren $\mathbf{v}$, die den Punkten $\mathbf{r}$ (Ortsvektor) dieses starren Körpers zugeordnet sind, bilden ein Vektorfeld. Bezeichnet $\mathbf{w} = \omega\mathbf{n}$ den Winkelgeschwindigkeitsvektor, so gilt, wie aus der Mechanik bekannt ist, die Gleichung

$$\mathbf{v} = \mathbf{w} \times \mathbf{r}.$$

Wie groß ist rot $\mathbf{v}$?

Es ist $\mathbf{r} = x\mathbf{e}_1 + y\mathbf{e}_2 + z\mathbf{e}_3$, und es sei $\mathbf{w} = \omega_1\mathbf{e}_1 + \omega_2\mathbf{e}_2 + \omega_3\mathbf{e}_3$. Dann wird

$$\mathbf{v} = \mathbf{w} \times \mathbf{r} = \begin{vmatrix} \mathbf{e}_1 & \mathbf{e}_2 & \mathbf{e}_3 \\ \omega_1 & \omega_2 & \omega_3 \\ x & y & z \end{vmatrix} = (z\omega_2 - y\omega_3)\mathbf{e}_1 + (x\omega_3 - z\omega_1)\mathbf{e}_2 + (y\omega_1 - x\omega_2)\mathbf{e}_3$$

$$= v_1\mathbf{e}_1 + v_2\mathbf{e}_2 + v_3\mathbf{e}_3.$$

Also ist

$$\text{rot}\,\mathbf{v} \;=\; \left[\frac{\partial(y\omega_1 - x\omega_2)}{\partial y} - \frac{\partial(x\omega_3 - z\omega_1)}{\partial z}\right]\mathbf{e}_1$$

$$+ \left[\frac{\partial(z\omega_2 - y\omega_2)}{\partial z} - \frac{\partial(y\omega_1 - x\omega_2)}{\partial x}\right]\mathbf{e}_2$$

$$+ \left[\frac{\partial(x\omega_3 - z\omega_1)}{\partial x} - \frac{\partial(z\omega_2 - y\omega_3)}{\partial y}\right]\mathbf{e}_3$$

$$= \; 2\omega_1\mathbf{e}_1 + 2\omega_2\mathbf{e}_2 + 2\omega_3\mathbf{e}_3 = 2\mathbf{w}.$$

Die Rotation von $\mathbf{v}$ beträgt also das Doppelte des Winkelgeschwindigkeitsvektors.

**Beispiel 5.5**  Es sei $\mathbf{v}(x,y,z) = -y\mathbf{e}_1$. Deutet man dieses Vektorfeld als Geschwindigkeitsfeld einer Strömung, so erkennt man, daß die Stromlinien Geraden sind, die parallel zur $x$-Achse ($\mathbf{e}_1$-Richtung) verlaufen. Es gilt

$$\text{rot}\,\mathbf{v} = \begin{vmatrix} \mathbf{e}_1 & \mathbf{e}_2 & \mathbf{e}_3 \\ \frac{\partial}{\partial x} & \frac{\partial}{\partial y} & \frac{\partial}{\partial z} \\ -y & 0 & 0 \end{vmatrix} = 0 \cdot \mathbf{e}_1 + 0 \cdot \mathbf{e}_2 + 1 \cdot \mathbf{e}_3 = \mathbf{e}_3.$$

Es ist also rot $\mathbf{v} \neq \mathbf{o}$, obwohl keine „Drehbewegung" in der strömenden Flüssigkeit erfolgt.

**Aufgabe 5.6**  Man berechne die Divergenz des Vektorfeldes $\mathbf{v}(x,y,z) = x^2\mathbf{e}_1 + y^2\mathbf{e}_2 + z^2\mathbf{e}_3$.

**Aufgabe 5.7**  Man bestimme die Rotation des Vektorfeldes $\mathbf{v}(x,y,z) = \frac{\mathbf{r}}{|\mathbf{r}|^3} = \frac{1}{(\sqrt{x^2+y^2+z^2})^3}$ $(x\mathbf{e}_1 + y\mathbf{e}_2 + z\mathbf{e}_3)$ $(r \neq 0)$; (elektrisches Feld einer bei 0 liegenden Punktladung).

### 5.2.4 Der Vektordifferentialoperator $\nabla$.

### Rechenregeln für die Operatoren grad; div; rot

Mittels des *Vektordifferentialoperators* $\nabla$ (vgl. Fußnote zu Definition 3.2) können in den vorangegangenen Abschnitten eingeführten Differentialoperatoren der Vektoranalysis „grad"; „div"; „rot" in einer einheitlichen, dem Wesen dieser Operatoren besser angepaßten Schreibweise ausgedrückt werden. Gleichzeitig ergibt sich durch diese Schreibweise eine wesentliche Vereinfachung beim Beweis von Rechenregeln für diese Operatoren (bzw. bei der Anwendung dieser Operatoren).

---

**Definition 5.3**    *Es seien $(x_1, x_2, x_3)$ die kartesischen Koordinaten eines Punktes des euklidischen Raumes $\mathbb{R}^3$. Der Differentialoperator*

$$\frac{\partial}{\partial x_1}\mathbf{e}_1 + \frac{\partial}{\partial x_2}\mathbf{e}_2 + \frac{\partial}{\partial x_3}\mathbf{e}_3 \tag{5.9}$$

*wird mit dem Ausdruck $\nabla\,(.)$ bzw. $\frac{\partial(.)}{\partial \mathbf{r}}$ bezeichnet ($\mathbf{r} = x_1\mathbf{e}_1 + x_2\mathbf{e}_2 + x_3\mathbf{e}_3$).*

---

**Bemerkung 5.3**

1. Ist $\psi(x_1, x_2, x_3)$ eine reelle, partiell differenzierbare Funktion (also ein skalares Feld), so gilt

$$\nabla\psi = \frac{\partial\psi}{\partial x_1}\mathbf{e}_1 + \frac{\partial\psi}{\partial x_2}\mathbf{e}_2 + \frac{\partial\psi}{\partial x_3}\mathbf{e}_3 = \psi_{|1}\mathbf{e}_1 + \psi_{|2}\mathbf{e}_2 + \psi_{|3}\mathbf{e}_3;$$

also ist (s. Def. 3.2)

$$\nabla\psi = \operatorname{grad}\psi. \tag{5.10}$$

2. Ist $\mathbf{v}(x_1, x_2, x_3)$ ein (partiell differenzierbares) Vektorfeld mit partiell differenzierbaren Koordinaten $v_1(x_1, x_2, x_3)$ und wendet man den Operator $\nabla$ auf das Vektorfeld $\mathbf{v}(x_1, x_2, x_3)$ analog zur Bildung eines Skalarproduktes von $\nabla$ und $\mathbf{v}(x_1, x_2, x_3)$ an, so erhält man

$$\begin{aligned}
\nabla \cdot \mathbf{v} &= \left(\frac{\partial}{\partial x_1}\mathbf{e}_1 + \frac{\partial}{\partial x_2}\mathbf{e}_2 + \frac{\partial}{\partial x_3}\mathbf{e}_3\right) \cdot (v_1\mathbf{e}_1 + v_2\mathbf{e}_2 + v_3\mathbf{e}_3) \\
&= \frac{\partial v_1}{\partial x_1} + \frac{\partial v_2}{\partial x_2} + \frac{\partial v_3}{\partial x_3} = v_{1|1} + v_{2|2} + v_{3|3}
\end{aligned}$$

(die Klammern werden formal wie bei der Bildung des Skalarproduktes ausmultipliziert, wobei Multiplikation mit $\frac{\partial}{\partial x_1}$ die partielle Differentiation nach $x_1$ bedeutet usw.), d. h., wir können die Gleichung

$$\nabla \cdot \mathbf{v} = \operatorname{div}\mathbf{v} \tag{5.11}$$

schreiben.

3. Ist $\mathbf{v}(x_1, x_2, x_3)$ ein Vektorfeld mit partiell differenzierbaren Koordinaten $v_1(x_1, x_2, x_3)(i = 1, 2, 3)$ und wendet man den Operator $\nabla$ auf das Vektorfeld $\mathbf{v}(x_1, x_2, x_3)$ analog zur Bildung des Vektorproduktes von $\nabla$ und $\mathbf{v}(x_1, x_2, x_3)$ an, so erhält man (Multiplikation mit $\frac{\partial(.)}{\partial x_i}$ bedeutet stets die

Bildung der partiellen Ableitung nach $x_i$)

$$\nabla \times \mathbf{v} = \begin{vmatrix} \mathbf{e}_1 & \mathbf{e}_2 & \mathbf{e}_3 \\ \dfrac{\partial(.)}{\partial x_1} & \dfrac{\partial(.)}{\partial x_2} & \dfrac{\partial(.)}{\partial x_3} \\ v_1 & v_2 & v_3 \end{vmatrix},$$

also ist (s. (5.9'))

$$\nabla \times \mathbf{v} = \operatorname{rot} \mathbf{v}. \tag{5.12}$$

4. Ist $\mathbf{v}(x_1, x_2, x_3)$ ein Vektorfeld, so kann man den Differentialoperator $(\mathbf{v}\,\operatorname{grad}) = (\mathbf{v}, \nabla)$, gelesen „$\mathbf{v}$ mit grad", einführen, der analog zu dem Skalarprodukt von $\mathbf{v}$ mit $\nabla$, aber ohne Anwendung der Differentialoperatoren auf $\mathbf{v}$ gebildet wird und durch die Gleichung

$$\begin{aligned} (\mathbf{v}, \nabla) &= (v_1\mathbf{e}_1 + v_2\mathbf{e}_2 + v_3\mathbf{e}_3)\left(\frac{\partial}{\partial x_1}\mathbf{e}_1 + \frac{\partial}{\partial x_2}\mathbf{e}_2 + \frac{\partial}{\partial x_3}\mathbf{e}_3\right) \\ &= v_1\frac{\partial}{\partial x_1} + v_2\frac{\partial}{\partial x_2} + v_3\frac{\partial}{\partial x_3} \end{aligned} \tag{5.13}$$

definiert ist. Es gilt z. B. für ein Skalarfeld $\psi(x_1, x_2, x_3)$ die Beziehung

$$(\mathbf{v}, \nabla)\psi = v_1\frac{\partial\psi}{\partial x_1} + v_2\frac{\partial\psi}{\partial x_2} + v_3\frac{\partial\psi}{\partial x_3} = v_1\psi_{|1} + v_2\psi_{|2} + v_3\psi_{|3}$$

oder für ein Vektorfeld $\mathbf{u}(x_1, x_2, x_3) = u_1\mathbf{e}_1 + u_2\mathbf{e}_2 + u_3\mathbf{e}_3\,(u_i = u_i(x_1, x_2, x_3);\ i = 1, 2, 3)$,

$$\begin{aligned} (\mathbf{v}, \nabla)\mathbf{u} &= (\mathbf{v}, \nabla)u_1\mathbf{e}_1 + (\mathbf{v}, \nabla)u_2\mathbf{e}_2 + (\mathbf{v}, \nabla)u_3\mathbf{e}_3 \\ &= (v_1 u_{1|1} + v_2 u_{1|2} + v_3 u_{1|3})\mathbf{e}_1 + (v_1 u_{2|1} + v_2 u_{2|2} + v_3 u_{2|3})\mathbf{e}_2 \\ &\quad + (v_1 u_{3|1} + v_2 u_{3|2} + v_3 u_{3|3})\mathbf{e}_3. \end{aligned}$$

Mittels der oben eingeführten Schreibweisen für die Operatoren „grad", „div", „rot" lassen sich die Rechenregeln für diese Differentialoperatoren mittels der Rechenregeln der gewöhnlichen Vektorrechnung erhalten, wobei nur darauf zu achten ist, daß die auftretenden Vektorfelder und der Operator $\nabla$ in der richtigen Reihenfolge aufgeschrieben werden. Außerdem ist bei der Anwendung des Operators $\nabla$ auf Produkte die Produktregel der Differentialrechnung einzuhalten; d. h., der Operator $\nabla$ ist auf jeden Faktor einzeln anzuwenden, während die anderen Faktoren konstant bleiben, und die Ergebnisse sind zu addieren. Im einzelnen gelten die folgenden Rechenregeln

### 1. *Linearität*

Es seien $\psi, \phi, \ldots$ skalare Felder; $\mathbf{u}, \mathbf{v}, \ldots$ Vektorfelder mit geeigneten Differenzierbarkeitseigenschaften.

$$
\begin{aligned}
\operatorname{grad}(\psi + \phi) &= \operatorname{grad}\psi + \operatorname{grad}\phi; & (5.14)\\
\operatorname{grad}(c\psi) &= c\operatorname{grad}\phi \quad (c \text{ reell, beliebig}); & (5.15)\\
\operatorname{div}(\mathbf{u} + \mathbf{v}) &= \operatorname{div}\mathbf{u} + \operatorname{div}\mathbf{v}; & (5.16)\\
\operatorname{div}(c\mathbf{v}) &= c\operatorname{div}\mathbf{v} \quad (c \text{ reell, beliebig}); & (5.17)\\
\operatorname{rot}(\mathbf{u} + \mathbf{v}) &= \operatorname{rot}\mathbf{u} + \operatorname{rot}\mathbf{v}; & (5.18)\\
\operatorname{rot}(c\mathbf{v}) &= c\operatorname{rot}\mathbf{v} \quad (c \text{ reell, beliebig}). & (5.19)
\end{aligned}
$$

### 2. *Produktregeln*

$$
\begin{aligned}
\operatorname{grad}(\phi\psi) &= \phi\operatorname{grad}\psi + \psi\operatorname{grad}\phi; & (5.20)\\
\operatorname{grad}(\mathbf{uv}) &= \mathbf{v} \times \operatorname{rot}\mathbf{u} + (\mathbf{v}\operatorname{grad})\mathbf{u} + \mathbf{u} \times \operatorname{rot}\mathbf{v} + (\mathbf{u}\operatorname{grad})\mathbf{v}; & (5.21)\\
\operatorname{div}(\phi\mathbf{v}) &= \mathbf{v}\operatorname{grad}\phi + \phi\operatorname{div}\mathbf{v}; & (5.22)\\
\operatorname{div}(\mathbf{u} \times \mathbf{v}) &= \mathbf{v}\operatorname{rot}\mathbf{u} - \mathbf{u}\operatorname{rot}\mathbf{v}; & (5.23)\\
\operatorname{rot}(\phi\mathbf{v}) &= (\operatorname{grad}\phi) \times \mathbf{v} + \phi\operatorname{rot}\mathbf{v}; & (5.24)\\
\operatorname{rot}(\mathbf{u} \times \mathbf{v}) &= (\mathbf{v}\operatorname{grad})\mathbf{u} - \mathbf{v}\operatorname{div}\mathbf{u} + \mathbf{u}\operatorname{div}\mathbf{v} - (\mathbf{u}\operatorname{grad})\mathbf{v}. & (5.25)
\end{aligned}
$$

Diese Regeln lassen sich mittels des $\nabla$-Operators unter Benutzung der Gesetze der Vektorrechnung ohne großen Rechenaufwand beweisen. Wir erläutern das an drei der obigen Regeln, die übrigen sollten vom Leser in analoger Form behandelt werden. Zum Beweis der Formel (5.21) bilden wir

$$
\nabla(\phi\psi) = \nabla \overset{\downarrow}{\phi}\, \psi + \nabla\phi\, \overset{\downarrow}{\psi} = \psi\,\nabla\,\phi + \phi\,\nabla\,\psi = \psi\operatorname{grad}\phi + \phi\operatorname{grad}\psi
$$

und erhalten das richtige Ergebnis, das wir auch durch Rückgriff auf die Definition der Operation „grad" erhalten würden, wie eine ausführliche Rechnung zeigt. Die Pfeile in der obigen Beziehung markieren diejenige Funktion (bzw. dasjenige Feld), auf die der Differentiationsoperator $\nabla$ gerade angewandt werden soll, wobei die einzelnen Summanden wie bei der gewöhnlichen Produktregel zu bilden sind. Die Berechtigung für diese Verfahrensweise ergibt sich aus der folgenden ausführlichen Rechnung:

$$
\begin{aligned}
\nabla(\phi\psi) &= \operatorname{grad}(\phi\psi) = \frac{\partial(\phi\psi)}{\partial x}\mathbf{e}_1 + \frac{\partial(\phi\psi)}{\partial y}\mathbf{e}_2 + \frac{\partial(\phi\psi)}{\partial z}\mathbf{e}_3\\
&= \left(\phi\frac{\partial\psi}{\partial x} + \psi\frac{\partial\phi}{\partial x}\right)\mathbf{e}_1 + \left(\phi\frac{\partial\psi}{\partial y} + \psi\frac{\partial\phi}{\partial y}\right)\mathbf{e}_2 + \left(\phi\frac{\partial\psi}{\partial z} + \psi\frac{\partial\phi}{\partial z}\right)\mathbf{e}_3
\end{aligned}
$$

$$
\begin{aligned}
&= \ \phi\left(\frac{\partial\psi}{\partial x}\mathbf{e}_1 + \frac{\partial\psi}{\partial y}\mathbf{e}_2 + \frac{\partial\psi}{\partial z}\mathbf{e}_3\right) + \psi\left(\frac{\partial\phi}{\partial x}\mathbf{e}_1 + \frac{\partial\phi}{\partial y}\mathbf{e}_2 + \frac{\partial\phi}{\partial z}\mathbf{e}_3\right) \\
&= \ \phi\,\mathrm{grad}\,\psi + \psi\,\mathrm{grad}\,\phi = \phi\,\nabla\,\psi + \psi\,\nabla\,\phi.
\end{aligned}
$$

Diese ausführliche Rechnung zeigt, daß (abgesehen von der Berücksichtigung der Produktregel) mit dem Operator $\nabla$ wie mit einem Vektor gerechnet werden kann, weil formal die gleichen Operationen auszuführen sind. Auf diese Überlegung stützen wir uns bei der Ableitung der Regeln (5.24) und (5.26). Zum Beweis der Formel (5.24) bilden wir $\mathrm{div}\,\mathbf{u}\times\mathbf{v} = \triangle(\mathbf{u}\times\mathbf{v}) = \triangle(\overset{\downarrow}{\mathbf{u}}\times\mathbf{v})+\triangle(\mathbf{u}\times\overset{\downarrow}{\mathbf{v}}$. Der Ausdruck $\triangle(\mathbf{u}\times\mathbf{v})$ hat die Form eines Spatprodukts (vgl. Bd. 13, Satz 2.15). Nach den Rechenregeln der Vektoranalysis $(\mathbf{a}(\mathbf{b}\times\mathbf{c}) = \mathbf{c}(\mathbf{a}\times\mathbf{b}))$ gilt somit

$$
\begin{aligned}
\nabla(\overset{\downarrow}{\mathbf{u}}\times\mathbf{v}) &= \ \mathbf{v}(\nabla\times\mathbf{u}). \quad \text{Entsprechend ist} \\
\nabla(\mathbf{u}\times\overset{\downarrow}{\mathbf{v}}) &= \ -\nabla(\overset{\downarrow}{\mathbf{v}}\times\mathbf{u}) = -\mathbf{u}(\nabla\times\mathbf{v}). \quad \text{Insgesamt wird} \\
\mathrm{div}(\mathbf{u}\times\mathbf{v}) &= \ \mathbf{v}(\nabla\times\mathbf{u}) - \mathbf{u}(\nabla\times\mathbf{v}) = \mathbf{v}\,\mathrm{rot}\,\mathbf{u} - \mathbf{u}\,\mathrm{rot}\,\mathbf{v}.
\end{aligned}
$$

Zum Beweis der Formel (5.26) stützen wir uns auf dem sog. „Entwicklungssatz" der Vektoralgebra (vgl. [MSV, Satz 2.16])

$$
\mathbf{a}\times(\mathbf{b}\times\mathbf{c}) = (\mathbf{ac})\mathbf{b} - (\mathbf{ab})\mathbf{c}.
$$

Es gilt

$$
\begin{aligned}
\mathrm{rot}(\mathbf{u}\times\mathbf{v}) &= \ \nabla\times(\mathbf{u}\times\mathbf{v}) = \nabla\times(\overset{\downarrow}{\mathbf{u}}\times\mathbf{v}) + \nabla\times(\mathbf{u}\times\overset{\downarrow}{\mathbf{v}}) \\
&= \ (\nabla\mathbf{v})\overset{\downarrow}{\mathbf{u}} - (\nabla\overset{\downarrow}{\mathbf{v}})\mathbf{u} - (\nabla\mathbf{u})\overset{\downarrow}{\mathbf{v}} + (\nabla\mathbf{v}\mathbf{u} \\
&= \ (\mathbf{v}\,\mathrm{grad})\mathbf{u} - \mathbf{v}\,\mathrm{div}\,\mathbf{u} + \mathbf{u}\,\mathrm{div}\,\mathbf{v} - (\mathbf{u}\,\mathrm{grad})\mathbf{v}.
\end{aligned}
$$

Auch beim Beweis der Regel (5.22) muß der Entwicklungssatz herangezogen werden.

### 5.2.5  Differentialoperatoren zweiter Ordnung

Wendet man die von uns betrachteten Differentialoperatoren für Felder wiederholt an, so erhält man Differentialausdrücke höherer Ordnung, im einfachsten Falle von zweiter Ordnung. Nicht jede denkbare Verknüpfung der Differentialoperatoren grad, div, rot ist sinnvoll, z. B., ist der Ausdruck $\mathrm{div}\,(\mathrm{div}\,\mathbf{v})$ nicht erklärt, da die Divergenz $\mathrm{div}\,\mathbf{v}$ ein skalares Feld ist und die nochmalige Anwendung des Differentialsoperators „div" daher nicht sachgemäß ist. Nur die folgenden fünf Verknüpfungen von grad, div und rot sind definiert: ($\varphi$ ein Skalarfeld; $\mathbf{v}$ ein Vektorfeld) div (grad $\varphi$); rot (grad $\varphi$); grad (div $\mathbf{v}$); div (rot $\mathbf{v}$); rot (rot $\mathbf{v}$). Mittels des $\nabla$-Kalküls erhalten wir

$$
\begin{aligned}
\text{div}(\text{grad}\varphi) \;=\; & \nabla \cdot (\nabla\varphi) = \left( \frac{\partial}{\partial x} e_1 + \frac{\partial}{\partial y} e_2 + \frac{\partial}{\partial z} e_3 \right) \left( \frac{\partial \varphi}{\partial x} e_1 + \frac{\partial \varphi}{\partial y} e_2 + \frac{\partial \varphi}{\partial z} e_3 \right) \\
=\; & \frac{\partial}{\partial x} \left( \frac{\partial \varphi}{\partial x} \right) + \frac{\partial}{\partial y} \left( \frac{\partial \varphi}{\partial y} \right) + \frac{\partial}{\partial z} \left( \frac{\partial \varphi}{\partial z} \right) \\
=\; & \frac{\partial^2 \varphi}{\partial x^2} + \frac{\partial^2 \varphi}{\partial y^2} + \frac{\partial^2 \varphi}{\partial z^2} = \Delta\varphi
\end{aligned}
\tag{5.26}
$$

d. h., den bereits früher (s. z. B. 3.8.3.2) erwähnten Laplace-Operator. Wegen rot (grad $\varphi$) $= \nabla\times(\nabla\varphi)$ und der algebraischen Tatsache, daß das Vektorprodukt paralleler Vektoren verschwindet, folgt die Gleichung (der Leser überzeuge sich durch Nachrechnen!)

$$
\text{rot } (\text{grad}\varphi) = 0
\tag{5.27}
$$

Ebenso ist der Ausdruck div (rot $\mathbf{v}$) $= \nabla(\nabla \times \mathbf{v})$ algebraisch gleichwertig zu einem Spatprodukt mit zwei gleichen Vektoren, somit gleich null

$$
\text{div}(\text{rot}\mathbf{v}) = 0.
\tag{5.28}
$$

Zur Ermittlung von rot (rot $\mathbf{v}$) benutzen wir ebenfalls im Sinne einer algebraischen Vereinfachung den Entwicklungssatz

$$
\begin{aligned}
\text{rot}(\text{rot}\mathbf{v}) \;=\; & \nabla \times (\nabla \times \mathbf{v}) = \nabla(\nabla\mathbf{v}) - (\nabla\nabla)\mathbf{v} = \\
=\; & \text{grad}(\text{div}\mathbf{v}) - \Delta\mathbf{v}
\end{aligned}
\tag{5.29}
$$

wobei $\Delta\mathbf{v}$, der Laplace-Operator für Vektorfelder, erklärt ist durch

$$
\Delta\,\mathbf{v} = (\Delta v_1)e_1 + (\Delta v_2)e_2 + (\Delta v_3)e_3.
\tag{5.30}
$$

Durch die Gleichungen (5.26) - (5.30) sind alle fünf sinnvollen Verknüpfungen der Differentialoperatoren grad; div; rot zueinander in Beziehung gebracht bzw. durch bekannte Größen dargestellt.

**Aufgabe 5.8**  Zeigen Sie, daß es außer den oben genannten Verknüpfungen der Differentialoperatoren div; grad; rot zu Differentialoperatoren zweiter Ordnung keine weiteren solche sinnvolle Kombinationen (Verknüpfungen) dieser Operatoren gibt.

Besonders häufig werden alle diese Differentialausdrücke für Skalar- oder Vektorfelder benötigt, welche nur vom Abstand $r = \sqrt{x^2 + y^2 + z^2}$ des Raumpunktes $P(x, y, z)$ vom Ursprung $(0, 0, 0)$ abhängen (*radialsymmetrische Felder*). Für ein skalares Feld $\varphi(x, y, z)$ mit dieser Eigenschaft gilt somit

$$\varphi(x, y, z) = f(r),$$

und für ein solches Vektorfeld $\mathbf{v}(x, y, z)$ gilt entsprechend

$$\mathbf{v}(x, y, z) = \mathbf{a}(r).$$

Es ergeben sich für die vier Differentialoperatoren grad, div, rot, $\Delta$ bei der Anwendung auf die obigen radialsymmetrischen Felder die folgenden Ausdrücke („Strich oben" bedeute: Ableitung nach der Variablen $r$):

$$\operatorname{grad} f(r) = \left(\frac{f'(r)}{r}\right)\mathbf{r}\,(\mathbf{r} = x\mathbf{e}_1 + y\mathbf{e}_2 + z\mathbf{e}_3);$$

$$\Delta f(r) = f''(r) + \frac{2}{r}f'(r);$$

$$\operatorname{div}\mathbf{a}(r) = \frac{(\mathbf{a}(r))'}{r}\mathbf{r};$$

$$\operatorname{rot}\mathbf{a}(r) = \frac{1}{r}(\mathbf{r} \times (\mathbf{a}(r))');$$

$$\Delta\mathbf{a}(r) = (\mathbf{a}(r))'' + \frac{2}{r}(\mathbf{a}(r))'.$$

**Aufgabe 5.9**   Man beweise die Formel für $\Delta f(r)$

**Aufgabe 5.10**   Man berechne $\operatorname{grad}(\mathbf{e}r)$ ($\mathbf{e}$ fester Vektor).

Die Formeln bleiben bestehen, wenn die Variable $r$ überall durch

$$r = \sqrt{(x - x_0)^2 + (y - y_0)^2 + (z - z_0)^2} = |\mathbf{r} - \mathbf{r}_0|$$

($\mathbf{r}_0$ ein fester Punkt des $R^3$ mit den Koordinaten $x_0, y_0, z_0$) und der Vektor $\mathbf{r}$ überall durch

$$\mathbf{r} - \mathbf{r}_0 = (x - x_0)\mathbf{e}_1 + (y - y_0)\mathbf{e}_2 + (z - z_0)\mathbf{e}_3$$

ersetzt werden.

**Beispiel 5.6**  Man berechne die Divergenz des elektrischen Feldes $\mathbf{E} = -\mathrm{grad}\varphi$ einer im Punkt $(x_0, y_0, z_0)$ befindlichen Punktladung der Größe $Q$ mit dem Potential $\varphi$. Es gilt $\varphi = \frac{Q}{4\pi\varepsilon_0} \cdot \frac{1}{|\mathbf{r}-\mathbf{r}_0|}$ $(\mathbf{r} \neq \mathbf{r}_0)$, und gesucht ist $\mathrm{div}\,\mathbf{E} = \mathrm{div}(-\mathrm{grad}\varphi) = -\mathrm{div}\,\mathrm{grad}\varphi$. Es gilt also (s. oben) $\mathrm{div}\,\mathbf{E} = -\Delta\varphi$. Mit $f(r) = \frac{Q}{4\pi\varepsilon_0}\frac{1}{r}$ folgen aus der Formel die Gleichungen $\mathrm{div}\,\mathbf{E} = -\Delta\varphi = -\Delta f(r) = -(f''(r) + \frac{2}{r}f'(r)) = -(\frac{Q}{4\pi\varepsilon_0})(\frac{2}{r^3} + \frac{2}{r}\frac{(-1)}{r^2}) = 0$ $(\mathbf{r} \neq \mathbf{r}_0)$, also $\mathrm{div}\,\mathbf{E} = 0$ für $\mathbf{r} \neq \mathbf{r}_0$.

(Ein Vektorfeld, dessen Divergenz in einem gewissen Gebiet verschwindet, heißt *quellenfrei* in dem betrachteten Gebiet. Das elektrische Feld einer ruhenden Punktladung ist in jedem räumlichen Gebiet, das den Ort $\mathbf{r}_0$ der Ladung nicht enthält, ein quellenfreies Feld. Eine entsprechende Aussage gilt auch für allgemeinere Ladungsverteilungen im Raum (vgl.[MWA]).)

**Bemerkung 5.4**    Für ebene zylindersymmetrische Felder gelten zu den Formeln analoge Beziehungen, wobei sich aber einige Koeffizienten verändern. Es ist dann $r = \sqrt{x^2 + y^2}$ und $\varphi(x, y, z) = f(r)$ bzw. $\mathbf{v}(x, y, z) = \mathbf{a}(r)$ vorausgesetzt. Mit $\mathbf{r} = x\mathbf{e}_1 + y\mathbf{e}_2$ gilt dann

$$\mathrm{grad} f(r) = \frac{f'(r)}{r}\mathbf{r},$$

aber

$$\Delta f(r) = f''(r) + \frac{1}{r}f'(r).$$

Zum Abschluß des Kapitels über Vektoranalysis (= Theorie der skalaren Felder und der Vektorfelder) erwähnen wir noch ohne Beweis den in der Physik wichtigen Fundamentalsatz der Vektoranalysis.

---

**Satz 5.1**    *Jedes in ganz $\mathbb{R}^3$ definierte stetig differenzierbare Vektorfeld* $\mathbf{v}(x, y, z) = v_1(x, y, z)\mathbf{e}_1 + v_2(x, y, z)\mathbf{e}_2 + v_3(x, y, z)\mathbf{e}_3$, *für welches die Limesrelationen*

$$\lim_{x^2+y^2+z^2 \to \infty} v_i(x, y, z) = 0; \qquad \lim_{x^2+y^2+z^2 \to \infty} v_{i|k}(x, y, z) = 0 \quad (i, k = 1, 2, 3)$$

*gelten, läßt sich in ein wirbelfreies Feld* $\mathbf{u}(x, y, z)$ *und ein quellenfreies Feld* $\mathbf{w}(x, y, z)$ *zerlegen; d. h., es gelten die Beziehungen*

$$\left.\begin{array}{rcl} \mathbf{v} & = & \mathbf{u} + \mathbf{w}; \\ \mathrm{rot}\ \mathbf{u} & = & \mathbf{o}; \\ \mathrm{div}\ \mathbf{w} & = & 0. \end{array}\right\}$$

### 5.2.6  Differentialoperatoren der Vektoranalysis in orthogonalen (krummlinigen) Koordinaten

Wir haben bereits an früherer Stelle bemerkt, daß die Benutzung von Koordinatensystemen, die der speziellen Geometrie eines physikalischen oder technischen Problems angepaßt sind und deren Symmetrieeigenschaften berücksichtigen, die Berechnung von und den Umgang mit problemrelevanten Größen erheblich erleichtern kann. Wir behandeln die Operationen grad; div; rot in orthogonalen Koordinaten (zu denen als wichtige Spezialfälle Zylinder- und Kugelkoordinaten gehören), soweit dies dies mit den in diesem Band zur Verfügung stehenden Mitteln möglich ist. (siehe auch das sehr anwendungsorientierte Werk [EDG]).

Wie bereits in Abschnitt 2.6.3 ausgeführt, betrachten wir neue Koordinaten $(u, v, w)$, die mit den kartesischen Koordinaten durch die Gleichungen

$$\begin{aligned}
x &= f_1(u, v, w) \\
y &= f_2(u, v, w) \\
z &= f_3(u, v, w)
\end{aligned} \tag{5.31}$$

zusammenhängen; dabei seien $f_1, f_2, f_3$ gegebene Funktionen von $(u, v, w)$, die in einem gewissen Gebiet des $(u, v, w)$-Raumes $\mathbb{R}^3$ stetig differenzierbar sind. Im allgemeinen verlangt man, daß die durch die Funktionen $f_1, f_2, f_3$ erklärte Abbildung umkehrbar (eineindeutig oder injektiv) ist und daß die Umkehrabbildung ebenfalls stetig differenzierbar ist. Wir betrachten nun die durch (5.31) gegebene Abbildung im Detail.

Die Koordinatenachsen (und das Netz ihrer Parallelen) werden ersetzt durch das Netz der $u$-Linien, $v$-Linien bzw. $w$-Linien, die entstehen, wenn jeweils zwei der Variablen $(u, v, w)$ festgehalten werden. Die Gleichung (Parameterdarstellung) einer $u$-Linie z. B. lautet also

$$\begin{aligned}
x &= f_1(u, v_0, w_0) \\
y &= f_2(u, v_0, w_0) \\
z &= f_3(u, v_0, w_0)
\end{aligned}$$

$$(v_0, w_0 \text{ feste, gegebene Werte}).$$

Die *ortsunabhängige* Basis von Einheitsvektoren $\mathbf{e}_1, \mathbf{e}_2, \mathbf{e}_3$ des kartesischen Koordinatensystems, die wir bisher benutzt haben, wird ersetzt durch die *ortsabhängige* Basis $\mathbf{g}_1, \mathbf{g}_2, \mathbf{g}_3$ der Tangentenvektoren an die $u$- bzw. $v$- bzw. $w$-Linie.

Das heißt, wir setzen

$$\begin{aligned}
\mathbf{g}_1 &= \left(\frac{\partial x}{\partial u}\right)\mathbf{e}_1 + \left(\frac{\partial y}{\partial u}\right)\mathbf{e}_2 + \left(\frac{\partial z}{\partial u}\right)\mathbf{e}_3 \\[1mm]
\mathbf{g}_2 &= \left(\frac{\partial x}{\partial v}\right)\mathbf{e}_1 + \left(\frac{\partial y}{\partial v}\right)\mathbf{e}_2 + \left(\frac{\partial z}{\partial v}\right)\mathbf{e}_3 \\[1mm]
\mathbf{g}_3 &= \left(\frac{\partial x}{\partial w}\right)\mathbf{e}_1 + \left(\frac{\partial y}{\partial w}\right)\mathbf{e}_2 + \left(\frac{\partial z}{\partial w}\right)\mathbf{e}_3,
\end{aligned} \tag{5.32}$$

wobei für $x, y, z$ die oben genannten Funktionen $f_1, f_2, f_3$ einzusetzen sind.

Für alles folgende treffen wir die grundlegende Voraussetzung, daß die Vektoren $\mathbf{g}_j$ paarweise aufeinander senkrecht stehen, also

$$\mathbf{g}_k \cdot \mathbf{g}_j = 0 \quad (k \neq j)$$

gilt. Wir definieren noch die *metrischen Fundamentalgrößen*

$$g_{jj} = |\mathbf{g}_j|^2 \quad (j = 1, 2, 3).$$

Wenn wir anstelle der Basis $\mathbf{g}_1, \mathbf{g}_2, \mathbf{g}_3$ eine Basis aus Einheitsvektoren verwenden möchten, müssen die Vektoren $\mathbf{g}_j$ $(j = 1, 2, 3)$ normiert werden. Es entsteht dann die normierte Basis aus den Vektoren

$$\mathbf{b}_1 = \frac{1}{\sqrt{g_{11}}}\mathbf{g}_1; \, \mathbf{b}_2 = \frac{1}{\sqrt{g_{22}}}\mathbf{g}_2; \, \mathbf{b}_3 = \frac{1}{\sqrt{g_{33}}}\mathbf{g}_3. \tag{5.33}$$

Wir fordern, daß diese Basis ein Rechtssystem bildet; d. h., ihr Spatprodukt $[\mathbf{b}_1, \mathbf{b}_2, \mathbf{b}_3] = +1$ sein soll. Wir erreichen dies stets durch geeignete Bezeichnung der neuen unabhängigen Variablen $(u, v, w)$.

**Beispiel 5.7**   Wir betrachten Zylinderkoordinaten $x = r\cos\varphi; y = r\sin\varphi;$ $z = z$ (vgl. 3.8.3.2). Dann gilt (mit der Bezeichnung $u = r, v = \varphi, w = z$)

$$\begin{aligned}
\mathbf{e}_1 &= (\cos\varphi)\mathbf{e}_1 + (\sin\varphi)\mathbf{e}_2 \\
\mathbf{g}_2 &= (-r\sin\varphi)\mathbf{e}_1 + (r\cos\varphi)\mathbf{e}_2 \\
\mathbf{g}_3 &= \mathbf{e}_3
\end{aligned}$$

und $g_{11} = 1, g_{22} = r^2, g_{33} = 1$.

Die Vektoren $\mathbf{g}_j$ stehen paarweise aufeinander senkrecht.
Die normierte Basis $(\mathbf{b}_1, \mathbf{b}_2, \mathbf{b}_3)$ ist daher gegeben durch die Gleichungen

$$\begin{aligned}
\mathbf{b}_1 &= (\cos\varphi)\mathbf{e}_1 + (\sin\varphi)\mathbf{e}_2 = \mathbf{e}_r \\
\mathbf{b}_2 &= (-\sin\varphi)\mathbf{e}_1 + (\cos\varphi)\mathbf{e}_2 = \mathbf{e}_\varphi \\
\mathbf{b}_3 &= \mathbf{e}_3 = \mathbf{e}_z
\end{aligned}$$

(diese bilden ein Rechtssystem). Der Leser beachte, daß die ortsabhängige Basis $(\mathbf{e}_r, \mathbf{e}_\varphi, \mathbf{e}_z)$ oder $\mathbf{b}_j (j = 1, 2, 3)$ natürlich zunächst mittels der ortsunabhängigen Basis $\mathbf{e}_1, \mathbf{e}_2, \mathbf{e}_3$ dargestellt werden muß. Vgl. Bild 5.3.

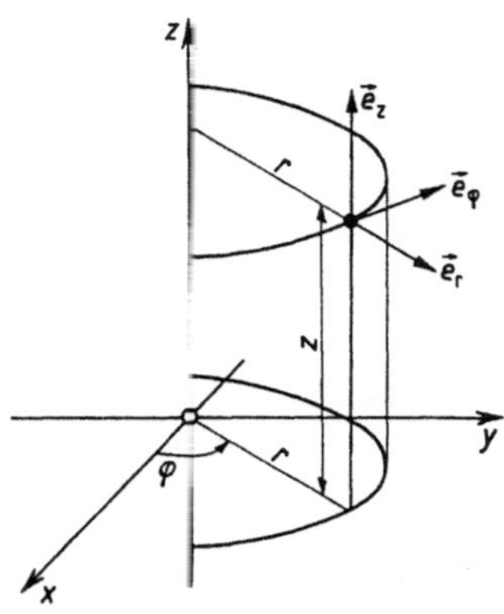


Bild 5.3

**Beispiel 5.8**   Für Kugelkoordinaten (vgl. 3.8.3.3) $u = r, v = \vartheta, w = \varphi$ mit

$$x = r \cos\varphi \sin\vartheta, \quad y = r \sin\varphi \sin\vartheta, \quad z = r \cos\vartheta$$

ergeben sich (nach (5.32))

$$
\begin{aligned}
\mathbf{g}_1 &= (\cos\varphi \sin\vartheta)\mathbf{e}_1 + (\sin\varphi \sin\vartheta)\mathbf{e}_2 + (\cos\vartheta)\mathbf{e}_3 \\
\mathbf{g}_2 &= (r \cos\varphi \cos\vartheta)\mathbf{e}_1 + (r \sin\varphi \cos\vartheta)\mathbf{e}_2 + (r \sin\vartheta)\mathbf{e}_3 \\
\mathbf{g}_3 &= (-r \sin\varphi \sin\vartheta)\mathbf{e}_1 + (r \cos\varphi \sin\vartheta)\mathbf{e}_2
\end{aligned}
$$

als Basisvektoren sowie

$$
\begin{aligned}
g_{11} &= 1 \\
g_{22} &= r^2 \\
g_{33} &= (r \sin\vartheta)^2
\end{aligned}
$$

als Fundamentalgrößen.

Die Normierung zum Betrag 1 liefert

$$\begin{aligned}
\mathbf{b}_1 &= (\cos\varphi\sin\vartheta)\mathbf{e}_1 + (\sin\varphi\sin\vartheta)\mathbf{e}_2 + (\cos\vartheta)\mathbf{e}_3 \\
\mathbf{b}_2 &= (r\cos\varphi\cos\vartheta)\mathbf{e}_1 + (\sin\varphi\cos\vartheta)\mathbf{e}_2 - (\sin\vartheta)\mathbf{e}_3 \\
\mathbf{b}_3 &= (-\sin\varphi)\mathbf{e}_1 + (\cos\varphi)\mathbf{e}_2
\end{aligned}$$

(siehe Bild 5.4).

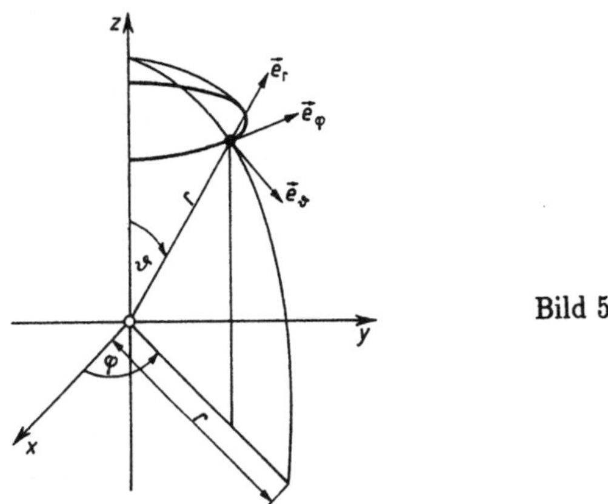


Bild 5.4

Häufig benutzt man für Kugelkoordinaten auch die mehr suggestive Bezeichnung $\mathbf{b}_1 = \mathbf{e}_r, \mathbf{b}_2 = \mathbf{e}_\vartheta, \mathbf{b}_3 = \mathbf{e}_z$.

Ein Vektorfeld $\mathbf{a}(u,v,w)$, das in den krummlinigen Koordinaten $(u,v,w)$ betrachtet werden soll, wird nun in jedem Raumpunkt seines Definitionsgebiets mittels der dort vorhandenen Basis dargestellt. Benutzt man die normierte Basis $b_1, b_2, b_3$, so spricht man von einer Zerlegung von $\mathbf{a}$ in sog. *physikalische Komponenten*. Sie hat die Form

$$\mathbf{a} = a_1\mathbf{b}_1 + a_2\mathbf{b}_2 + a_3\mathbf{b}_3 \tag{5.34}$$

wobei $a_i = a_i(u,v,w)$   $(i = 1,2,3)$ die sog. *physikalischen Koordinaten* von $\mathbf{a}$ bezeichnen.

Als wichtige Hilfsmittel benötigt man häufig die entsprechenden Ausdrücke für die Differentialausdrücke grad, div, rot und $\nabla$ in physikalischen Komponenten. Ohne Beweis sollen diese Ausdrücke hier vorgestellt werden.

1. *Gradient* einer skalaren Ortsfunktion $U = U(u,v,w)$.

$$\operatorname{grad} U = \frac{1}{\sqrt{g_{11}}}\frac{\partial U}{\partial u}\mathbf{b}_1 + \frac{1}{\sqrt{g_{22}}}\frac{\partial U}{\partial u}\mathbf{b}_2 + \frac{1}{\sqrt{g_{33}}}\frac{\partial U}{\partial u}\mathbf{b}_3 \tag{5.35}$$

speziell in Zylinderkoordinaten $(r, \varphi, z)$

$$\operatorname{grad} U = \frac{\partial U}{\partial r}\mathbf{e}_r + \frac{1}{r}\frac{\partial U}{\partial \varphi}\mathbf{e}_\varphi + \frac{\partial U}{\partial z}\mathbf{e}_z$$

und in Kugelkoordinaten $(r, \vartheta, \varphi)$

$$\operatorname{grad} U = \frac{\partial U}{\partial r}\mathbf{e}_r + \frac{1}{r}\frac{\partial U}{\partial \vartheta}\mathbf{e}_\vartheta + \frac{1}{r \sin \vartheta}\frac{\partial U}{\partial \varphi}\mathbf{e}_\varphi$$

2. *Divergenz* eines (stetig differenzierbaren) Vektorfeldes $\mathbf{a} = \mathbf{a}(u, v, w) = a_1(u, v, w)\mathbf{b}_1 + a_2(u, v, w)\mathbf{b}_2 + a_3(u, v, w)\mathbf{b}_3$.

$$\operatorname{div}\mathbf{a} = \frac{1}{\sqrt{g_{11}g_{22}g_{33}}} \left( \frac{\partial}{\partial u}(a_1\sqrt{g_{22}g_{33}}) + \frac{\partial}{\partial v}(a_2\sqrt{g_{11}g_{33}}) + \frac{\partial}{\partial w}(a_3\sqrt{g_{11}g_{22}}) \right)$$

$$(5.36)$$

speziell in Zylinderkoordinaten

$$\operatorname{div}\mathbf{a} = \frac{1}{r} \left( \frac{\partial(ra_1)}{\partial r} + \frac{\partial a_2}{\partial \varphi} + \frac{\partial(ra_3)}{\partial z} \right),$$

und in Kugelkoordinaten

$$\operatorname{div}\mathbf{a} = \frac{1}{r^2}\frac{\partial}{\partial r}(r^2 a_1) + \frac{1}{r \sin \vartheta} \cdot \frac{\partial(\sin \vartheta)a_2}{\partial \vartheta} + \frac{1}{r \sin \vartheta}\frac{\partial a_3}{\partial \varphi}$$

3. *Rotation* eines (stetig differenzierbaren) Vektorfeldes

$$\mathbf{a} = \mathbf{a}(u, v, w) = a_1(u, v, w)\mathbf{b}_1 + a_2(u, v, w)\mathbf{b}_2 + a_3(u, v, w)\mathbf{b}_3.$$

$$\begin{aligned}
\operatorname{rot}\mathbf{a} = \; & \frac{1}{\sqrt{g_{22}g_{33}}} \left( \frac{\partial}{\partial v}(a_3\sqrt{g_{33}}) - \frac{\partial}{\partial w}(a_2\sqrt{g_{22}}) \right) \mathbf{b}_1 + \\
& + \frac{1}{\sqrt{g_{11}g_{33}}} \left( \frac{\partial}{\partial w}(a_1\sqrt{g_{11}}) - \frac{\partial}{\partial u}(a_3\sqrt{g_{33}}) \right) \mathbf{b}_2 + \\
& + \frac{1}{\sqrt{g_{11}g_{22}}} \left( \frac{\partial}{\partial u}(a_2\sqrt{g_{22}}) - \frac{\partial}{\partial v}(a_1\sqrt{g_{11}}) \right) \mathbf{b}_3 \qquad (5.37)
\end{aligned}$$

speziell in Zylinderkoordinaten

$$\begin{aligned}
\operatorname{rot}\mathbf{a} = \; & \left( \frac{1}{r}\frac{\partial a_3}{\partial \varphi} - \frac{\partial a_2}{\partial z} \right) \mathbf{e}_1 + \left( \frac{\partial a_1}{\partial z} - \frac{\partial a_3}{\partial r} \right) \mathbf{e}_\varphi + \\
& + \left( \frac{1}{r}\frac{\partial(ra_2)}{\partial r} - \frac{1}{r}\frac{\partial a_1}{\partial \varphi} \right) \mathbf{e}_z
\end{aligned}$$

sowie in Kugelkoordinaten

$$\mathrm{rot\,a} = \left[\frac{1}{r\sin\vartheta}\left(\frac{\partial a_2}{\partial\varphi} - \frac{\partial}{\partial\vartheta}((\sin\vartheta)a_3)\right)\right]\mathbf{e}_r + \left[\frac{1}{r}\frac{\partial(ra_3)}{\partial r} - \frac{1}{r\sin\vartheta}\frac{\partial a_1}{\partial\varphi}\right]\mathbf{e}_\vartheta$$
$$+ \left[\frac{1}{r}\frac{\partial a_1}{\partial\vartheta} - \frac{1}{r}\frac{\partial(ra_2)}{\partial r}\right]\mathbf{e}_\varphi$$

4. Der Laplaceoperator für eine skalare Ortsfunktion (skalares Feld) $U = U(u,v,w)$

$$\Delta U = \frac{1}{\sqrt{g_{11}g_{22}g_{33}}}\frac{\partial}{\partial u}\left(\sqrt{\frac{g_{22}g_{33}}{g_{11}}}\cdot\frac{\partial U}{\partial u}\right) + \frac{\partial}{\partial v}\left(\sqrt{\frac{g_{33}g_{11}}{g_{22}}}\cdot\frac{\partial U}{\partial v}\right)$$
$$+ \frac{\partial}{\partial w}\left(\sqrt{\frac{g_{11}g_{22}}{g_{33}}}\frac{\partial U}{\partial w}\right)\Bigg] \tag{5.38}$$

Der Leser zeige als Übung, daß sich für Zylinder- bzw. Kugelkoordinaten die bereits früher angegebenen Ausdrücke für den Laplaceoperator ergeben (vgl. 3.8.3.2 und 3.8.3.3): für Zylinderkoordinaten gilt

$$\Delta U = \frac{\partial^2 U}{\partial r^2} + \frac{1}{r}\frac{\partial U}{\partial r} + \frac{1}{r^2}\frac{\partial^2 U}{\partial\varphi^2} + \frac{\partial^2 U}{\partial z^2} \tag{5.39}$$

und in Kugelkoordinaten ist

$$\Delta U = \frac{1}{r^2}\frac{\partial(r^2\frac{\partial U}{\partial r})}{\partial r} + \frac{1}{r^2\sin\vartheta}\frac{\partial((\sin\vartheta)\frac{\partial U}{\partial\vartheta})}{\partial\vartheta} + \frac{1}{r^2\sin^2\vartheta}\frac{\partial^2 U}{\partial\varphi^2}. \tag{5.40}$$

Als Anwendungsbeispiel behandeln wir die Strömung einer inkompressiblen zähen Flüssigkeit zwischen zwei konzentrischen Zylindern, die mit unterschiedlichen Winkelgeschwindigkeiten um eine gemeinsame Achse rotieren (COUETTE-Strömung).

Die Radien der Zylinder seien $R_1$ und $R_2$; es gelte $0 < R_1 < R_2$. Ihre Winkelgeschwindigkeiten seien die (positiven) Werte $\Omega_1$ und $\Omega_2$.

Die Strömung verläuft auf konzentrischen Kreisbahnen zwischen den beiden Zylindern, wobei die Flüssigkeit zufolge ihrer Zähigkeit an der äußeren Oberfläche des inneren und an der inneren Oberfläche des äußeren Zylinders „haftet", d. h. dort, die gleiche Geschwindigkeit wie die jeweiligen Zylinder besitzen. Es ist sinnvoll, Zylinderkoordinaten zu verwenden!

Das Geschwindigkeitsfeld der Strömung hat die Form (die Strömung verläuft zeitunabhängig)

$$\mathbf{v} = v_1\mathbf{b}_1 + v_2\mathbf{b}_2 + v_3\mathbf{b}_3$$

wobei die $\mathbf{b}_j$ die Basisvektoren des Zylinderkoordinatensystem bezeichnen. In mehr suggestiver Schreibweise setzen wir

$$\mathbf{b}_1 = \mathbf{e}_r; \quad \mathbf{b}_2 = \mathbf{e}_\varphi; \quad \mathbf{b}_3 = \mathbf{e}_z$$

und

$$v_1 = v_r; \quad v_2 = v_\varphi; \quad v_3 = v_z.$$

Hier soll speziell, im Sinne eines Ansatzes,

$$v_r = 0, \quad v_\varphi = Ar + \frac{B}{r}; \quad v_z = 0$$

gelten ($A, B$ Konstante).

Dieser Ansatz bringt u. a. zum Ausdruck, daß die Bahnkurven der Strömung konzentrische Kreise um und senkrecht zu der Zylinderachse sind.

Die Konstanten $A, B$ ergeben sich aus den bereits genannten Haftbedingungen: für $r = R_1$ muß gelten $v_\varphi = \Omega_1 R_1$; für $r = R_2$ muß gelten $v_\varphi = \Omega_2 R_2$. Man erhält durch Einsetzen nach einer elementaren Rechnung

$$A = \frac{\Omega_2 R_2^2 - \Omega_1 R_1^2}{R_2^2 - R_1^2}; \quad B = \frac{(\Omega_1 - \Omega_2) R_1^2 R_2^2}{R_2^2 - R_1^2}.$$

Es soll gezeigt werden, daß das Vektorfeld $\mathbf{v}$ die Navier-Stokesschen Gleichungen (vgl. Aufgabe 5.12)

$$\frac{\partial \mathbf{v}}{\partial t} + \frac{1}{2}\mathrm{grad}(|\mathbf{v}|^2) - \mathbf{v} \times (\mathrm{rot}\mathbf{v}) = -\frac{1}{\rho}\mathrm{grad}p - \nu\mathrm{rot}(\mathrm{rot}\mathbf{v})$$

($\rho, \nu$ : Konstante) erfüllt, wenn die Funktion $p = p(\mathbf{r})$ geeignet gewählt wird. Zur Lösung dieser Aufgabe berücksichtigen wir zunächst die Tatsache, daß die Strömung stationär verläuft also $\frac{\partial \mathbf{v}}{\partial t} = \mathbf{o}$ gilt und ferner (Flüssigkeit ist inkompressibel) $\mathrm{div}\mathbf{v} = 0$ gilt. Die weitere Rechnung in Zylinderkoordinaten liefert (vgl. (5.37))

$$\mathrm{rot}\mathbf{v} = \left(\frac{1}{r}\frac{\partial v_z}{\partial \varphi} - \frac{\partial v_\varphi}{\partial z}\right)\mathbf{e}_r + \left(\frac{\partial v_r}{\partial z} - \frac{\partial v_z}{\partial r}\right)\mathbf{e}_\varphi + \left(\frac{1}{r}\frac{\partial(rv_\varphi)}{\partial r} - \frac{1}{r}\frac{\partial v_r}{\partial \varphi}\right)\mathbf{e}_z =$$

$$= \frac{1}{r}\frac{\partial}{\partial r}(Ar^2 + B)\mathbf{e}_z = 2A\mathbf{e}_z = \mathrm{const.}$$

Daraus folgt die Gleichung $\mathrm{rot}\,(\mathrm{rot}\mathbf{v}) = \mathbf{o}$. Mit $|\mathbf{v}|^2 = |v_\varphi|^2 = A^2 r^2 + 2AB + \frac{B^2}{r^2}$ erhalten wir (nach (5.35))

$$\frac{1}{2}\mathrm{grad}|\mathbf{v}|^2 = \frac{1}{2}\left(\frac{\partial|\mathbf{v}|^2}{\partial r}\mathbf{e}_r + \frac{1}{r}\frac{\partial|\mathbf{v}|^2}{\partial z}\mathbf{z}\right) =$$

$$= (A^2 r - \frac{B^2}{r^3})\mathbf{e}_r$$

und weiter

$$(\mathrm{rot}\,\mathbf{v}) \times \mathbf{v} = 2A\mathbf{e}_z \times (v_\varphi \mathbf{e}_\varphi) = 2Av_\varphi(\mathbf{e}_z \times \mathbf{e}_\varphi) = -2Av_\varphi \mathbf{e}_r.$$

Sollen die Navier-Stokesschen Gleichungen erfüllt werden, so folgt die Gleichung

$$\left( (A^2 r - \frac{B^2}{r3}) - 2A(Ar + \frac{B}{r}) \right) \mathbf{e}_r = -\frac{1}{\rho}\mathrm{grad}\,p = -\frac{1}{\rho} \left( \frac{\partial p}{\partial r}\mathbf{e}_r + \frac{1}{r}\frac{\partial p}{\partial \varphi}\mathbf{e}_\varphi + \frac{\partial p}{\partial z}\mathbf{e}_z \right).$$

Der Vektor grad $p$ besitzt somit nur eine Komponente in Richtung von $\mathbf{e}_r$. Da diese ausschließlich von $r$ abhängt, muß $p = p(r)$ sein und es muß die Gleichung ($\frac{\partial p}{\partial z} = 0$; $\frac{\partial p}{\partial \varphi} = 0$)

$$-\frac{1}{\rho}\frac{dp}{dr} = -A^2 r - \frac{2AB}{r} - \frac{B^2}{r^3}$$

gelten, aus welcher sich die weitere Beziehung

$$\frac{dp}{dr} = \rho(A^2 r + \frac{2AB}{r} + \frac{B^2}{r^3})$$

ergibt. Durch Integration über $r$ erhalten wir die mögliche Form von $p$

$$p = p(r) = p_0 + \frac{\rho}{2} \left( A^2 r^2 - \frac{B^2}{r^2} + 4AB \ln r \right)$$

(der rechtsstehende Ausdruck ist sinnvoll, da $0 < R_1 \leq r \leq R_2$ ist).

Damit ist nachgewiesen, daß die oben eingangs angegebene Strömung tatsächlich eine Lösung der Navier-Stokesschen Gleichungen liefert (mit den speziellen Konstanten A,B).

**Aufgabe 5.11**    Wie groß ist die Divergenz des in Beispiel 5.4 betrachteten Vektorfeldes $\mathbf{v}$?

**Aufgabe 5.12**    Es seien $\mathbf{v} = \mathbf{v}(x, y, z)$ und $\mathbf{w} = \mathbf{w}(x, y, z)$ zwei wirbelfreie Vektorfelder (d. h., rot $\mathbf{v}$ = rot $\mathbf{w}$ = o). Zeigen Sie, daß dann das Vektorfeld $\mathbf{u} = \mathbf{v} \times \mathbf{w}$ ein quellenfreies Feld ist (div $\mathbf{u} = 0$).

**Aufgabe 5.13**    Zeigen Sie, daß für Vektorfelder $\mathbf{v} = v_1\mathbf{e}_1 + v_2\mathbf{e}_2 + v_3\mathbf{e}_3$, deren Koordinaten differenzierbare Funktionen in einem Gebiet des $R^3$ sind, die – in der Hydrodynamik häufig verwendete Gleichung (Identität)

$$(\mathbf{v}\mathrm{grad})\mathbf{v} = \frac{1}{2}\mathrm{grad}(|\mathbf{v}|^2) + (\mathrm{rot}\,\mathbf{v}) \times \mathbf{v}$$

gilt!

**Aufgabe 5.14**  In der Hydrodynamik bezeichnet man häufig den Vektor $\omega = \frac{1}{2}\mathrm{rot}\,\mathbf{v}$, wobei $\mathbf{v} = \mathbf{v}(\mathbf{r}, t)$ das (zeit- und ortsabhängige) Geschwindigkeitsvektorfeld darstellt, als sogenannten *Wirbelvektor* (ebenfalls zeit- und ortsabhängig). Für die Strömung einer inkompressiblen, zähen Flüssigkeit (Öl) gelten gewisse nichtlineare partielle Differentialgleichungen (ein Dgl.-System), die bekannten NAVIER-STOKESschen Gleichungen, deren Lösung ein schwieriges mathematisches und numerisches Problem ist. In Vektorschreibweise lauten diese Gleichungen

$$\frac{\partial \mathbf{v}}{\partial t} + \frac{1}{2}\mathrm{grad}(|\mathbf{v}|^2) - \mathbf{v} \times (\mathrm{rot}\,\mathbf{v}) = -\frac{1}{\rho}\mathrm{grad}\,p - \nu\,\mathrm{rot}(\mathrm{rot}\,\mathbf{v}). \qquad (5.41)$$

Dabei bezeichnet $\mathbf{v} = \mathbf{v}(\mathbf{r}, t)$ den Geschwindigkeitsvektor der Strömung am Ort $\mathbf{r}$ zur Zeit $t$; ferner sei $\rho > 0$ die – als konstant vorausgesetzte – Massendichte der strömenden Flüssigkeit; $p = p(\mathbf{r}, t)$ bezeichnet den Druck (= Kraft pro Volumeneinheit, die am Ort $\mathbf{r}$ und zur Zeit $t$ auf das dort verweilende Massenteilchen einwirkt) und schließlich $\nu > 0$ eine Materialkonstante (dynamische Zähigkeit). Wegen der Konstanz der Massendichte ist die Strömung quellenfrei; es gilt also div $\mathbf{v} = 0$.

Leiten Sie aus den Navier-Stokesschen Gleichungen durch Anwendung der Operation $(-\frac{1}{2}$ rot $\ldots)$ auf beide Seiten der Gleichung unter Beachtung der Rechenregeln für grad; div; rot eine weitere Gleichung her, die wesentliche Aussagen über das Verhalten des Wirbelvektors $\omega$ enthält.

**Aufgabe 5.15**  Transformieren Sie den ebenen Bipotentialoperator $\nabla\nabla u = \frac{\partial^4 u}{\partial x^4} + 2\frac{\partial^4 u}{\partial x^2 \partial y^2} + \frac{\partial^4 u}{\partial y^4}$ auf ebene Polarkoordinaten $(r, \varphi)$.

**Aufgabe 5.16**  Es bezeichne $r = \sqrt{x^2 + y^2 + z^2}$. Berechnen Sie den Ausdruck $\nabla(\nabla(\ln r))$.

**Aufgabe 5.17**  Das Potential eines elektrischen Dipols, der sich im Koordinatenursprung befindet und das Dipolmoment $\mathbf{p} \neq \mathbf{o}$ besitzt ist gegeben durch ($\mathbf{r} = x\mathbf{e}_1 + y\mathbf{e}_2 + z\mathbf{e}_3$)

$$U = \frac{1}{4\pi\varepsilon_0} \cdot \frac{\mathbf{p} \cdot \mathbf{r}}{|\mathbf{r}|^3} \quad (\mathbf{r} \neq \mathbf{o}).$$

Berechnen Sie die zugehörige Feldstärke $\mathbf{E} = -\mathrm{grad}\,U$ und zeigen Sie, daß div $\mathbf{E} = 0$ gilt!

**Aufgabe 5.18**  Diskutieren Sie für die Couette-Strömung die Grenzfälle
a) $\Omega_1 = \Omega_2$   b) $\Omega_2 = 0$ und $R_2 \to +\infty$.

Anmerkung:

In realen Flüssigkeiten wird - bei festem $\Omega_2$ und für kleine Werte von $\Omega_1$ - die Couette-Strömung tatsächlich beobachtet. Für wachsendes $\Omega_1$ wird allerdings die Strömung oberhalb eines kritischen Wertes $\Omega_1^*$ instabil, und es können sich ringförmige Wirbelströmungen um den inneren Zylinder herum, die TAYLOR-Wirbel, ausbilden. Mathematisch gesehen handelt es sich um Verzweigungserscheinungen, die infolge Symmetriebrechung auftreten.

# Lösungen der Aufgaben

**1.1:** Wegen $d(x,0) = \sqrt{x_1^2 + x_2^2}$, $d(x,a) = \sqrt{(x_1+1)^2 + (x_2-1)^2}$ gilt $d(x,0) = d(x,a) \iff x_2 = x_1 + 1$ (Skizze!)

**1.2:** a) $B_1$ wird begrenzt von der unteren Hälfte des Kreises $(x-1)^2 + y^2 = 1$ und der $x$-Achse.

b) $B_2$ wird begrenzt von der oberen Hälfte des Kreises $(x-2)^2 + y^2 = 4$ und dem darüber verlaufenden Stück der Parabel $y = \sqrt{4x}$.

c) $B_3$ wird begrenzt von der $y$-Achse und der rechten Hälfte des Kreises $x^2 + (y-1)^2 = 1$.

**1.3:** $\lim\limits_{k \to \infty}(x_k, y_k, z_k) = (3, -1, e)$

**1.4:** Folge $(x_k, y_k)$ nicht konvergent, da Folge $(y_k)$ mit $y_k = (-1)^k (k = 1, 2, \ldots)$ nicht konvergent.

**2.1:** a) $1 - e^{x+y} > 0 \iff e^{x+y} < 1 \iff y < -x$. $f$ erklärbar für alle Punkte unterhalb der Geraden $y = -x$.

b) $\left|\frac{y}{x}\right| \le 1 \iff |y| \le |x|$. $f$ erklärbar für alle Punkte zwischen den Geraden $y = x$ und $y = -x$ einschließlich der Punkte dieser Geraden selbst. Nullpunkt auslassen.

**2.2:** a) $\sqrt{x^2 + y^2} = c \iff x^2 + y^2 = c^2$; Kreis mit Radius $c$ um Nullpunkt. Fläche: nach oben geöffneter Kreiskegel mit Spitze im Nullpunkt.

b) $\sqrt{(x-1)^2 + 4y^2} = c \iff \frac{(x-1)^2}{c^2} + \frac{y^2}{(c/2)^2} = 1$; Ellipse mit großer Halbachse $c$ und kleiner Halbachse $\frac{c}{2}$ und Mittelpunkt $(1,0)$. Fläche: nach oben geöffneter elliptischer Kegel mit Spitze in $(1,0)$.

**2.3:** a) $\tilde{K} = \{(r, \varphi) \in \tilde{B} \mid \sqrt{2} \le r \le \sqrt{6} \quad \text{und} \quad -\pi < \varphi \le \pi\}$.

b) Mittelpunkt des Kreises auf der $y$-Achse im Punkt $(0,3)$; Radius des Kreises $R = 3$. Man betrachte Menge aller $\varphi$-Strahlen für $0 \le \varphi \le \pi$. $P$ sei variabler Punkt auf dem Kreis mit Polarkoordinaten $r$ und $\varphi$. Aus rechtwinkligem Dreieck mit Eckpunkte $P_1(0,0)$, $P$ und $P_2(0,6)$ folgt $\cos\left(\frac{\pi}{2} - \varphi\right) = \frac{r}{6}$ im Fall $0 \le \varphi \le \frac{\pi}{2}$ und $\cos\left(\varphi - \frac{\pi}{2}\right) = \frac{r}{6}$ im Fall $\frac{\pi}{2} \le \varphi \le \pi$. Wegen $\cos\left(\varphi - \frac{\pi}{2}\right) = \cos\left(\frac{\pi}{2}\right)$ ist $\tilde{K}_1 = \{(r, \varphi) \in \tilde{B} \mid 0 \le \varphi \le \pi \text{ und } 0 \le r \le 6\cos\left(\varphi - \frac{\pi}{2}\right)\}$.

**2.4:** Koordinatenlinien $u = c_1 > 0$; Ellipsen $\frac{x^2}{(ac_1)^2} + \frac{y^2}{(bc_1)^2} = 1$. Koordinatenlinien $v = c_2$; Halbgeraden durch Nullpunkt $y = \frac{b\sin c_2}{a\cos c_2}x$ für $c_2 \ne \frac{\pi}{2}, c_2 \ne \frac{3}{2}\pi$. Für $c_2 = \frac{\pi}{2}$ : positive $y$-Achse; für $c_2 = \frac{3}{2}\pi$ : negative $y$-Achse.

**2.5:** a) Grundkreisfläche $F$ von $K$ in $x,y$-Ebene: $F = \{(r, \varphi) \mid -\frac{\pi}{2} \le \varphi \le \frac{\pi}{2}, 0 \le r \le 2\cos\varphi\}$.
Für jedes $(r, \varphi) \in F$ variiert $z$ zwischen $=$ und $x^2 + y^2 = r^2$.
Also $\tilde{K}_1 = \{(r, \varphi, z) \mid -\frac{\pi}{2} \le \varphi \le \frac{\pi}{2}, 0 \le r \le 2\cos\varphi, 0 \le z \le r^2\}$.

b) Zu allen Punkten des Kegels gehört die geographische Breite $\vartheta = \frac{\pi}{4}$.
$\tilde{K}_2 = \{(r, \vartheta, \varphi) \mid 0 \le r \le 2, 0 \le \vartheta \le \frac{\pi}{4}, 0 \le \varphi < 2\pi\}$.

**2.6:** a) $0 \le \left|\frac{x^2 \cdot y}{x^2 + y^2}\right| \le |y|$, also $\lim\limits_{(x,y) \to (0,0)} \frac{x^2 \cdot y}{x^2 + y^2} = 0$.

b) $\lim\limits_{(x,y) \to (0,0)} \frac{x^2 - y^2}{x^2 + y^2}$ existiert nicht, denn für Folge $(x_n, y_n) = (\frac{1}{n}, 0)$ gilt $\lim\limits_{n \to \infty} f(x_n, y_n) = 1$ und für Folge $(x_n', y_n') = (0, \frac{1}{n})$ gilt $\lim\limits_{n \to \infty} f(x_n', y_n') = -1 \ne 1$.

**2.7:** $u(x,y) = x$, $v(x,y) = e^{x+y+\frac{\pi}{2}-2}$, $w(x,y) = \sin xy$ sind in der gesamten $x,y$-Ebene stetig, also auch $f(x,y) = u \cdot v \cdot w$. Also $\lim\ldots = f(3, -\frac{\pi}{2}) = 3e$.

**3.1:** a) $f_x(x,y) = \arctan y, f_y(x,y) = x(1+y^2)^{-1}, f_{xx}(x,y) = 0,$
$f_{yy}(x,y) = (-2xy)(1+y^2)^{-2}, f_{xy}(x,y) = f_{yx}(x,y) = (1+y^2)^{-1}.$
b) $y < x$, dann $f(x,y) = 2y$, also $f_x(x,y) = 0, f_y(x,y) = 2; y > x$, dann $f(x,y) = 2x$, also
$f_x(x,y) = 2, f_y(x,y) = 0$. In allen Fällen ist $f_{xx}(x,y) = f_{yy}(x,y) = f_{xy}(x,y) = f_{yx}(x,y) = 0.$
c) $f_x(x,y) = yx^{y-1}\ln y, f_y(x,y) = x^y \ln x + xy^{x-1},$
$f_{xx}(x,y) = y(y-1)x^{y-2} + y^x(\ln y)^2,$
$f_{yy}(x,y) = x^y(\ln x)^2 + x(x-1)y^{x-2},$
$f_{xy}(x,y) = f_{yx}(x,y) = x^{y-1} + yx^{y-1}\ln x + xy^{x-1}\ln y + y^{x-1}.$

**3.2:** $u_t(x,t) = \frac{1}{4a\sqrt{\pi t}}e^{-\frac{x^2}{4a^2 t}}\left(-\frac{1}{\pi t} + \frac{x^2}{a^2 t^2}\right) = a^2 u_{xx}(x,t).$

**3.3:** $\lim\limits_{x\to 0}\frac{f(x,0)-f(0,0)}{x} = 0 = f_x(0,0); \lim\limits_{y\to 0}\frac{f(0,y)-f(0,0)}{y} = 0 = f_y(0,0); \lim\limits_{x\to 0}\frac{f_y(x,0)-f_y(0,0)}{x} = 1 =$
$f_{yx}(0,0); \lim\limits_{y\to 0}\frac{f_x(0,y)-f_x(0,0)}{y} = -1 = f_{xy}(0,0).$
Nicht beide partielle Ableitungen 2. Ordnung sind im Nullpunkt stetig.

**3.4:** $\tilde{r} = \sqrt{(2,51)^2 + (-1,72)^2 + (3,43)^2} = 4,58.$
$dr(\tilde{x},\tilde{y},\tilde{z}) = (\tilde{x}dx + \tilde{y}dy + \tilde{z}dz)/\sqrt{\tilde{x}^2 + \tilde{y}^2 + \tilde{z}^2}.$
$|\Delta r| \approx |dr| \leq \left|\frac{\tilde{x}}{\tilde{r}}dx\right| + \left|\frac{\tilde{y}}{\tilde{r}}dy\right| + \left|\frac{\tilde{z}}{\tilde{r}}dz\right| < \frac{1}{4,58}(2,51\cdot 0,02 + 1,72\cdot 0,02 + 3,43\cdot 0,03) = 0,011 +$
$0,008 + 0,022 = 0,041.$
Für den Abstand $r$ gilt also $r = 4,58 \pm 0,04$ oder anders formuliert: $4,54 \leq r \leq 4,62$. Für
den relativen Fehler gilt $\left|\frac{\Delta r}{\tilde{r}}\right| \approx \left|\frac{dr}{\tilde{r}}\right| \leq \frac{0,041}{4,58} < 0,009 = 0,9\%.$

**3.5:** $df = \frac{1}{x^2+y^2}(ydx - xdy), d^2 f = \frac{1}{(x^2+y^2)^2}(-2xydx^2 + 2(x^2 - y^2)dxdy + 2xydy^2).$

**3.6:** Allgemein gilt $\dot{z} = \frac{dz}{dt} = z_x\dot{x} + z_y\dot{y}$. Also gilt im Falle a) $\dot{z} = e^{(\sin t)-2t^3}((\cos t) - 6t^2);$
b) $\dot{z} = \frac{x^{n-1}}{y^{m+1}}(n\dot{x}y - mx\dot{y});$
c) $\dot{z} = t^{\frac{1}{t}-2}(1 - \ln t)(t > 0).$

**3.7:** $F(x,y) = 3x^2 - 2xy - y^2.F_x = 6x - 2y, F_y = -2x - 2y, y' = \frac{3x-y}{x+y}(x \neq -y).$ Die
weitere Differentiation wird mittels der verallgemeinerten Kettenregel gleich an dem letzteren
Ausdruck für $y'$ durchgeführt.

$$\begin{aligned}
y'' &= (x+y)^{-2}[(3-y')(x+y) - (3x-y)(1+y')] \\
&= (x+y)^{-2}\cdot 4(y - xy') = (x+y)^{-3}(2xy + y^2 - 3x^2) \\
&= -(x+y)^{-2}F(x,y) = 0 \quad (x \neq -y).
\end{aligned}$$

Schreibt man $F(x,y)$ in der Form $F(x,y) = 4x^2 - (x+y) = (2x + x + y)(2x - (x+y)) = (3x + y)(x - y)$, so erkennt man, daß die Gleichung $F(x,y) = 0$ das Geradenpaar $y = -3x$
und $y = x$ darstellt, für welches natürlich $y'' = 0$ gilt.

**3.8:** $F(x,y,z,u) = u(x^2 + y^2) - (z^3 + u^3) - 4.F(2|-3|2|1) = 0.F_u = (x^2 + y^2) - 3u^2$ und
$F_u(2|-3|2|1) = 10 \neq 0$. Also ist Auflösung nach $u$ in der Form $u = u(x,y,z)$ möglich. Es gilt
$u_x = -\frac{F_x}{F_u}, u_y = -\frac{F_y}{F_u}, u_z = -\frac{F_z}{F_u}$. An der betrachteten Stelle gilt $F_x = 2ux = 4, F_y = 2uy = -6, F_z = -3z^2 = -12$. Also ist grad $u(P_0) = u_x e_1 + u_y e_2 = -\frac{1}{5}e_1 + \frac{3}{5}e_2 + \frac{6}{5}e_3.$

**3.9:**
$$\begin{aligned}
f_1(x,y,z) &= (x+y)^4 - xz(x^2 - z^2) - 1 \quad \text{und} \quad f_1(0|1|0) = 0, \\
f_2(x,y,z) &= (x-z)^4 - xy(y^2 + z^2) \quad\quad\ \text{und} \quad f_2(0|1|0) = 0.
\end{aligned}$$

Es bestehen die folgenden Beziehungen:

$$f_{1|1}(P_0) = 4, f_{1|2}(P_0) = 4, f_{1|3}(P_0) = 0,$$
$$f_{2|1}(P_0) = -1, f_{2|2}(P_0) = 0, f_{2|2}(P_0) = 0.$$

Für die Auflösbarkeit nach $(x, y)$; $(x, z)$ bzw. $(y, z)$ in einer Umgebung von $P_0$ ist das Verhalten der Determinanten der Matrizen

$$\left[ \begin{matrix} f_{1|1} & f_{1|2} \\ f_{2|1} & f_{2|2} \end{matrix} \right](P_0) = \left[ \begin{matrix} 4 & 4 \\ -1 & 0 \end{matrix} \right],$$

$$\left[ \begin{matrix} f_{1|1} & f_{1|3} \\ f_{2|1} & f_{2|3} \end{matrix} \right](P_0) = \left[ \begin{matrix} 4 & 0 \\ -1 & 0 \end{matrix} \right],$$

$$\left[ \begin{matrix} f_{1|2} & f_{1|3} \\ f_{2|2} & f_{2|3} \end{matrix} \right](P_0) = \left[ \begin{matrix} 4 & 0 \\ 0 & 0 \end{matrix} \right]$$

maßgebend. Da nur die Determinante der ersten Matrix ungleich null ist, kann (auf diesem Wege) nur gesagt werden, daß sich in einer Umgebung von $P_0$ eine Auflösung nach $(x, y)$ in der Form $x = x(z), y = y(z)$ finden läßt. Es gilt

$$\left[ \begin{matrix} x'(0) \\ y'(0) \end{matrix} \right] = -\left[ \left[ \begin{matrix} f_{1|1} & f_{1|2} \\ f_{2|1} & f_{2|2} \end{matrix} \right](P_0) \right]^{-1}(P_0) = -\left[ \begin{matrix} 4 & 4 \\ -1 & 0 \end{matrix} \right]^{-1}\left[ \begin{matrix} 0 \\ 0 \end{matrix} \right] = \left[ \begin{matrix} 0 \\ 0 \end{matrix} \right].$$

**3.10:** 1. $F_{1x} = 3x^2 - 2x, F_{1y} = -2y, F_{1xx} = 6x - 2, F_{1xy} = 0, F_{1yy} = -2$, daher ist $(0,0)$ singulärer Punkt mit $D = 4$. Auflösung von $F_1(x, y) = 0$ ergibt $y = \pm\sqrt{x^3 - x^2} = \pm|x|\sqrt{x - 1}$. Nur für $1 \leq x$ erhalten wir reelle $y$-Werte, die zu Werten $x \neq 0$ gehören, daher liegen in einer hinreichend kleinen Umgebung von $(0,0)$ keine weiteren Punkte von $M_1$.
2. $F_{2x} = 3x^2 + 2x, F_{2y} = -2y, F_{2xx} = 6x + 2, F_{2xy} = 0, F_{2yy} = -2$, daher ist $(0,0)$ singulärer Punkt mit $D = -4$. Auflösung von $F_2(x, y) = 0$ ergibt $y = \pm\sqrt{x^3 + x^2} = \pm|x|\sqrt{x + 1}$. Daher hat $M_2$ bei $(0,0)$ einen Doppelpunkt. Der Schnittwinkel der Tangenten beträgt $90^o$.
3. $F_{3x} = 3x^2, F_{3y} = -2y, F_{3xx} = 6x, F_{3xy} = 0, F_{3yy} = -2$, daher ist $(0,0)$ singulärer Punkt mit $D = 0$. Auflösung von $F_3(x, y) = 0$ ergibt $y = \pm x^{3/2}$ und zwar nur für $x = 0$. Daher hat (Skizze!) $M_3$ bei $(0,0)$ eine Spitze.

**4.2:** Die Summe $v_1^2 + v_2^2 + v_3^2$ der Quadrate der Abweichungen $v_1 = x_1 - \alpha, v_2 = x_2 - \beta, v_3 = x_3 - \gamma$ ist unter der Nebenbedingung $x_1 + x_2 + x_3 = 180^o = k$ zum Minimum zu machen. Wir betrachten daher die Funktion (Anwendung der Multiplikatorenmethode von Lagrange) $Q(x_1, x_2, x_3) = v_1^2 + v_2^2 + v_3^2 + \lambda(x_1 + x_2 + x_3 - k) = (x_1 - \alpha)^2 + (x_2 - \beta)^2 + (x_3 - \gamma)^2 + \lambda(x_1 + x_2 + x_3 - k)$ und setzen ihre partiellen Ableitungen nach $x_1, x_2, x_3$ gleich null. Dies ergibt die Gleichungen

$$Q_{|1} = 2(x_1 - \alpha) + \gamma = 0$$
$$Q_{|2} = 2(x_1 - \beta) + \gamma = 0$$
$$Q_{|3} = 2(x_1 - \gamma) + \gamma = 0$$

Addition dieser Gleichungen liefert wegen $x_1 + x_2 + x_3 = k$ die Beziehung $0 = 2k - 2(\alpha + \beta + \gamma + 3\gamma$ oder $\gamma = \frac{2}{3}(\alpha + \beta + \gamma - k)$ und damit die ausgeglichenen Werte (Lösungen der obigen Gleichung)

$$\tilde{x}_1 = \alpha - \frac{1}{3}(\alpha + \beta + \gamma - k) = 45^o3'$$

$$\tilde{x}_2 \;=\; \beta - \frac{1}{3}(\alpha + \beta + \gamma - k) = 29^\circ 57'$$

$$\tilde{x}_3 \;=\; \gamma - \frac{1}{3}(\alpha + \beta + \gamma - k) = 105^\circ.$$

**4.3:** Die Summe der Abweichungsquadrate ist im gegebenen Fall gleich $Q(a,b) = \sum_{i=1}^{n}(y_i - a - \frac{bx_i}{1+x_i^2})^2$. Die Gleichungen $\frac{\partial Q}{\partial a} = 0$; $\frac{\partial Q}{\partial b} = 0$ (Normalgleichungen) lauten daher

$$-2 \sum_{i=1}^{n} \left( y_i - a - \frac{bx_i}{1+x_i^2} \right) \;=\; 0,$$

$$-2 \sum_{i=1}^{n} \left( y_i - a - \frac{bx_i}{1+x_i^2} \right) \cdot \frac{x_i}{1+x_i^2} \;=\; 0.$$

Ausführung der Summation, Umstellung und Division durch $(-2)$ liefert zwei lineare Gleichungen mit den Unbekannten $a$ und $b$ :

$$na + b \sum_{i=1}^{n} \frac{x_i}{1+x_i^2} \;=\; \sum_{i=1}^{n} y_i,$$

$$a \sum_{i=1}^{n} \frac{x_i}{1+x_i^2} + b \sum_{i=1}^{n} \frac{x_i^2}{(1+x_i^2)^2} \;=\; \sum_{i=1}^{n} \frac{x_i y_i}{1+x_i^2}$$

Mit den Zahlenwerten des Beispiels ergibt sich das (sehr einfache) Gleichungssystem

$$5a \;=\; 25,$$

$$0,82b \;=\; -6,8$$

mit der Lösung $\tilde{a} = 5$; $\tilde{b} = -8,293$. Die einzelnen Fehler $\triangle_i = y_i - \tilde{a} - \frac{bx_i}{1+x_i^2}$ ergeben sich zu $\triangle_1 = 6,68, \triangle_2 = -4,15, \triangle_3 = 4,0, \triangle_4 = 0,15, \triangle_5 = 1,32$. Die Summe der Fehlerquadrate $\sum_{i=1}^{5} \triangle_i^2$ ist gleich 79,66. Das Maximum des absoluten Fehlers für Meßpunkte beträgt 6,68.

**4.4:**

$$\tilde{a}_k \;=\; \frac{1}{\pi} \int_0^{2\pi} f(x) \cos kx \, dx \quad (k = 0,\ldots,n),$$

$$\tilde{b}_k \;=\; \frac{1}{\pi} \int_0^{2\pi} f(x) \sin kx \, dx \quad (k = 1,\ldots,n)$$

sind für $f(x) = x^2$; $n = 2 (0 \leq x \leq 2\pi)$ zu verwenden. Wir erhalten $a_0 = \frac{32}{5}\pi^4, a_1 = 4, a_2 = 1, b_1 = -4\pi, b_2 = -2\pi$. Die gesuchte Näherungsfrist hat die Form $\tilde{f}(x) = \frac{16}{5}\pi^4 + 4\cos x + \cos 2x - 4\pi \sin x - 2\pi \sin 2x (0 \leq x \leq 2\pi)$.

**4.5:**

$$\tilde{a} \;=\; \frac{n \sum_{j=1}^{n} x_j y_j - \left( \sum_{j=1}^{n} x_j \right) \left( \sum_{j=1}^{n} y_j \right)}{n \sum_{j=1}^{n} x_j^2 - \left( \sum_{j=1}^{n} x_j \right)^2},$$

$$\tilde{b} = \frac{\left(\sum_{j=1}^{n} x_j^2\right)\left(\sum_{j=1}^{n} y_j\right) - \left(\sum_{j=1}^{n} x_j y_j\right)\left(\sum_{j=1}^{n} x_j\right)}{n\sum_{j=1}^{n} x_j^2 - \left(\sum_{j=1}^{n} x_j\right)^2} = \frac{1}{n}\sum_{j=1}^{n} y_j - \tilde{a}\cdot\frac{1}{n}\sum_{j=1}^{n} x_j,$$

$$Q_{\min} = Q(\tilde{a},\tilde{b}) = \sum_{j=1}^{n} y_j^2 - \frac{1}{n}\left(\sum_{j=1}^{n} y_j\right)^2 - \tilde{a}\left(\sum_{j=1}^{n} x_j y_j - \frac{1}{n}\sum_{j=1}^{n} x_j \sum_{j=1}^{n} y_j\right).$$

**4.6:** Für $\tilde{G}_{R_0} = \{P \in \mathbb{R}^n | x_1^2 + x_2^2 + \ldots + x_n^2 \leq R_0\}$ mit hinreichend großem $R_0 > 0$ ist die Aussage der Bemerkung 3., S. 118, anwendbar und liefert $f(p_0) \leq f(P)$ für alle $P \in \mathbb{R}^n$, da jedes $P \in \mathbb{R}^n$ zu einem $\tilde{G}_{R_0}$ mit hinreichend großem $R_0$ gehört.

**5.1:** Mit den Bezeichnungen des Beispiels 3.27 ist jetzt die Gleichung

$$\sqrt{(x-a)^2 + y^2} = k\sqrt{(x+a)^2 + y^2}$$

für die Schnittkurve der Potentialfläche mit der dort eingeführten $x,y$-Ebene zu diskutieren. Wir erhalten durch entsprechende Umformungen die Gleichung

$$x^2 - 2a\frac{(1+k^2)}{(1-k^2)}x + y^2 = -a^2,$$

aus der mittels quadratischer Ergänzung sich die gesuchte Kurve aus einer Kreisgleichung ergibt:

$$\left[x - a\left(\frac{1+k^2}{1-k^2}\right)\right]^2 + y^2 = \frac{4a^2 k^2}{(1-k^2)}{}^2.$$

Im $x,y$-System hat dieser Kreis den Mittelpunkt $x = a\frac{1+k^2}{1-k^2}; y = 0$ (dieser liegt auf der Verbindungsgeraden von $P_1$ und $P_2$), sein Radius beträgt $R = \frac{2ak}{(1-k^2)}$. Die gesuchte Potentialfläche ist (nach analogen Überlegungen wie im Beispiel 3.27) eine Kugel mit dem Radius $R = \frac{2ak}{(1-k^2)} = \frac{k}{(1-k^2)}|\mathbf{r}_1 - \mathbf{r}_2|$. Ihr Mittelpunkt ergibt sich aus der (geometrisch evidenten) Beziehung $\mathbf{r}_0 = \frac{1}{2}(\mathbf{r}_1 + \mathbf{r}_2) + a\left(\frac{1+k^2}{1-k^2}\right)\frac{\mathbf{r}_1 - \mathbf{r}_2}{|\mathbf{r}_1 - \mathbf{r}_2|} = \frac{1}{1-k^2}\mathbf{r}_1 - \frac{k^2}{1-k^2}\mathbf{r}_2$ (man beachte die Gleichung $a = \frac{1}{2}|\mathbf{r}_1 - \mathbf{r}_2|$. Daraus folgen die Beziehungen $|\mathbf{r}_1 - \mathbf{r}_2| = \frac{2k^2 a}{(1-k^2)}$ (wegen $0 < k < 1$ folgt hieraus, daß $|\mathbf{r}_1 - \mathbf{r}_0| < R$ gilt, also $P_1$ im Inneren der Kugel liegt!) und $|\mathbf{r}_2 - \mathbf{r}_0| = \frac{2a}{(1-k^2)}$, woraus sich ergibt, daß $|\mathbf{r}_1 - \mathbf{r}_0|\cdot|\mathbf{r}_1 - \mathbf{r}_0| = \frac{4a^2 k^2}{(1-k^2)^2} = R^2$ gilt.

**5.2:** a) Halbgeraden (Stahlen) durch den Nullpunkt.
b) Kreise, deren Mittelpunkte auf der Geraden durch den Nullpunkt mit Richtungsvektor $\omega$ liegen und deren Ebenen auf $\omega$ senkrecht stehen.

**5.3:** $U(x,y,z) = e^{xyz} + 2xz^2$. Man erhält durch partielles Differenzieren $U_x = yze^{xyz} + 2z^2, U_y = xze^{xyz}, U_z = xye^{xyz} + 4xz$ und an der konkreten Stelle $P(1|1-2)$ $u_x = -2e^{-2} + 8, U_y = -2e^{-2}, U_z = e^{-2} - 8$. Durch skalare Multiplikation mit dem Vektor $\mathbf{n}$ erhalten wir die Richtungsableitung

$$\frac{\partial U}{\partial n} = (\mathrm{grad}U)\cdot\mathbf{n} = \frac{2}{3}(-2e^{-2} + 8) + \frac{(-1)}{3}(-2e^{-2}) + \frac{2}{3}(e^{-2} - 8) = 0.$$

**5.4:** Der Winkel zwischen den Flächen ist gleich dem Winkel zwischen den Tangentialebenen und dieser ist gleich dem Winkel zwischen den Normalenvektoren der Tangentialebenen. Die

Normalvektoren aber sind gegeben durch die Gradienten der Funktionen $U_1$ bzw. $U_2$, deren Niveauflächen die gegebenen Flächen sind. Es gilt $U_1(x,y,z) = x^2 + y^2 + z^2, U_2(x,y,z) = x^2 - y^2 + z^2$ und daher grad $U_1 = 2x\mathbf{e}_1 + 2y\mathbf{e}_2 + 2z\mathbf{e}_3$, grad $U_2 = 2x\mathbf{e}_1 - 2y\mathbf{e}_2 + 2z\mathbf{e}_3$; im betrachteten Punkt $P(\frac{1}{2}\sqrt{6}|\frac{1}{2}\sqrt{6}|1)$, der tatsächlich auf beiden Flächen liegt (der Leser überzeuge sich davon) gilt grad $U_1 = \sqrt{6}\mathbf{e}_1 + \sqrt{6}\mathbf{e}_2 + 2\mathbf{e}_3$, grad $U_2 = \sqrt{6}\mathbf{e}_1 + \sqrt{6}\mathbf{e}_2 + 2\mathbf{e}_3$. Den Winkel $\varphi$ zwischen beiden Vektoren erhalten wir durch das Skalarprodukt: grad $U_1 \cdot$ grad$U_2 = |\text{grad}U_1| \cdot |\text{grad}U_2| \cos \varphi$. Wegen $0 \leq \varphi \leq 180°$ liefert dies die Gleichung

$$\cos \varphi = \frac{\text{grad}U_1 \cdot \text{grad}U_2}{|\text{grad}U_1||\text{grad}U_2|} = \frac{4}{4 \cdot 4} = 0,2500 \text{ oder } \varphi = 75°31'.$$

**5.5:** Mit der Funktion $U(x,y,z) = z+3z^2-x^2y-xy^2$ lautet die Gleichung der Fläche: $U = 26$. Durch Einsetzen überzeugen wir uns, daß der gegebene Punkt $P(-1|2|-3)$ tatsächlich auf der Fläche liegt. Es gilt $U_x = -2xy - y^2, U_y = -x^2 - 2xy, U_2 = 1 + 6z$ und im gegebenen Punkt ist $U_x = 0, u_y = 3, U_z = -17$. Die gleichung der TE lautet daher $(x + 1) \cdot 0 + (y - 2) \cdot 3 + (z + 3)(-17) = 0$ oder $3y - 17z = 5z$. Die TE verläuft also parallel zur $x$-Achse.

**5.6:** $\text{div}\mathbf{v} = \frac{\partial(x^2)}{\partial x} + \frac{\partial(y^2)}{\partial y} + \frac{\partial(z^2)}{\partial z} = 2(x + y + z).$

**5.7:** Die $x$-Komponente von rot $\mathbf{v}$ lautet

$$\frac{\partial v_2}{\partial y} - \frac{\partial v_2}{\partial z} = \left( z \cdot \frac{-3y}{(\sqrt{x^2 + y^2 + z^2})^5} - y \cdot \frac{-3z}{(\sqrt{x^2 + y^2 + z^2})^5} \right) = 0.$$

Aus Symmetriegründen sind auch die weiteren Koordinaten von rot $\mathbf{v}$ gleich null. Also gilt rot $\mathbf{v} = o$ ($\mathbf{r} \neq o$). Das elektrische Feld einer Punktladung ist (abgesehen vom Ort der Ladung) wirbelfrei, d. h., seine Rotation ist gleich null.

**5.8:**

|       | grad       | div     | rot     |
|-------|------------|---------|---------|
| grad  | *          | (5.29)  | *       |
| div   | △ (5.26)   | *       | (5.28)  |
| rot   | (5.27)     | *       | (5.29)  |

<u>Nicht definiert:</u> (4 von 9 möglichen) Operationen bzw. Verknüpfungen.
grad (grad $\varphi$)          div (div $\mathbf{v}$)          grad (rot $\mathbf{v}$)          rot (div $\mathbf{v}$)

**5.9:** Es gilt $\Delta f(r) = \text{div grad}f(r) = \text{div}\left(\frac{f'(r)}{r}\right)\mathbf{r}$. Nach obiger Rechenregel gilt aber $\text{div}(\frac{f'(r)}{r})\mathbf{r} = \mathbf{r} \cdot \text{grad}\frac{f'(r)}{r} + \frac{f'(r)}{r}\text{div}\mathbf{r}$. Wegen $\text{div}\mathbf{r} = 3$ wird

$$\mathbf{r} \cdot \text{grad}\frac{f'(r)}{r} + \frac{f'(r)}{r}\text{div}\mathbf{r} = \mathbf{r} \cdot \left( \frac{1}{r}\left( \frac{f'(r)}{r} \right)' \mathbf{r} \right) + 3\frac{f'(r)}{r}$$

$$= \frac{\mathbf{r} \cdot \mathbf{r}}{r} \cdot \left[ \frac{f''(r)r - f'(r)}{r^2} \right] + \frac{3}{r}f'(r) = f''(r) + \frac{2}{r}f'(r)$$

(man beachte noch $\mathbf{r} \cdot \mathbf{r} = |\mathbf{r}|^2 = r^2$).

**5.10:** $c = c_1\mathbf{e}_1 + c_2\mathbf{e}_2 + c_3\mathbf{e}_3$ und $c \cdot \mathbf{r} = c_1 x + c_2 y + c_3 z$. also grad $(c \cdot \mathbf{r}) = c_1\mathbf{e}_1 + c_2\mathbf{e}_2 + c_3\mathbf{e}_3 = c$.

**5.11:** Nach Formel (5.23) gilt $\text{div}(\mathbf{v} \times \mathbf{w}) = \mathbf{w} \cdot \text{rot}\mathbf{v} - \mathbf{v} \cdot \text{rot}\mathbf{w} = \mathbf{w} \cdot \text{rot}\mathbf{v}$, da $\mathbf{w}$ ein konstanter Vektor ist.

**5.12:** Nach Formel (5.23) gilt $\operatorname{div}(\mathbf{v} \times \mathbf{w}) = \mathbf{w} \cdot \operatorname{rot}\mathbf{v} - \mathbf{v} \cdot \operatorname{rot}\mathbf{w} = 0$, weil $\operatorname{rot}\mathbf{v} = \operatorname{rot}\mathbf{w} = \mathbf{o}$.

**5.13:** Die Formel (Rechenregel) (5.22) ergibt für $\mathbf{u} = \mathbf{v}$ die Beziehung

$$
\begin{aligned}
\operatorname{grad}|\mathbf{v}|^2 &= \operatorname{grad}\mathbf{v} \cdot \mathbf{v} = \operatorname{grad}\mathbf{u} \cdot \mathbf{v} = (5.22) = \\
&= \mathbf{v} \times \operatorname{rot}\mathbf{u} + (\mathbf{v}\operatorname{grad})\mathbf{u} + \mathbf{u} \times \operatorname{rot}\mathbf{v} + (\mathbf{u}\operatorname{grad})\mathbf{v} = \\
&= 2(\mathbf{v} \times \operatorname{rot}\mathbf{v}) + 2(\mathbf{v}\operatorname{grad})\mathbf{v} \\
\text{oder} \quad (\mathbf{v}\operatorname{grad})\mathbf{v} &= \frac{1}{2}\operatorname{grad}|\mathbf{v}|^2 - \mathbf{v} \times \operatorname{rot}\mathbf{v} = \\
&= \frac{1}{2}\operatorname{grad}|\mathbf{v}|^2 + (\operatorname{rot}\mathbf{v}) \times \mathbf{v}.
\end{aligned}
$$

**5.14:** Wir behandeln die Summanden der Gleichung (5.41) einzeln. Es gilt - mit Anwendung des Satzes von Schwarz (s. Nr. 3.12) von der Vertauschung der Differentiationsreihenfolge

$$
\frac{1}{2}\operatorname{rot}\left(\frac{\partial \mathbf{v}}{\partial t}\right) = \frac{\partial}{\partial t}\left(\frac{1}{2}\operatorname{rot}\mathbf{v}\right) = \frac{\partial \omega}{\partial t},
$$

ferner $\quad \dfrac{1}{2}\operatorname{rot}\left(\dfrac{1}{2}\operatorname{grad}|\mathbf{v}|^2\right) = \dfrac{1}{4}\operatorname{rot}(\operatorname{grad}|\mathbf{v}|^2) = \mathbf{o}$

nach Gleichung (5.27), des weiteren ist

$$
\begin{aligned}
\frac{1}{2}\operatorname{rot}((\operatorname{rot}\mathbf{v}) \times \mathbf{v}) &= \operatorname{rot}(\omega \times \mathbf{v}) = \\
&= \omega\operatorname{div}\mathbf{v} - \mathbf{v}\operatorname{div}\omega + (\mathbf{v}\operatorname{grad})\omega - (\omega\operatorname{grad})\mathbf{v} \\
&= (\mathbf{v}\operatorname{grad})\omega - (\omega\operatorname{grad})\mathbf{v},
\end{aligned}
$$

denn $\operatorname{div}\mathbf{v} = 0$ nach Voraussetzung und $\operatorname{div}\omega = \frac{1}{2}\operatorname{div}(\operatorname{rot}\mathbf{v}) = 0$ nach Formel (5.28). Da $\rho$ eine Konstante ist, folgt nach Formel (5.27) die Gleichung

$$
\frac{1}{2}\left(-\frac{1}{2}\operatorname{grad}p\right) = -\frac{1}{2}\operatorname{rot} \operatorname{grad}p = 0,
$$

sowie nach Formel (5.29)

$$
\begin{aligned}
\frac{1}{2}\operatorname{rot}(-\nu\operatorname{rot}(\operatorname{rot}\mathbf{v})) &= -\nu\operatorname{rot}(\operatorname{rot}\omega) = \\
&= -\nu(\operatorname{grad} \operatorname{div}\omega - \Delta\omega) = \nu \Delta \omega,
\end{aligned}
$$

denn $\operatorname{div}\omega = 0$. Die Zusammenfassung aller erhaltenen Gleichungen nach (5.41) ergibt daher schließlich die gesuchte Beziehung

$$
\frac{\partial \omega}{\partial t} + (\mathbf{v}\operatorname{grad})\omega - (\omega\operatorname{grad})\mathbf{v} = \nu \Delta \omega,
$$

die man unter Verwendung der sogenannten substantiellen Zeitableitung

$$
\frac{\mathrm{d}\omega}{\mathrm{d}t} = \frac{\partial \omega}{\partial t} + (\mathbf{v}\operatorname{grad})\omega
$$

auch in der Form $\frac{\mathrm{d}\omega}{\mathrm{d}t} = \nu \Delta \omega + (\omega\operatorname{grad})\mathbf{v}$ schreiben kann.

**5.15:** Man geht z. B. vom Laplace-Operator für Zylinderkoordinaten, Formel (5.39) aus und setzt eine von $z$ unabhängige Funktion $U = U(x, y)$ ein. Dies ergibt

$$\triangle U = \frac{\partial^2 U}{\partial r^2} + \frac{1}{r}\frac{\partial U}{\partial r} + \frac{1}{r^2}\frac{\partial^2 U}{\partial \varphi^2}.$$

Nochmalige Anwendung von $\triangle$ liefert (nach Zusammenfassung)

$$\triangle \triangle U = \frac{\partial^4 U}{\partial r^4} + \frac{1}{r^3}\frac{\partial U}{\partial r} - \frac{1}{r^2}\frac{\partial^2 U}{\partial r^2} + \frac{2}{r}\frac{\partial^3 U}{\partial r^3} + \frac{4}{r^4}\frac{\partial^2 U}{\partial \varphi^2}$$
$$- \frac{2}{r^3}\frac{\partial^3 U}{\partial r \partial \varphi^2} + \frac{2}{r^2} \cdot \frac{\partial^4 U}{\partial r^2 \partial \varphi^2} + \frac{1}{r^4}\frac{\partial^4 U}{\partial \varphi^4}$$

**5.16:** Wir verwenden Formel (5.40) mit einem von $\vartheta$ und $\varphi$ unabhängigen $U = \ln r$

$$\nabla(\nabla(\ln r)) = \frac{1}{r^2}\frac{\partial(r^2 \frac{\partial \ln r}{\partial r})}{\partial r} = \frac{1}{r^2}\frac{\partial(r)}{\partial r} = \frac{1}{r^2}.$$

**5.17:** Mit $\hat{U} = \frac{\mathbf{p}\cdot\mathbf{r}}{|\mathbf{r}|^3}$   $(\mathbf{r} \neq \mathbf{o}) = \mathbf{p} \cdot \frac{\mathbf{r}}{|\mathbf{r}|^3}$ erhalten wir nach (5.22)

$$\text{grad}\hat{U} = \text{grad}(\mathbf{p} \cdot \frac{\mathbf{r}}{|\mathbf{r}|^3}) = \frac{\mathbf{r}}{|\mathbf{r}|^3} \times \text{rot}\,\mathbf{p} + \left(\frac{\mathbf{r}}{|\mathbf{r}|^3}\text{grad}\right)\mathbf{p} +$$
$$+ \mathbf{p} \times \text{rot}\frac{\mathbf{r}}{|\mathbf{r}|^3} + (\mathbf{p}\,\text{grad})\frac{\mathbf{r}}{|\mathbf{r}|^3}$$

Da $\mathbf{p}$ ein fester Vektor ist, fallen der erste und der zweite Summand auf der rechten Seite fort, wegen Formel (5.27) und $\text{rot}\frac{\mathbf{r}}{|\mathbf{r}|^3} = \text{rot}(-\text{grad}\frac{1}{|\mathbf{r}|})$ ist auch der dritte Summand gleich $\mathbf{o}$. Für den verbleibenden vierten Summanden erhalten wir durch komponentenweises Ausrechnen schließlich die Gleichung

$$\text{grad}\hat{U} = \text{grad}\frac{\mathbf{p} \cdot \mathbf{r}}{|\mathbf{r}|^3} = (\mathbf{p}\,\text{grad})\frac{\mathbf{r}}{|\mathbf{r}|^3} = \frac{\mathbf{p}}{|\mathbf{r}|^3} - \frac{3(\mathbf{p}\cdot\mathbf{r})\mathbf{r}}{|\mathbf{r}|^5} \quad (\mathbf{r} \neq \mathbf{o}).$$

Also gilt wegen $U = \frac{1}{4\pi\varepsilon_0}\hat{U}$ die Gleichung

$$\mathbf{E} = -\text{grad}U = \frac{1}{4\pi\varepsilon_0}\left(\frac{3(\mathbf{p}\cdot\mathbf{r})\mathbf{r}}{|\mathbf{r}|^5} - \frac{\mathbf{p}}{|\mathbf{r}|^3}\right) \quad \text{(Dipolfeld)}$$

und wegen Formel (5.26) ist $\text{div}\,\mathbf{E} = -\triangle U = -\frac{1}{4\pi\varepsilon_0}\text{div}(\text{grad}\hat{U}) == -\frac{1}{4\pi\varepsilon_0}\text{div}\left(\frac{\mathbf{p}\cdot\mathbf{r}}{|\mathbf{r}|^3}\right) = -\frac{1}{4\pi\varepsilon_0}(\mathbf{p}\,\text{grad})\text{div}\frac{\mathbf{r}}{|\mathbf{r}|^3} = 0$, wobei die letztere Gleichung wegen der Vertauschbarkeit der Differentiationsreihenfolge (! $\mathbf{p}$ ist ein konstanter Vektor) und der früher bewiesenen Gleichung $\text{div}\frac{\mathbf{r}}{|\mathbf{r}|^3} = 0$ $(\mathbf{r} \neq \mathbf{o})$ folgt.

**5.18:** 1. Für $\Omega_1 = \Omega_2$ ergibt sich $A = \Omega_2, B = 0$ (rotierender starrer Zylinder). 2. Für $\Omega_2 = 0$ und $R_2 \to \infty$ folgt $A \to 0$ und $B \to R_1^2\Omega_1$ (Potentialwirbel).

# Literatur

## I. Grundlagenwerke

[AHA] *Aumann, G.; Haupt, O.:* Einführung in die reelle Analysis, Bd. 1: Funktionen einer reellen Veränderlichen. Berlin: W. de Gruyter 1974.

[BRS] *Bronstein, I. N; Semendjajew, K. A.:* Taschenbuch der Mathematik. 25. Aufl. Stuttgart-Leipzig: Teubner-Verlag 1991.

[BHW] *Burg, K.; Haf, H.; Wille, F.:* Höhere Mathematik für Ingenieure, Bd. 1 - 5. 3., 3., 2., 1., 1. Aufl. Stuttgart: Teubner-Verlag 1990 - 1992.

[FHZ] *Fichtenholz, G. M.:* Differential- und Integralrechnung, Bd. 1 - 3. 13., 9., 12. Aufl. Berlin: Deutscher Verlag der Wissenschaften 1981.

[KPF] *Körber, K.-H.; Pforr, E.-A.:* Integralrechnung für Funktionen mit mehreren Variablen. 8. Aufl. Stuttgart-Leipzig: Teubner-Verlag 1993.

[LUD] *Ludwig, R.:* Methoden der Fehler- und Ausgleichsrechnung. 2. Aufl. Berlin: Deutscher Verlag der Wissenschaften 1971.

[MSV] *Manteuffel, K.; Seiffart, E.; Vetters, K.:* Lineare Algebra. 7. Aufl. Leipzig: Teubner-Verlag 1990.

[PFS] *Pforr, E.-A.; Schirotzek, W.:* Differential- und Integralrechnung für Funktionen mit einer Variablen. 9. Aufl. Stuttgart-Leipzig: Teubner-Verlag 1993.

[SCE] *Schell, H.-J.:* Unendliche Reihen. 8. Aufl. Leipzig: Teubner-Verlag 1990.

[SCO] *Schöne, W.:* Differentialgeometrie. 5. Aufl. Leipzig: Teubner-Verlag 1990.

[SGE] *Schäfer, W.; Georgi, K.:* Mathematik-Vorkurs. Stuttgart-Leipzig: Teubner-Verlag 1993.

[SSZ] *Sieber, N.; Sebastian, H.-J.; Zeidler, G.:* Grundlagen der Mathematik, Abbildungen, Funktionen, Folgen. 9. Aufl. Leipzig: Teubner-Verlag 1990.

## II. Ergänzungsliteratur

[AUH]  *Aumann, G.; Haupt, O.:* Einführung in die reelle Analysis, Bd. 2: Differentialrechnung der Funktionen mehrerer Veränderlicher. Berlin-New York: W. de Gruyter 1979.

[CAS]  *Casti, J. L.:* Nonlinear System Theory. New York: Academic Press 1985.

[EDG]  *Edgar, R. S.:* Field Analysis and Potential Theory. Lecture Notes in Engineering Vol. 44. Berlin, Heidelberg, New York: Springer-Verlag 1989.

[FLE]  *Fleming, W. H.:* Functions of several variables. Mass.: Addison-Wesley Publishing Company 1965.

[GRI]  *Göpfert, A.; Riedrich, T.:* Funktionalanalysis. 3. Aufl. Stuttgart-Leipzig: Teubner-Verlag 1991.

[HEU]  *Heuser, H.:* Lehrbuch der Analysis, Bd. 1 - 2. 10., 7. Aufl. Stuttgart: Teubner-Verlag 1990 - 1992.

[KRS]  *Krug, W.; Schönfeld, S.:* Rechnergestützte Optimierung für Ingenieure. Berlin: Verlag Technik 1981.

[MWA]  *Meinhold, P.; Wagner, E.:* Partielle Differentialgleichungen. 6. Aufl. Leipzig: Teubner-Verlag 1990.

[WEB]  *Weber, A.:* Über den Standort der Industrien. Tübingen: Verlag Mohr 1922.

# Bronstein/ Semendjajew
## Taschenbuch der Mathematik

Im Vorwort zur ersten deutschen Auflage, die 1958 im Verlag B. G. Teubner Leipzig erschien, heißt es zur Zielsetzung des Werkes:

Mit der Herausgabe der deutschen Übersetzung des Taschenbuches der Mathematik von Bronstein und Semendjajew hofft der Verlag, den angehenden und in der Praxis stehenden Ingenieuren und darüber hinaus auch Physikern und Mathematikern ein wirklich brauchbares Nachschlagewerk in die Hand zu geben und damit eine empfindliche Lücke in der deutschen mathematischen Literatur zu schließen. Auch als Repetitorium der Mathematik dürfte das Buch gute Dienste leisten.

Die vorliegende 25. Auflage basiert auf der 1979 völlig überarbeiteten 19. Auflage. Seine Vorzüge hat das Werk wohl am besten dadurch unter Beweis gestellt, daß seither 25 Auflagen mit über 800.000 Exemplaren erschienen sind.

### Aus dem Inhalt:

Tabellen und graphische Darstellungen – Elementarmathematik – Analysis – Mengen, Relationen, Funktionen, Vektorrechnung, Differentialgeometrie, Fourierreihen, Fourierintegrale, Laplacetransformation – Wahrscheinlichkeitsrechnung und mathematische Statistik – Lineare Optimierung – Numerik

Von
**Ilja N. Bronstein**
und
**Konstantin A. Semendjajew**
Moskau

Herausgegeben von
Günter Grosche,
Viktor Ziegler und
Dorothea Ziegler, Leipzig

25. Auflage. 1991. XII,
840 Seiten mit 390 Bildern.
14,5 x 20 cm.
Geb. DM 48,–
ÖS 375,– / SFr 48,–
ISBN 3-8154-2000-8

Alleinauslieferung:
B. G. Teubner Stuttgart

# B.G. Teubner Verlagsgesellschaft
# Stuttgart · Leipzig

# Mathematik für Ingenieure und Naturwissenschaftler

Bandemer/Bellmann: **Statistische Versuchsplanung**
3. Aufl. 116 Seiten. DM 12, −

Beyer/Hackel/Pieper/Tiedge: **Wahrscheinlichkeitsrechnung und mathematische Statistik**
6. Aufl. 216 Seiten. DM 16, −

Gillert/Nollau: **Übungsaufgaben zur Wahrscheinlichkeitsrechnung
und mathematischen Statistik**
4. Aufl. 56 Seiten. DM 5, −

Göpfert/Riedrich: **Funktionalanalysis**
3. Aufl. 136 Seiten. DM 24,80

Greuel/Kadner: **Komplexe Funktionen und konforme Abbildungen**
3. Aufl. 128 Seiten. DM 12, −

Harbarth/Riedrich/Schirotzek: **Differentialrechnung für Funktionen mit mehreren Variablen**
8., neubearb. Aufl. 198 Seiten. DM 22,80

Körber/Pforr: **Integralrechnung für Funktionen mit mehreren Variablen**
8., neubearb. Aufl. 199 Seiten. DM 22,80

Manteuffel/Seiffart/Vetters: **Lineare Algebra**
7. Aufl. 208 Seiten. DM 13,50

Meinhold/Wagner: **Partielle Differentialgleichungen**
6. Aufl. 116 Seiten. DM 12, −

Oelschlägel/Matthäus: **Numerische Methoden**
4. Aufl. 96 Seiten. DM 10, −

Pforr/Oehlschlägel/Seltmann: **Übungsaufgaben zur linearen Algebra
und linearen Optimierung**
4. Aufl. 92 Seiten. DM 8, −

Pforr/Schirotzek: **Differential- und Integralrechnung für Funktionen mit einer Variablen**
9., neubearb. Aufl. 302 Seiten. DM 28,80

Piehler/Zschiesche: **Simulationsmethoden**
4. Aufl. 60 Seiten. DM 5, −

Stopp: **Operatorenrechnung**
5. Aufl. 156 Seiten. DM 19,80

Wenzel: **Gewöhnliche Differentialgleichungen 1**
6. Aufl. 104 Seiten. DM 10, −

Wenzel: **Gewöhnliche Differentialgleichungen 2**
5. Aufl. 88 Seiten. DM 10, −

Wenzel/Heinrich: **Übungsaufgaben zur Analysis 1**
4. Aufl. 76 Seiten. DM 6,50

Wenzel/Heinrich: **Übungsaufgaben zur Analysis 2**
4. Aufl. 84 Seiten. DM 7, −

Preisänderungen vorbehalten

 B.G. Teubner Verlagsgesellschaft
Stuttgart · Leipzig